高等学校地理信息科学系列教材

地图投影原理与实践

Principles and Practice of Map Projection

李连营　刘沛兰　许小兰　杨敏　安家春　编著

测绘出版社

·北京·

内容简介

本书系统归纳了地图投影的基本理论知识,并结合多年教学经验,丰富和完善了数字环境下地图投影应用,实现了地图投影理论和实践相辅相成。通过 MATLAB 和 Geocart 软件动态展示了地图投影的表象和变形分析,有利于学生在学习的过程中对投影公式及其参量进行深入理解,知其然并知其所以然;在进行地图投影实践操作时,可以根据条件建立新的地图投影公式,从而满足实际应用需要。

本书可作为地图学、地理信息科学、遥感科学、测绘工程、土地管理、资源环境、地质等专业的本科生、研究生教材,也可作为科研院所、生产单位相关科研技术人员的参考用书。

图书在版编目(CIP)数据

地图投影原理与实践 ＝ Principles and Practice of Map Projection / 李连营等编著. ‒‒ 北京 ：测绘出版社,2023.1

高等学校地理信息科学系列教材

ISBN 978-7-5030-4465-6

Ⅰ. ①地… Ⅱ. ①李… Ⅲ. ①地图投影－高等学校－教材 Ⅳ. ①P282.1

中国国家版本馆 CIP 数据核字(2023)第 021651 号

地图投影原理与实践
DITU TOUYING YUANLI YU SHIJIAN

责任编辑	巩　岩		封面设计　李　伟		责任印制	陈姝颖
出版发行	测绘出版社		电　　话	010－68580735(发行部)		
地　　址	北京市西城区三里河路 50 号			010－68531363(编辑部)		
邮政编码	100045		网　　址	www.chinasmp.com		
电子信箱	smp@sinomaps.com		经　　销	新华书店		
成品规格	184mm×260mm		印　　刷	北京捷迅佳彩印刷有限公司		
印　　张	18.5		字　　数	458 千字		
版　　次	2023 年 1 月第 1 版		印　　次	2023 年 1 月第 1 次印刷		
印　　数	0001－1000		定　　价	54.00 元		

书　　号	ISBN 978-7-5030-4465-6
审 图 号	GS 京(2022)1459 号

本书如有印装质量问题,请与我社发行部联系调换。

丛书序

武汉大学地理信息科学专业肇始于1956年创建的地图制图学专业,60多年来,为国家培养了大批地图学、地理信息科学人才,专业获批多项国家级平台和荣誉,并于2019年获批教育部首批国家级一流本科专业建设点。自20世纪50年代起,历代专业教师都非常重视教学内容优化和教学经验积累,并把教材建设作为专业发展的重要目标和任务,编写出版了一大批优秀的、在国内享有盛誉的教材。

2018年,武汉大学重新修订了地理信息科学专业本科培养方案,根据地理信息科学专业特色和专业创新人才培养目标,设计规划了《高等学校地理信息科学系列教材》,希冀在原教材基础上吐故纳新、优化知识体系,服务专业教学、提升学习效率,并为国内同行提供交流参考。《高等学校地理信息科学系列教材》涵盖了地理信息科学、地图学、遥感科学和计算机科学与技术等几大教学模块,立足面向资源环境可持续发展与新时代信息化建设需求,旨在培养具有坚实的地理信息科学基础理论知识、工程实践能力和创新、创造思维,掌握地理学、测绘科学与信息科学等基本理论与技术方法,具有坚实政治素养、国际视野、人文情怀和创新精神,能够胜任科研机构、高等院校、行业领域和政府部门等岗位的拔尖创新与高级专门人才。

本系列教材是武汉大学地理信息科学专业教师团队多年科研实践和教学经验的积累,内容体系完备、知识点深入浅出,贴合教师教学一线,符合学生学习规律。系列教材也是地理信息科学专业教师践行"以本为本"教学理念的实际行动,希望能为全国同类专业教学贡献有限力量。

武汉大学地理信息科学国家级一流本科专业负责人
中国地理信息产业协会地图工作委员会主任委员
自然资源部数字制图与国土信息应用重点实验室常务副主任
地理信息系统教育部重点实验室常务副主任
国务院学位委员会第八届学科评议组成员
2023年1月

前　言

　　地图投影是研究地球椭球面(或球面)在平面上描写的理论、方法以及应用。地图投影作为地图学的重要分支学科之一,其任务是建立地图的数学基础,使地图具有严密的科学性。地图投影不仅在测绘、遥感、地理信息等领域占据重要位置,也与数学、计算机科学、导航学等学科有着密切的联系。习近平总书记在党的二十大报告中指出,基础研究和原始创新要不断加强,一些关键核心技术要实现突破,战略性新兴产业要发展壮大,载人航天、探月探火、卫星导航等要取得重大成果,进入创新型国家行列。作为制作月球地图、火星地图、卫星运行轨道图的科学方法——地图投影,是空间信息科学显示与表达的重要理论支撑。

　　武汉大学地图投影课程组长期致力于地图投影理论和技术的教学、研究、工程实践等工作。在胡毓钜和龚剑文编著的《地图投影(第二版)》的基础上,教学团队系统归纳了地图投影的基本理论知识,并进一步融合教学团队多年积累的软件开发经验,打通了理论、软件、应用的全流程贯通教学,实现了地图投影理论和实践相辅相成。

　　传统的地图投影教学非常重视投影公式的推导,将地图投影作为"综合数学"来讲授,但是抽象的概念掩盖了本来形象的地图投影表达,对学生理解空间投影坐标系、培养学生学习兴趣裨益不大。在学习和理解时,单纯从课本插图中无法形象直观地理解其投影表象随投影中心的变化而变化的特点,也没有办法深入分析地图投影的变形大小、变化规律等。因此,借助含有地图投影模块的软件进行研究学习,显得非常有必要。

　　地图投影应用领域的不断拓宽与加深,尤其是它在地理信息系统和遥感技术应用比重的不断加大,对地图投影理论内容和研究深度都提出了更高要求。如何采用新方法形象讲授地图投影内容,如何使学生对地图投影"知其然更知其所以然",是地图投影教学过程中的重要问题,而这些问题解决得好坏,将直接影响地图投影的应用和发展。

　　本书在地图投影实践环节,基于教学团队多年积累的实践教学经验,重点介绍了 MATLAB 和 Geocart 两款软件的使用。通过 MATLAB 和 Geocart 软件动态展示地图投影的表象和变形分析,有利于学生在学习的过程中对投影公式及其参量的深入理解,也可以根据条件建立新的地图投影公式,从而满足实际应用需要。Geocart 是一款简单实用的地图制作工具,提供了直观的地图投影展示和分析工具,便于快速上手了解地图投影基本效果。MATLAB 已作为一种实用的全新计算机编程语言被广泛用于地理数据的处理和分析。MATLAB 中的 Mapping Toolbox 提供了丰富的地图工具,包括地图可视化、数据分析、几何大地测量、坐标参考系和地图投影等,其中地图投影包括多种投影类型,可以进行地图投影的表象展示和变形分析,并可以通过编写代码的方式,自定义地图投影。

全书共分为十二章,每章均由理论和实践两部分有机组成。第一章介绍了地图投影的基本概念、发展脉络和趋势,并给出了 MATLAB 和 Geocart 的基本操作方法。第二章、第三章分别介绍了地球椭球体及其定量描述、球面坐标及球面上的某些曲线方程,这部分内容是学习地图投影必备的背景知识。第四章介绍了投影变形概念和公式、投影条件、投影分类等核心内容,这部分内容是地图投影的基本理论,为后续研究具体投影奠定了基础。第五章至第七章分别介绍了方位投影、圆锥投影、圆柱投影等几何投影,这是设计地图投影最常用的方法,重点论述了各类投影的一般公式和满足一定投影条件的公式,以及其变形分析和应用。第八章重点论述了高斯-克吕格投影的原理、公式,并探讨了高斯-克吕格投影的衍生投影、高斯-克吕格投影族等。第九章、第十章介绍了伪几何投影、多圆锥投影,这些投影是在简单正轴几何投影的基础上附加了一定的约束条件,重点阐述了各类投影的建立原理、公式和应用特点。第十一章介绍了投影选择的原则、一般应用和特殊应用。第十二章介绍了狭义上的一种地图投影转换到另一种地图投影的方法,以及测量系统坐标转换方法。需要指出的是,以上每章根据章节内容均给出了地图投影实践的算例和代码。另外,在附录中给出了地图投影常用的数学公式。

本书内容充实、体系严密、算例丰富,可作为地图学、地理信息科学、遥感科学、测绘工程、土地管理、资源环境、地质等专业的本科生、研究生教材,也可作为科研院所、生产单位相关科研技术人员的参考用书或自学材料。

本书由李连营、刘沛兰主笔并进行内容审定,许小兰、杨敏、安家春等参与了多章节编写、修订与软件操作和程序编写等工作。本书例子是在十几届同学实践成果的基础上优化完善而成,在此感谢这些同学的付出。本书的出版得到了武汉大学本科生院的资助。

本书当中的公式较多,加之作者水平有限,书中难免有不少疏漏之处,敬请读者与专家不吝赐教。

编著者

2022 年 10 月

目　录

第一章　绪　论 ……………………………………………………………… 1

　　§1-1　地图投影的产生与发展 ………………………………………… 2

　　§1-2　地图投影的基本概念 …………………………………………… 5

　　§1-3　地图投影的研究对象及与其他学科的关系 …………………… 9

　　§1-4　地图投影的发展新趋势 ………………………………………… 11

　　§1-5　地图投影实践 …………………………………………………… 12

　　本章习题 ………………………………………………………………… 18

第二章　地球椭球体及其定量描述 ……………………………………… 19

　　§2-1　地球椭球体 ……………………………………………………… 19

　　§2-2　地球椭球体表面要素 …………………………………………… 21

　　§2-3　椭球面要素计算 ………………………………………………… 24

　　§2-4　地球椭球面上的等角航线 ……………………………………… 33

　　§2-5　地球椭球面上的等量坐标 ……………………………………… 35

　　§2-6　基于 MATLAB 的计算 ………………………………………… 36

　　本章习题 ………………………………………………………………… 41

第三章　球面坐标及球面上的某些曲线方程 …………………………… 43

　　§3-1　地球的球半径 …………………………………………………… 43

　　§3-2　球面坐标系、坐标变换的意义与一般方程 …………………… 46

　　§3-3　确定新极点的地理坐标 ………………………………………… 48

　　§3-4　地理坐标换算为球面极坐标 …………………………………… 48

　　§3-5　球面上的某些曲线方程 ………………………………………… 50

　　§3-6　基于 MATLAB 的计算 ………………………………………… 52

　　本章习题 ………………………………………………………………… 54

第四章　地图投影变形分析 ……………………………………………… 55

　　§4-1　地图投影的变形概述 …………………………………………… 55

　　§4-2　地图投影的变形分析及基本公式 ……………………………… 57

§ 4-3　地图投影的变形描述 ·· 66

§ 4-4　等角投影条件、等面积投影条件与等距离投影条件 ··········· 70

§ 4-5　变形的近似式 ··· 73

§ 4-6　地图投影的分类 ··· 74

本章习题 ·· 78

第五章　方位投影 ··· 80

§ 5-1　方位投影的一般公式及其分类 ···································· 80

§ 5-2　等角方位投影 ··· 82

§ 5-3　等面积方位投影 ··· 85

§ 5-4　等距离方位投影 ··· 87

§ 5-5　透视方位投影 ··· 88

§ 5-6　其他方位投影与新方位投影探求法 ······························ 95

§ 5-7　方位投影变形的分析及其应用 ···································· 99

§ 5-8　地图投影实践 ··· 102

本章习题 ·· 109

第六章　圆锥投影 ··· 110

§ 6-1　圆锥投影的一般公式及其分类 ···································· 110

§ 6-2　等角圆锥投影 ··· 113

§ 6-3　等面积圆锥投影 ··· 125

§ 6-4　等距离圆锥投影 ··· 130

§ 6-5　斜轴、横轴圆锥投影 ··· 135

§ 6-6　圆锥投影的变形分析及应用 ······································· 136

§ 6-7　地图投影实践 ··· 139

本章习题 ·· 145

第七章　圆柱投影 ··· 147

§ 7-1　圆柱投影的一般公式及其分类 ···································· 147

§ 7-2　等角圆柱投影 ··· 148

§ 7-3　等面积圆柱投影 ··· 150

§ 7-4　等距离圆柱投影 ··· 151

§ 7-5　斜轴与横轴圆柱投影 ··· 152

§7-6　透视圆柱投影 ……………………………………………………… 154

§7-7　圆柱投影变形分析及应用 ………………………………………… 157

§7-8　地图投影实践 ……………………………………………………… 158

本章习题 ……………………………………………………………………… 166

第八章　高斯-克吕格投影 ………………………………………………… 167

§8-1　高斯-克吕格投影的条件和公式 ………………………………… 167

§8-2　高斯-克吕格投影的变形分析及相关应用 ……………………… 172

§8-3　通用横轴墨卡托投影 ……………………………………………… 177

§8-4　双标准经线等角横圆柱投影 ……………………………………… 178

§8-5　高斯-克吕格投影族 ……………………………………………… 180

§8-6　地图投影实践 ……………………………………………………… 183

本章习题 ……………………………………………………………………… 188

第九章　伪几何投影 ………………………………………………………… 189

§9-1　伪方位投影 ………………………………………………………… 189

§9-2　伪圆柱投影 ………………………………………………………… 193

§9-3　伪圆锥投影 ………………………………………………………… 203

§9-4　地图投影实践 ……………………………………………………… 205

本章习题 ……………………………………………………………………… 218

第十章　多圆锥投影 ………………………………………………………… 219

§10-1　多圆锥投影的一般公式 ………………………………………… 219

§10-2　普通多圆锥投影 ………………………………………………… 221

§10-3　改良多圆锥投影 ………………………………………………… 222

§10-4　用于世界地图的多圆锥投影 …………………………………… 224

§10-5　地图投影实践 …………………………………………………… 229

本章习题 ……………………………………………………………………… 235

第十一章　地图投影的应用 ……………………………………………… 236

§11-1　地图投影选择的一般原则 ……………………………………… 236

§11-2　地图投影的应用 ………………………………………………… 238

§11-3　地图投影的特殊应用 …………………………………………… 242

§11-4　地图投影实践 ……………………………………………………… 250

本章习题 ………………………………………………………………………… 255

第十二章　地图投影变换 …………………………………………………… 256

§12-1　解析变换法 ……………………………………………………… 256

§12-2　数值变换法 ……………………………………………………… 259

§12-3　解析—数值变换法 ……………………………………………… 261

§12-4　不同空间直角坐标系的转换 …………………………………… 261

§12-5　不同大地坐标系的转换 ………………………………………… 261

§12-6　坐标变换实践 …………………………………………………… 262

本章习题 ………………………………………………………………………… 275

参考文献 …………………………………………………………………………… 276

附　录　地图投影常用的数学公式 …………………………………………… 277

第一章 绪 论

投影，在字面上可理解为根据投影法所得到的图形。令投射线将物体投射到选定的投影面上，并在该面上得到该物体图形的方法称为投影法。被人们熟识的投影通常是几何投影。一般而言，用光线照射物体，在某个平面（地面、墙壁等）上得到的影子叫作物体的投影，照射光线叫作投影线，投影所在的平面叫作投影面。投影应用到现实生活中，有了投影仪，方便了人们进行现场演示和报告；投影应用到地图，有了地图投影，为科学、规范表达地表信息建立了基础框架。

现代地图是集科学性和艺术性于一体的作品，它具有三个典型的特点：①可量测性，地图是由特殊的数学法则确定的结构；②直观性，地图是以专门符号系统表示的空间信息；③一览性，地图是以缩小概括的方式反映地球（或其他星体）表面的客观实际。普通地图包括自然要素、人文要素和数学要素。其中，数学要素使地图具有可量测性，集中体现了地图具有严密的科学性，包括地图投影、地图比例尺和地图定向三个方面。没有数学基础的地图不能称为现代地图，因为从没有数学基础的地图上，不可能获得正确的方位、距离、面积等数据，以及各要素的形状和空间关系。

地图的功能是传递星球（如地球、月球和火星等）表面各种信息。测定的地物信息需要在一定的数学框架基础上表达其位置、方向和相互关系，经纬线经常起到制作地图的"基础"和"骨架"作用。在测绘工作中，通常是把地球表面当作一个扁率很小的椭球面处理。椭球面上各点的相互位置在传统测绘中是由三角测量和天文测量求得，并以经纬度表示，而现代测绘一般采用卫星导航定位测量等现代技术测定。在测绘和编制地图时，需要通过数学方法将椭球面（曲面）上各点表示到平面上。

当测区面积很小时，如在半径小于 20 km 的范围内，可以不考虑地球的曲率，直接把这样小的球面当作平面进行处理。这个过程也可以理解为把测图地区按一定比例尺用某种方法缩小成一个立体模型，然后把平面的图纸放在它的下面或上面，把模型上的地形、房屋、地物点等用平行投影的方法表示到图纸平面上，如图 1-1 所示。这就是一种地图投影的过程，航空摄影地形测量中的一些成图方法就可看作这样一个过程。

当制图区域较大时，如城市、省区、全国乃至全球，必须将地球表面当作椭球面（或球面）进行处理。无论是椭球面还是球面，从数学上讲，都是不可展曲面。如果把一个不可展的曲面强行压平，必然会产生断裂和重叠，不能获得完整而连续的球表面的平面图形，当然也就不符合人们对地图的要求了，这就产生了地图平面和地球曲面相互转换的主要矛盾。自古至今，人们对其研究从来就没有停止过，经过不断实践总结，人们发现地图投影才是解决这个矛盾的最有效方法。

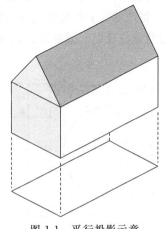

图 1-1　平行投影示意

§1-1　地图投影的产生与发展

一、古代国内外地图投影的发展

早期出土的很多历史地图中并没有发现地图投影的踪迹,说明地图投影并不是随着地图的产生即存在的,而是伴随人们对地球形状、地图精确表达的认识程度提高而产生的。据史料记载,地图投影最早产生于公元前 6 世纪到公元前 5 世纪,其中,一种重要的投影方法就是几何透视方法,它是利用数学的方法解决将曲面转换到平面上的矛盾问题。依据史料考证,早在公元前 6 世纪中后期,古希腊天文学家泰勒斯(Thales,过去曾译为塞利斯)就已经使用这种投影来编制各种天体图了。

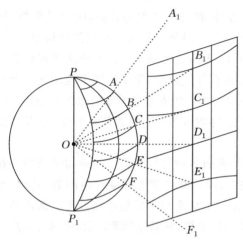

图 1-2　球心投影示意

几何透视方法的基本原理是:设想把地球按某一个比例尺缩小成地球仪那样的一个球体,在它的内部安置一个发光点,然后把地球上的经纬网投影到球外的一个平面上,如图 1-2 所示,这时该平面上的经纬线影像就代表了地球表面一部分地区的平面表象。若把地球上经纬线网格内的地形、地物点同样投影到平面上相应的网格内,就构成了该地区的地图。这是一种容易理解的、直观的透视投影的方法,通常称这种投影为球心投影(日晷投影)。

球心投影的投影面是比较简单的平面,随着数学、几何学的不断发展和进步,人们对投影的认识越来越深入,开始将投影面的选择逐渐转向诸如圆柱面、圆锥面等可展曲面上,使平面、圆柱面和圆锥面成为三大主要的地图投影的投影面,形成了当今公认的方位投影、圆柱投影和圆锥投影。将球面地物信息投影到圆柱面和圆锥面的基本过程是:将圆柱面或圆锥面套切(割)在缩小后的地球面上的某一位置,采用透视的方法,将地球面上的经纬线投影到这些面上,再将圆柱面或圆锥面在某处切开展平,即可得到相应的圆柱投影或圆锥投影,如图 1-3、图 1-4 所示。

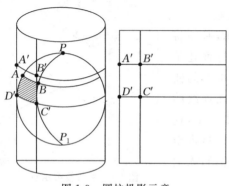

图 1-3　圆柱投影示意

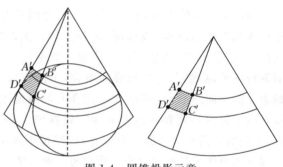

图 1-4　圆锥投影示意

地理学之父埃拉托色尼（Eratosthenes）最早将地图投影应用于地图绘制，提出了赤道的长度、回归线与极圈的距离、极地带的范围等概念，并使用经纬线相互垂直的、近似于等距离圆柱投影的一种投影描绘新的地球，绘制完成了"世界地图"。在这一时期内，还有学者也发明了一些投影，如天文学家依巴谷（Hipparchus）在球心投影的基础上，发明了球面投影、正射投影和一些简单的圆锥投影等。

古罗马时期，地图制图学的发展在著名的天文学家与地理学家托勒玫（Ptolemaeus，也译为托勒密）的推动下取得了较大的成果。托勒玫在他的著作《地理学指南》第一卷中，主要讲述了地球形状、经纬度的测定和地图投影方法，其中除了说明过去已知的圆柱投影和方位投影（球心方位投影和正射方位投影）的作图方法外，还拟定了伪圆锥投影和改良简单圆锥投影。托勒玫的这些贡献，对古罗马地图的发展产生了较大的影响。

我国的地图发展很早，古代的地图虽然具有丰富的历史记载，但保留下来的实物却很少。1977 年河北平山出土的《战国中山王陵铜版兆域图》、1986 年天水放马滩出土的战国木板地图，表明 2 300 多年前春秋战国时期的地图已经发展到一定水平。1973 年长沙马王堆三号西汉墓出土了公元前 168 年以前的帛地图，包括地形图、驻军图和城邑图。地形图上河流采用粗细均匀变化的线划，其平面图形、流向和弯曲与现今地形图比较相似。这些地图都已具有某些近代地图的特点，与现代地图比较，有比例尺概念，相对位置还比较正确。但遗憾的是，这些地图上并没有使用地图投影的迹象。

西晋时期，著名地图学家裴秀在总结了两汉以来许多制图工作者积累的经验的基础上，提出了六条制图原则——"制图六体"，即分率、准望、道里、高下、方邪、迂直，形成了我国古代传统地图学的数学基础与制图原理，是当时世界上最科学、最完善的制图理论。该理论中，除了经纬网表达和地图投影外，几乎包含了现代地图学上应考虑的主要因素。

南宋绍兴六年（伪齐阜昌七年，1136 年）四月在石碑上刻制了著名的《禹迹图》，现存于西安，其制图年代应在此前的北宋时期。在镇江还存有刊于北宋元符三年（1100 年）的一幅《禹迹图》。这是我国现存最早的"计里画方"地图。图上刻写的文字记载了"每方折地百里"。全图纵 73 列，横 70 行，共计 5 110 个方格。这幅地图按照裴秀的计里画方的方法绘制，但又参照唐代地理学家贾耽编制的《海内华夷图》结构做了纠正。虽然这种画方的古代地图具有现代地图方里网的形式，但没有具体说明它使用的是什么类型的地图投影。

由于我国封建社会历史时间较长，而统治者和一般士大夫多重视科举而轻视技艺，以致我国地图科学发展缓慢。西晋以后我国在地图学研究领域并没有突破性发展，直至明朝末年我国地图上才开始有经纬网。明末清初，西方传教士将西方当时的天文、地理、测绘等方面的知识带入我国。

二、近现代国内外地图投影的发展

在西方，伴随着 16 世纪全球性的地理大发现，扩大了人们对地球理解的地理概念，地图学也随之得到了蓬勃的发展。为了满足航海的需要，欧洲地图学家墨卡托（Mercator）第一个使用正轴等角圆柱投影绘制完成了航海图。由于这一投影具有地面上的等角航线在投影面上被描写成为直线的优点，对航行非常方便，因此这种以"墨卡托"名字命名的地图投影至今还在海图编制中使用。除此以外，这一时期的地图还使用了等距离方位投影、球面投影、心形投影、伪圆锥投影、梯形投影等投影。

　　17 世纪至 18 世纪,随着近代数学的发展,地图投影具有了一些新的特点。地图投影开始在这一时期应用到较大比例尺的地形图上。例如,法国的卡西尼(C. F. Cassini)在法国全国进行三角测量的基础上测制的 1∶86 400 比例尺地形图,采用了彭纳(Bonne)投影。同时地图投影的理论研究也有了更深入的发展。例如,数学家和地图学家兰勃特(Lambert)提出了等角投影的理论,并首先创立了等角圆锥投影、等面积方位投影和球体的等角横切圆柱投影;瑞士数学家欧拉(Euler)研究了等面积投影的理论,并拟定了新的等面积圆锥投影;法国数学家拉格朗日(Lagrange)研究了等角双圆投影的基本理论等。等角双圆投影是等角多圆锥投影中的一种,其赤道与中央经线均为直线且正交,经线与纬线均为同轴圆的圆弧,其圆心位于中央经线与赤道的延长线上。这种投影图上的面积会发生变形,在中央部分较小,而向四周明显扩大。

　　19 世纪由于资本主义的军事扩张,需要提高地形图的精度,因此要求适合于大比例尺地形图的投影。德国数学家高斯(Gauss)拟定了一个曲面在另一个曲面上描写(包括椭球面在球面上的描写)的一般理论,同时提出了在椭球面实行等角横切圆柱投影的基本设想。他去世后由克吕格(Krüger)继续研究并于 1919 年完成,即著名的高斯-克吕格投影。

　　从 19 世纪末到 20 世纪中叶,俄国和苏联的学者对地图投影的发展做出了卓越的贡献。切比雪夫(Chebyshev)在“论地图制法”中精辟分析了数学理论与实践结合的意义,讨论了如何减少投影误差的问题,提出了一个著名理论——“地表的一部分描写于地图上最适宜的投影,是投影边界线上比例尺保持为同一数值的投影”。这一理论对探求新投影指明了方向。1942 年,苏联数学家、大地测量学家克拉索夫斯基(Krasovsky)提出用投影法代替平展法整理天文大地网资料。1936 年,他推导出地球椭球的参数,1941 年,他又推出地球椭球的新参数,即长半轴 6 378 245 m、短半轴 6 356 863 m 和扁率 1∶298.3。1946 年,苏联将他推导的地球椭球体的元素值作为参考椭球参数,称为克拉索夫斯基椭球。

　　这一时期对地图投影的理论和应用做出过贡献的还有维特科夫斯基(Vitkovsky)、津格尔(Zinger)和卡夫赖斯基(Kavraisky)等,特别是克拉索夫斯基、津格尔和卡夫赖斯基三人的研究,取得了长度均方变形为最小的等距离、等角和等面积圆锥投影。苏联的测绘事业获得全面发展:卡夫赖斯基为苏联拟定了等距离圆锥投影、等面积圆锥投影,并设计了一种任意性质的伪圆柱投影;乌尔马耶夫(Urmayev)在理论上贡献最大,他著有《数学制图学原理》和《新投影探求法》,详细论述了地图投影基本理论,提出了根据已知变形分布探求新的地图投影,首次提出利用数值法求出投影的坐标值,它为探求新地图投影开辟了一条广阔的道路,此外他对投影变换也有所贡献;索洛维耶夫(Solovyev)为苏联教学用图拟定了一些透视圆柱投影,提出了多重透视方位投影,著有《地图投影》;金兹堡(Ginzburg)拟制了一系列的方位投影、伪圆柱投影、伪圆锥投影、等变形线为卵形及椭圆形的伪方位投影,提出了两个重要的方位投影概括公式,编制了《数学制图学诺谟图集》;沃尔科夫(Volkov)著有《图上量测原理和方法》一书,较系统地阐述了地图投影问题。

　　1708 年,康熙皇帝开始在我国进行大规模全国经纬度测量和三角测量,在此基础上展开了全国性测图工作,并完成了《皇舆全览图》,后来胡林翼将此图改编成《大清一统舆图》。这些地图都绘有经纬网,纬线为平行直线,经线为交于中央经线上一点的倾斜直线,经纬网为斜梯形。这是一种三角形等面积的投影,现在已很少有人使用了。

　　在民国初年的军阀割据时代,各省实测的 1∶5 万地形图也未使用地图投影,只是按照

36 cm×46 cm 的矩形图廓测图。这时勘测和编绘的 1∶10 万、1∶50 万和 1∶100 万几种比例尺地图,采用的是多面体投影。

南京国民政府时期实测的 1∶5 万地形图是按经纬度统一分幅,采用的是兰勃特等角割圆锥投影。这时期编制的 1∶100 万地图(多数为单色印刷)按国际统一分幅,使用的是改良多圆锥投影。此时市面上出版发行的地图和地图集,多采用一些早期的投影,如以阿尔贝斯(Albers)投影绘制的中国地图和分省地图,以彭纳投影绘制亚洲全图,以格林滕(Grinten)投影绘制世界地图等。

中华人民共和国成立前我国专门研究地图投影的学者只有少数几位,如叶雪安和方俊等。他们对地图投影有较深入的研究,也曾在高校测量系和制图系讲授过地图投影课程。

这个时期国内学者也没有出版地图投影书籍,仅有褚绍唐翻译了《*An Introduction of the Study of Map Projection*》,并于 1943 年出版。这是一本科普性读物,译为《地图投影》,其内容是用几何法或透视法构成小比例尺地图经纬网的若干常见投影。

三、中华人民共和国成立后我国地图投影的发展

中华人民共和国成立后,党和政府十分重视测绘事业的发展。20 世纪 50 年代,建立了全国统一的坐标系和统一的高程系,确定了 1∶50 万及以上更大比例尺的系列地形图,统一采用高斯-克吕格投影,新编了第一代 1∶100 万地形图,使用的是改良多圆锥投影。同时,兴办高等和中等测绘院校,培养新的测绘技术人才。1953 年叶雪安编写了《地图投影》一书,主要用于大地测量;1957 年至 1958 年方俊编写了《地图投影学》巨著,该书共计 50 多万字,分上下两册,这是我国学者在国内第一次出版的学术水平较高、内容丰富的地图投影著作。

20 世纪 60 年代初,吴忠性、胡毓钜和黄国寿分别编著出版了适用于高等测绘院校和中等测绘专科学校的三种地图投影教材,对我国地图制图教育做出了贡献。新中国培养的中青年一代地图制图学者,如李国藻、杨启和、龚剑文、方炳炎等,自 20 世纪 60 年代起已展露才华,相继发表了多篇水平较高的地图投影方面的学术论文。这一时期,我国学者还设计了《中华人民共和国大地图集》的投影方案——等差分纬线多圆锥投影和正切差分多圆锥投影,一直沿用至今。20 世纪 70 年代末,讨论选定了我国新的 1∶100 万地形图的投影,即以边纬线和中纬线变形绝对值相等的等角割圆锥投影取代过去的改良多圆锥投影。1983 年由吴忠性、胡毓钜主编的《地图投影论文集》是从 20 世纪 50 年代至 1979 年国内有关学术刊物上发表的地图投影方面的论文中,精选出的具有代表性的优秀论文 26 篇。与世界先进国家的水平相比,我国地图投影理论研究的深度并不逊色。

§1-2　地图投影的基本概念

一、投影的概念

用光线照射物体,在某个平面(地面、墙壁等)上得到的影子叫作物体的投影,照射光线叫作投影线,投影所在的平面叫作投影面。由同一点(点光源发出的光线)形成的投影叫作中心投影,如图 1-5(a)所示。有时光线是一组互相平行的射线,如太阳光光线。由平行光线形成的投影是平行投影,其中,投影线垂直于投影面产生的投影叫作正投影,如图 1-5(b)所示,否则

称为斜投影,如图 1-5(c)所示。

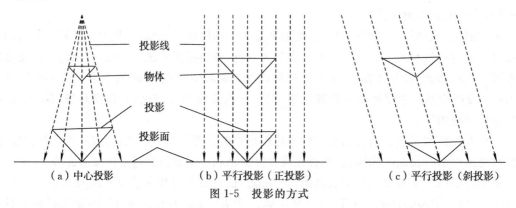

（a）中心投影   （b）平行投影（正投影）   （c）平行投影（斜投影）

图 1-5   投影的方式

从图 1-5 可以看出中心投影和平行投影的特点,如表 1-1 所示。

表 1-1   不同投影方式的投影特点

投影方式	投影特点
中心投影	(1)中心投影的投影线交于一点; (2)一个点光源把一个图形照射到一个平面上,这个图形的影子就是它在这个平面上的中心投影; (3)平面为投影面,各射线为投影线; (4)空间图形经过中心投影后,直线仍为直线,但平行线可能变成垂直相交的直线; (5)中心投影后的图形与原图形相比虽然改变较多,但直观性强,看起来与人的视觉效果一致,所以在绘画时,经常使用这种方法,但在立体几何中很少用; (6)如果一个平面图形所在的平面与投影面平行,那么中心投影后得到的图形与原图形也是平行的,并且中心投影后得到的图形与原图形相似
平行投影	(1)平行直线的投影仍是平行或重合直线; (2)与投射面平行的线段,其投影与这条线段平行且相等; (3)与投影面平行的平面图形,其投影与这个图形全等,倾斜于投影面的平面图形,其投影仍为一个平面图形; (4)在同一条直线或平行直线上,两条线段的平行投影的比等于这两条线段的比

二、地图投影的概念

由前文所举例子可以看到,所谓"投影"不可能限于比较简单的几何方法(如平行投影和中心投影),而是要从一个广泛的意义上来理解。例如,设想在平面上有两组互相交叉的线条(直线或曲线),使它们与地球表面上一部分经纬线一一相对应(图 1-6),那么就可以从广义上说,这两组线就是地球表面上这一部分经纬网的"投影"表象。事实上,大多数地图投影就是这样的"投影"。

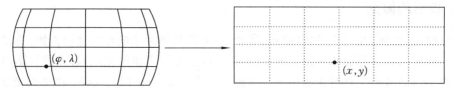

图 1-6   广义投影

因此,地图投影就是建立平面上的点(用平面直角坐标或极坐标表示)和地球表面上的点(用纬度 φ 和经度 λ 表示)之间的函数关系。用数学式表达这种关系为

$$\left.\begin{array}{l} x = f_1(\varphi,\lambda) \\ y = f_2(\varphi,\lambda) \end{array}\right\} \tag{1-1}$$

如果能建立 x、y 和 φ、λ 之间的函数式,就可以依据地球表面上的点 (φ,λ) 求出其在平面上的位置 (x,y)。这就是地图投影的实质。按所需要的经纬网密度,把经纬线交点的平面直角坐标计算出来,就可以按坐标在平面上把该网格的平面表象画出来,这样就建立了所编地图的数学基础。

三、地图投影的变形

以一定间隔的纬度差或经度差(如 10° 或 5°,更大或更小的间隔),用经纬线将地球表面划分为许多网格,地球上每点都落到网格之内,也就有了固定的位置。地球上每两条纬线间经差相同的网格必具有相同的大小和形状,但是它们在投影中不一定能保持原来的大小和形状,甚至彼此间有很明显的差异(图 1-7 中 A、B、C 三个网格)。这就是说,投影中产生了某种变形,从实质上讲,是由投影中产生的长度变化和方向变化造成的。

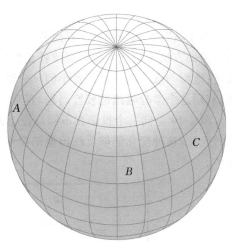

图 1-7　地图投影产生的变形

地球表面是一个不规则的曲面,即使把它当作一个椭球体或正球体表面,在数学上讲,它也是一种不能展开的曲面。要把这样一个曲面表现到平面上,就会发生裂隙或褶皱。在投影面上,经纬线的"拉伸"或"压缩"(通过数学手段)可以避免这种情况,从而形成一幅完整的地图,如图 1-8 所示,因此产生了变形。

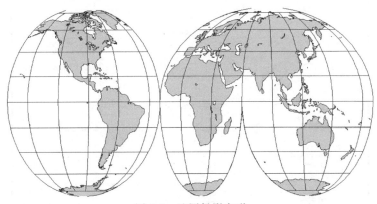

图 1-8　地图投影变形

再有,不同的投影形式也具有各不相同的变形特征。图 1-9 表示了同一地区(如非洲)在三种不同投影中的变形情况。这三种投影都能保持面积大小正确,都是等面积投影,但不同投影形式或一个投影在不同位置有形状上的显著差异。

由上述情况可知,曲面(地球椭球和球体表面)和平面(地图平面)之间的矛盾是地图投影

面临的主要矛盾。在实现曲面到平面的转化、完成地图投影的过程中,必然会产生变形。

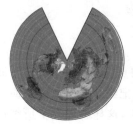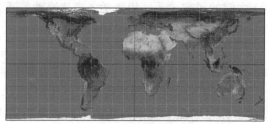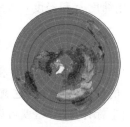

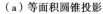

（a）等面积圆锥投影　　　　　　　（b）等面积圆柱投影　　　　　　（c）等面积方位投影

图 1-9　不同形式的地图投影

　　为了从"质"和"量"两个方面分析研究地图投影过程中产生的投影变形,需要借助一些解析几何的方法来论述。变形椭圆就是常用来论述和显示投影变形的一个良好工具。其基本含义是:地面一点上的一个无穷小圆——微分圆(也称单位圆),在投影后一般地成为一个微分椭圆,利用这个微分椭圆能较恰当地、直观地显示变形的特征。

　　图 1-10 是同一个投影在不同点位上的微分椭圆示意。可见,椭圆的形状与大小都有着不同的变化,这种变化能够反映出地图投影中的变形特征,形状表示变形性质,尺寸表示变形的大小。

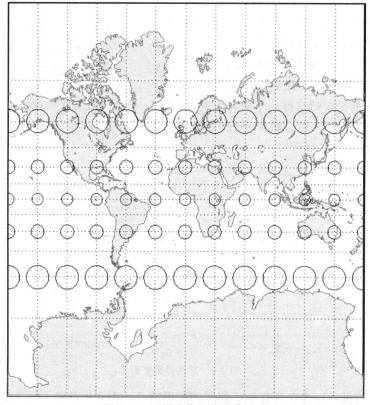

图 1-10　不同点位上的微分椭圆

　　利用变形椭圆显示投影变形的方法是由法国数学家蒂索(Tissot)首先提出的,所以国外文献亦称变形椭圆为蒂索曲线(指线)。

§1-3 地图投影的研究对象及与其他学科的关系

一、地图投影的研究对象

如前所述,自从数学分析学科出现后,采用几何透视的地图投影方法就不多见了,而代之以数学分析的方法建立地图投影,这也是现代研究地图投影的主要方法。不管使用何种方式(透视法或数学分析法)建立地图投影,虽然解决了球面与平面之间的矛盾,但又不得不考虑投影变形对地图投影的影响。因此,研究地图投影除了研究建立地图投影的方法以外,还要研究地图投影的变形,这也是地图投影研究的重要内容之一。

随着科学技术的发展、地图功能的不断扩大和地图制作技术的改进,地图投影还要研究很多内容,包括减小或消除投影变形的地图量算方法、将原始地图资料投影转换为新编地图投影,以及在某些专用地图上绘制特殊曲线等。

二、地图投影的研究任务

地图投影研究的是将地球椭球面(或球面)描写到平面上的理论和方法,以及对这些理论和方法的应用,同时还要研究不同地图投影的自动转换、图上量算及图上作业等问题。具体而言,地图投影研究的是将空间信息(包括矢量数据、像素数据、遥感数据、数字高程模型、全球定位系统数据等)描写在某制图表面(平面或曲面)上,并进行空间数据处理的理论和方法。其任务是建立空间数据的统一坐标格网(平面格网或曲面格网),本质是空间信息的定位模型和基础框架。

具体而言,地图投影的主要任务如下:

(1)解决各种不同用途地图经纬网的建立、计算和展绘,以及与地图配置和分幅有关的一些实际问题。

(2)研究椭球面(或球面)上某些曲线在平面上的投影及其描绘方法,以及如何对地图上要素进行量测作业等问题。

(3)研究适合于制图自动化需要的地图投影变换的理论和方法,以及各种投影间的变换方法。

(4)研究适合于解算空间上的平面或直线的几何问题的投影方法,以满足天文学、晶体学、地质学等学科的需要。

(5)研究天体宇宙投影和陆地卫星投影,以适应空间技术发展。

(6)研究地图数据库中数字化地图数据处理,建立空间信息定位系统和地图投影变换系统,以满足各类专业地理信息系统建设的需要。

三、地图投影与其他学科的关系

地图投影与其他许多学科和应用技术都有着密切的联系。

(一) 地图投影与数学的关系

投影本身就是数学问题,因此,地图投影也叫数学制图,主要是研究地图数学基础建立的理论和方法。从地图投影的研究内容来看,其涉及大量地图投影公式、变形评价理论,需要经过严格的数学推理和公式计算,可以说地图投影的产生和发展是伴随着数学的发展而进行的。最初的地图投影主要是建立在初期数学——几何学的原理上,大多运用透视法建立经纬网。历史上许多地图投影的创立者和对地图投影理论做出重要贡献的人,其本身往往是数学家,如拉格朗日、高斯、蒂索等。

地图投影可以说是数学在地图制图学方面的应用,因此数学是研究地图投影极为重要的工具,尤其是现在,要想满足人们对地图投影提出的多种多样的要求,掌握近代数学这个工具有着极其重要的意义。反过来,地图投影的发展也不断地丰富了数学研究的内容。

(二)地图投影与测绘学的关系

地图投影是测绘学的重要组成部分,其研究主体(地球椭球体)的形状、大小需要利用大地测量、天文测量或卫星导航定位测量等方法精准测定,从而建立大地控制点和大地原点。大地测量为了获得最后的成果表达及简化计算,则需要应用地图投影将测量得到的位置处理成简单且便于使用的平面直角坐标。

地图编制与地图投影关系更密切,它们均为地图学的重要组成部分。地图投影是地图编制、地图设计的重要内容,是构建经纬网、科学表达的数学基础。地图编制是在制图网内表示地图的内容,地图投影控制框架的正确与否不仅影响地图编制的复杂程度、速度与生产成本,还会影响地图的科学使用价值。同时,地图编制的发展和地图品种的增加,又不断地对地图投影提出新的要求,促使人们改进、设计新的地图投影。

(三)地图投影与计算机科学的关系

地图投影与变换会涉及大量投影公式计算,特别是许多新的较复杂的地图投影,计算量巨大,单纯靠手工计算难以完成,需要计算机技术的帮助。在计算机技术的帮助下,原本复杂的投影公式都可以通过计算机程序进行求解计算,再也不用"三表"(对数表、三角函数表和制图用表)进行辅助计算,不用把投影公式转化为对数形式才能进行计算,现在数学表达式一般都能计算,而且计算结果精度和效率都有很大提高。

近年来,计算机技术广泛应用到地图投影的各个方面,从根本上改变了地图投影的面貌,如在地图投影计算中的应用、自动建立地图数学基础中的应用和计算机辅助地图投影变换等方面的应用。当代电子计算机科学的发展使投影从公式计算到坐标网格展绘都可以实现自动化处理,特别是近年来快速发展的地理信息系统软件,如 ArcGIS、MapInfo、GeoGlobe、SuperMap、MapGIS 等,都有了地图投影模块,为地图数据的投影设定和变换提供了便捷的工具。

(四)地图投影与航海、航空、宇宙飞行的关系

地图投影在航海中的应用有着悠久的历史,特别是随着无线电导航和无线电定位技术的发展,出现了一系列新的研究课题。正轴等角切圆柱投影(墨卡托投影)被最早应用到航海图上,由于等角投影没有角度变形,在一点上各方向的长度比一致,所以也适用于航空图。在当代的宇宙飞行中,地图投影不仅可以用于绘制其他星球地图(如月球、火星)、星际关系的位置图,还可以绘制其他星球上高精度的飞船着陆图。例如,宇宙飞船阿波罗 11 号(Apollo 11)登月的一套地图,不但有大比例尺的着陆图,而且有小比例尺的可见月面的月半球图。同时,地图投影也便于表示人造卫星的运行轨迹,如图 1-11 表示了 2020 年 2 月 28 日北斗导航卫星系统星下点轨迹。

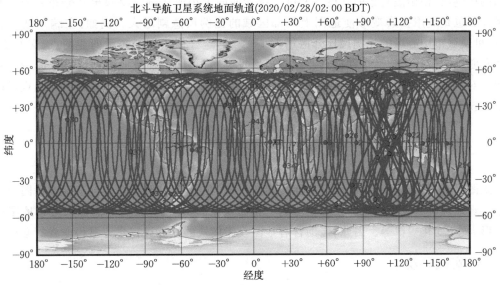

图 1-11 北斗导航卫星系统星下点轨迹

§1-4 地图投影的发展新趋势

一、外星地图投影

过去提到地图和地图投影,往往只是针对地球而言的。自从人类登上月球以后,地图制图的领域已从地球扩展到外星球。目前,月球制图所需要的各种投影也早已研究和选定了。随着宇航技术的发展,不久的将来有可能登上距离地球较近的其他星体,到时还会增加更多星体的地图投影。

二、空间地图投影

静态的地图投影已不适用于人造地球卫星在自己的轨道上运行时通过扫描装置自动摄取自转地球表面影像进行连续制图的要求。1974 年美国地质调查局(United States Geological Survey,USGS)的科尔沃科雷塞斯(Colvocoresses)提出了空间斜轴墨卡托(space oblique Mercator,SOM)投影,1977 年由琼金斯(Junkins)和斯奈德(Snyder)同时推求出空间斜轴墨卡托投影的公式,并证实它是一种最适合进行陆地卫星扫描影像制图的投影。1980 年后,斯奈德又研制出卫星轨迹地图投影,它包括卫星轨迹圆柱投影和卫星轨迹圆锥投影,其特点是非常简洁并能在地图上显示卫星轨迹和摄影地区。但由于变形较大,不能代替空间斜轴墨卡托投影用于大、中比例尺的卫星影像制图。

三、多焦投影和变比例尺投影

近年来,随着计量地理学和某些新型专题地图的发展,要求利用地图投影的变形或扩大这种变形反映区域内某些现象统计量的强度及其分布趋势,并在地图上让读者明显地看出这种差异。多焦投影是在同一种投影的地图上,运用不同的投影中心或视点位置,增大或缩小局部范围的比例尺,使制图对象的强度或密度与统计面的大小成比例以反映出其分布差异。变比例尺投影也是运用投影变形使地图上局部区域的比例尺急剧增大。例如,在编制城市旅游图时,可使城市中心区的比例尺比郊区增大 1~2 倍,这样便于详细表示商业网点、交通状况、食宿和游乐等服务设施。这种投影要经过再度投影实现,即由一般地图到过渡球面最后到新地图。对地图投影的一贯要求是变形越小越好,但是为了满足某种专题地图的需要,也可以利用扩大投影变形的方法。这也可以说是对投影变形的另一种认识。

§1-5　地图投影实践

地图投影是一门研究从曲面到平面转换的科学,在学习和理解时,单纯从课本插图中无法形象直观地理解其投影表象随投影中心的变化而变化的特点,也没有办法深入分析地图投影的变形大小、变化规律等。因此,借助含有地图投影模块的软件进行学习显得非常有必要。

一、实践环境

(一) Geocart

Geocart 是一款功能强大的地图制作软件,为用户提供了功能强大、直观的地图投影展示和分析工具。自 1992 年以来,世界各地的地图制作者都依赖于 Geocart 来创建他们的基础地图。Geocart 可以让用户(包括地图制图员、地球科学研究者、测绘工作者、地理专业学生、地图爱好者和平面艺术家等)制作出各种令人惊叹的地图投影图形,节省用户的时间,提高用户的工作效率。该软件的地图投影支持输出矢量和栅格地图,支持 TIFF、JPEG 和 PSD 格式,方便用户使用。

Geocart 具有以下功能:

(1)地图显示,可以展示不同的地图表象,并可以改变视点、比例尺等,从而适合读者阅读。

(2)地图投影,可以设定不同的投影类型,展示和比较分析投影表象,并选择合适的地图投影。

(3)地球椭球体选择与设定,可以选择不同的地球椭球体,设定不同的参数,从而进行地图投影的展示。

(4)变形分析,可以通过蒂索曲线显示一点在地图上的变形,通常为一个椭圆,其形状和大小可以反映地图投影的变形性质和大小。如果椭圆是圆形,那么表示没有角度变形。

(5)对象菜单操作,可以对图像或地图对象进行操作,所有操作都适用于单个或多个对象。

(6)地图操作,文档可能包含任意数量的地图,而地图是从一组属性中提取的,这里所有属性都是可以控制的。属性类似于投影、经纬网特征、线条样式及地图中使用的地理数据库。可以选择打开或关闭任何这些属性的图形。

Geocart 的界面如图 1-12 所示。

(二) MATLAB

20 世纪 70 年代,美国新墨西哥大学计算机科学系主任 Moler 用 FORTRAN 编写了最早的 MATLAB。1984 年由 Little、Moler、Bangert 合作成立了的 MathWorks 公司,正式把 MATLAB 推向市场。

MATLAB 可信度高、灵活性好、使用方便、人机界面直观、输出结果可视化,目前已成为国际最流行、应用最广泛的科学与工程计算软件。现在 MATLAB 不但是一个"矩阵实验室"（Matrix Laboratory），而且已作为一种实用的全新计算机编程语言被广泛用于庞大地理数据的处理和分析。

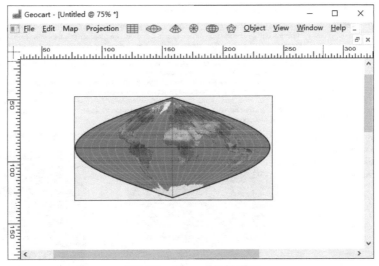

图 1-12　Geocart 软件界面

　　MATLAB 含有丰富的工具箱，其中，Mapping Toolbox 提供了多种多样的地图工具，包括文件输入输出、网络地图、地图可视化、数据分析、几何大地测量、坐标参考系和地图投影等，可以解决地理信息数据显示、分析和处理等问题。值得一提的是，其地图投影模块具有许多地图投影类型，可以进行地图投影的表象展示和变形分析，并可以通过编写代码的方式自定义地图投影。MATLAB 的软件界面如图 1-13 所示，Mapping Toolbox 的投影类型如图 1-14 所示。

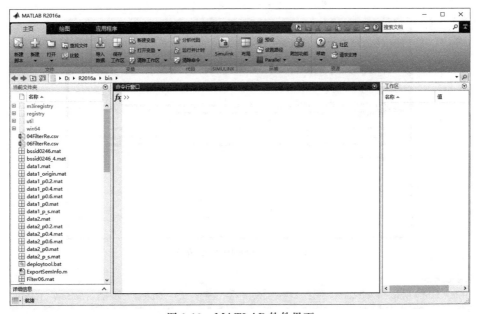

图 1-13　MATLAB 软件界面

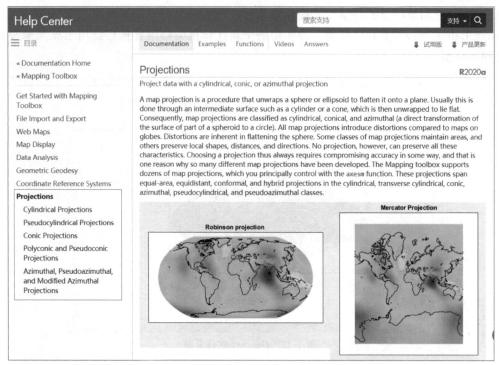

图 1-14　MATLAB 的 Mapping Toolbox 投影类型

二、地图投影实践

(一) Geocart 实践

(1)单击 Windows【开始】菜单或者桌面上 Geocart,程序启动后的界面如图 1-15 所示,Geocart 的菜单如图 1-16 所示。

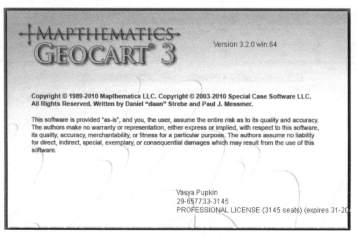

图 1-15　Geocart 启动界面

图 1-16　Geocart 菜单

（2）创建文档，单击【File】，选择【New】。

（3）创建默认地图，单击【Map】，选择【New】，如图 1-17 所示。这里默认的地图投影为桑松（Sanson）投影。

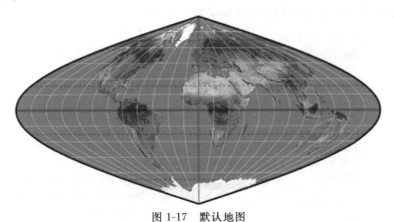

图 1-17　默认地图

（4）练习使用基本视图工具，如图 1-18 所示。单击![](可以在文档窗口内移动地图；单击![](后，可以在窗口内平移地图；单击![](后，可以缩放地图；单击![](后，出现信息显示窗口，如图 1-19 所示。

图 1-18　基本视图工具

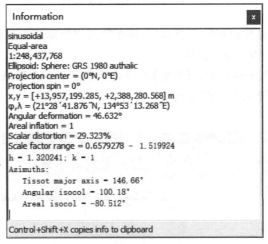

图 1-19　信息显示窗口

（5）学习地图操作菜单，如图 1-20 所示。【New】为新建一幅地图；【Databases】为设定数据库；【Nominal Scale】为设定比例尺；【Map Size and Resolution】为设定地图大小和分辨率；【Scale to Window】为按适合文档窗口比例显示；【Scale to Document】为按适合文件比例显示；【Boundaries】为设定显示范围；【Graticule】为设定经纬网格；【Line Styles】为设定线型；【Distortion Visualization】为变形可视化；【Tissot Indicatrices】为蒂索曲线，也称为变形椭圆；【Copy Attributes】为复制属性；【Paste Attributes】为粘贴属性；【Generalize Vectors】为设定矢量综合方式；【Draft Quality】、【Proof Quality】、【Final Quality】为设定图像渲染的质量，精度依次提高。

（6）熟悉地图投影菜单，如图 1-21 所示。【Change Projection】为改变投影类型；【Reset Projection】为将投影重置为默认方式；【Projection Center】为投影中心；【Parameters】为设定投影参数；【Stretch and Rotation】为旋转和拉伸；【Datum】为设定地球椭球体；【Interruptions】为选择分瓣投影，针对的是部分特定的投影类型。

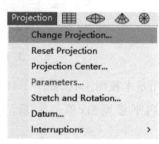

图 1-20　地图操作菜单　　　　　图 1-21　地图投影菜单

以上操作过程的细节部分，将在后面相应章节中进行详细介绍。

（二）MATLAB 实践

（1）单击 Windows【开始】菜单或者桌面上 MATLAB，程序启动后的界面如图 1-22 所示。此处最主要的两个窗体就是编辑器和命令行窗口。

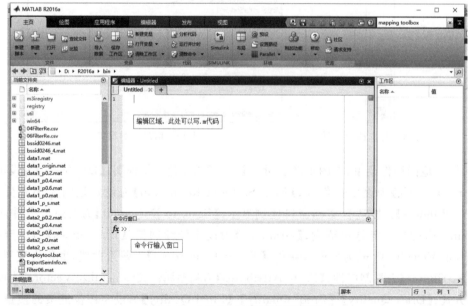

图 1-22　MATLAB 启动后的界面

(2)查看【Mapping Toolbox】的帮助,如图 1-23 所示。

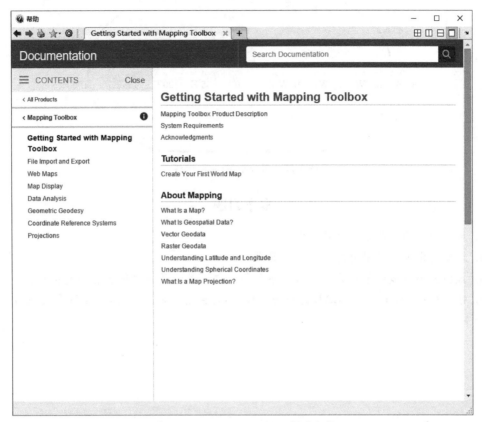

图 1-23　Mapping Toolbox 帮助文件

　　(3)按照提示,创建一幅世界地图。在命令行窗口,输入"worldmap world",得到世界地图网格,如图 1-24 所示。继续输入"load coastlines;plotm(coastlat,coastlon)",得到带有海岸线的世界地图,如图 1-25 所示。

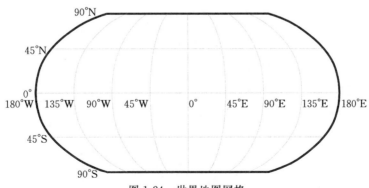

图 1-24　世界地图网格

　　MATLAB 中大多以命令的方式进行地图投影的展示,因此学会相应的命令、函数的用法,才能较好地完成投影表象展示和变形分析等。在后面相应的章节中,会对相应的命令、函数进行详细介绍。

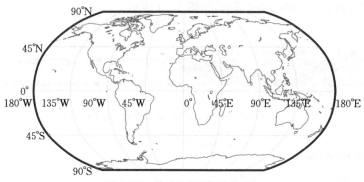

图 1-25   世界地图(带海岸线)

本章习题

1. 地图投影的主要矛盾是什么?

2. 地图投影的主要研究对象和任务是什么?

3. 地图投影在地图学中的位置与作用如何? 它与其他学科之间存在何种关系?

4. 按照 Geocart 和 MATLAB 的帮助文件,学习使用这两款软件,并尝试完成一幅世界地图的绘制。

第二章 地球椭球体及其定量描述

地图投影主要解决的是如何将地球表面的地物空间位置科学严谨地表达到地图上,即根据一定的数学法则,在平面上建立与地球表面地理坐标系相应的直角坐标系。在建立地图数学基础的同时,还要研究地图投影带来的各种变形问题。地图投影依据的基准面是地球的数学面,因此在讨论地图投影之前,要先将地球椭球体数学面的形状、大小及其有关参数和表达式进行简要介绍。

§2-1 地球椭球体

"天圆如穹顶,地方若棋局",这是古代人类对地球最朴素的认识。当时,人类活动的范围很小,只看到自己生活地区的一小块地方,因此单凭直觉就产生了种种有关"天圆地方"的说法。随着生产技术的发展、人类活动范围的扩大和各种知识的积累,人们逐渐认识到"天圆地方"学说的不妥,对很多现象并不能进行合理解释。例如,在海边看离岸的船,先是船身隐没,然后才是桅帆。在陆地上旅行的人,如果向北走去,一些星星就会在南方的地平线上消失,另外一些星星却在北方的地平线上出现。如果向南走去,情况就相反。这些现象只有认为大地是弧形时才好解释。古希腊著名的科学家、哲学家亚里士多德通过多年观察天象,以及月食时地球在月球上的投影等现象,大胆推断大地的形状为球形。15、16世纪的地理大发现,特别是1519—1521年,麦哲伦(Magellan)率领的一支船队环绕地球航行一周成功,为大地是球形提供了有力的证据。

公元前3世纪,古希腊的地理学家埃拉托色尼成功地用三角测量法测量了阿斯旺和亚历山大之间的子午线长。中国唐朝时期,僧一行根据南宫说等一组的测量,归算出相当于子午线1°的长度。众所周知,地球近似为一个球体,它的自然表面是一个极其复杂而又不规则的曲面,有高山、丘陵、平地、凹地等。在大陆上,最高点珠穆朗玛峰高出海面8 848.86 m,在海洋中,最深处为11 034 m深的马里亚纳海沟,二者高差近20 000 m。地球表面的不规则使它不可能用数学公式来表达,也就无法实施运算,所以在地球科学领域中,必须寻找一个形状和大小都很接近地球的球体或椭球体来代替它。

大地体是人们首先想到的替代球体,即假定海水处于"完全"静止状态,把海水延伸到大陆之下形成包围整个地球的连续表面,大地水准面包围的球体被称为大地体。大地水准面虽比地球的自然表面要规则得多,但是还不能用一个简单的数学公式表示出来。这是因为大地水准面上任何一点的铅垂线都与大地水准面正交,而铅垂线的方向又受地球内部质量分布不均匀的影响,致使大地水准面产生微小的起伏,它的形状仍是一个复杂的、还不能作为直接依据的投影面。

为了便于测绘成果的计算,选择一个大小和形状与它极为接近的旋转椭球面来代替,即以短轴(地轴)为轴旋转而成的椭球面,这个椭球面被称为地球椭球面。它是一个纯数学表面,可以用简单的数学公式表达。有了这样一个椭球面,即可将其当作投影面,建立地球表面与投影面之间一一对应的函数关系。1976 年国际天文学联合会(International Astronomical Union, IAU)天文常数中,地球赤道半径 a 为 6 378 140 m,地球扁率因子 $1/f$ 为 298.257。多年的人造地球卫星的观测结果表明,地球是个三轴椭球体。地球自转产主的惯性离心力使地球由两极向赤道逐渐膨胀,成为目前略扁的旋转椭球体形状,极半径比赤道半径约短 21 km。

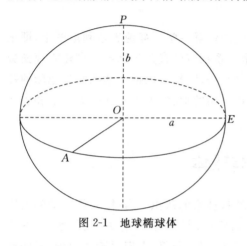

图 2-1　地球椭球体

地球椭球体形状和大小的符号如图 2-1 所示。其中,长半径 a(赤道半径)、短半径 b(极轴半径)、扁率 f、第一偏心率 e 和第二偏心率 e' 又称为椭球体元素。

f、e、e' 的数学表达式分别为

$$f = \frac{a-b}{a} \tag{2-1}$$

$$e^2 = \frac{a^2-b^2}{a^2} \tag{2-2}$$

$$e'^2 = \frac{a^2-b^2}{b^2} \tag{2-3}$$

决定地球椭球体大小的元素有 2 个,其中必须有一个是长度 (a 或 b)。

e、e' 和 f 除了与 a、b 有关系外,它们之间还存在着下列关系

$$e^2 = \frac{e'^2}{1+e'^2} \tag{2-4}$$

$$e'^2 = \frac{e^2}{1-e^2} \tag{2-5}$$

$$e^2 \approx 2f \tag{2-6}$$

由于采用不同的资料推算,椭球体的元素值是不同的。世界各国常用的椭球体数据如表 2-1 所示。

表 2-1　世界各国常用的椭球体数据

椭球体名称	年份	长半轴 a/m	扁率 f
贝塞尔(Bessel)	1841	6 377 397	1:299.15
克拉克(Clarke) I	1866	6 378 206	1:294.98
克拉克(Clarke) II	1880	6 378 388	1:293.47
海福德(Hayford)	1909	6 378 388	1:297.00
克拉索夫斯基(Krasovsky)	1940	6 378 245	1:298.30
国际大地测量与地球物理联合会(IUGG)	1975	6 378 140±5	1:298.257±0.001 5
游存义(中国)	1978	6 378 143	1:298.26
1980 大地参考坐标系(GRS-1980)	1980	6 378 137	1:298.257
1984 世界大地测量系统(WGS-84)	1984	6 378 137	1:298.257 223 563
2000 国家大地坐标系(CGCS2000)	2008	6 378 137	1:298.257 222 101

我国于 20 世纪 50 年代和 80 年代分别建立了 1954 北京坐标系和 1980 西安坐标系,测制了各种比例尺地形图,在国民经济、社会发展和科学研究中发挥了重要作用,限于当时的技术条件,中国大地坐标系基本上是依赖于传统技术手段实现的。1954 北京坐标系采用的是克拉

索夫斯基椭球,该椭球在计算和定位的过程中没有采用中国的数据,因此该坐标系在中国范围内符合得不好,不能满足高精度定位及地球科学、空间科学和国防建设的需要。20 世纪 70 年代,中国大地测量工作者经过 20 多年的艰苦努力,终于完成了全国一、二等天文大地网的布测。经过整体平差,采用 1975 年国际大地测量和地球物理联合会(International Union of Geodesy and Geophysics,IUGG)第十六届大会推荐的参考椭球参数,建立了 1980 西安坐标系。

随着社会的进步,国民经济建设、国防建设、社会发展、科学研究等对国家大地坐标系提出了新的要求,迫切需要采用原点位于地球质量中心的坐标系统(简称地心坐标系)作为国家大地坐标系。地心坐标系有利于采用现代空间技术对坐标系进行维护和快速更新,能测定高精度大地控制点三维坐标,并能提高测图工作效率。

自 2008 年 7 月 1 日起,中国全面启用 2000 国家大地坐标系。2000 国家大地坐标系是全球地心坐标系在我国的具体体现,其原点为包括海洋和大气在内的整个地球的质量中心,Z 轴指向国际时间局 (Bureau International de l'Heure,BIH)1984.0 定义的协议极地方向,X 轴指向 BIH1984.0 定义的零子午面与协议赤道的交点,Y 轴按右手坐标系确定。

§2-2　地球椭球体表面要素

众所周知,地球表面可以通过经线和纬线刻画,经线指示南北方向,纬线指示东西方向,如图 2-2 所示。其中,PP_1 是地球自转旋转轴,它和地球椭球体的短轴相重合,并与地面相交于 P、P_1 两点,这两点就是地球的两极。在北面的 P 点叫北极,在南面的 P_1 点叫南极。通过地心且垂直于地轴的平面,叫赤道面。赤道面与地球表面相交的大圆叫赤道。在地球表面上,凡与赤道相平行的圆圈就称为纬线圈或纬线。通过两极并与赤道相垂直的大圆,称为经线,因为经线指示南北方向,所以经线又叫子午线。国际上规定,把通过英国格林尼治天文台原址的那条经线叫作 0°经线,也叫本初子午线。

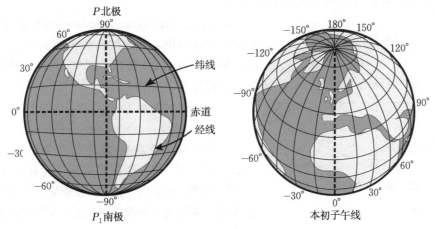

图 2-2　地球经纬线

由地球椭球面上的任一点 M (图 2-3)可以引一条垂线垂直于该点的地平线(切线),这条垂线称为法线,此线与赤道面相交所构成的角叫作地理纬度(简称纬度),通常用希腊字母 φ 表示。纬度以赤道为 0°,向北、南两极各以 90°计算,向北叫北纬,向南叫南纬。

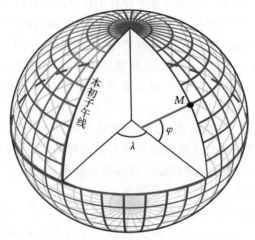

图 2-3   地球椭球体的经纬度

过地球椭球面上 M 点的经线面与起始经线面间的夹角叫作地理经度(简称经度),通常以希腊字母 λ 表示。经度以起始经线为 $0°$,我国将国际统一的、通过英国伦敦格林尼治天文台原址的经线作为起始经线,向东、西各以 $180°$ 计算,向东叫东经,向西叫西经。

在测绘工作中,地球椭球面上任一点 M 的位置通常用经度(λ)和纬度(φ)决定,写成 $M(\varphi,\lambda)$。经线和纬线是地球椭球面上两组正交(相交为 $90°$)的曲线,这两组正交的曲线构成的坐标称为地理坐标系。

地球椭球面上某两点经度值之差称为经差,某两点纬度值之差称为纬差。若两点在同一条经线上,其经差为零;在同一条纬线上,其纬差为零。

采用经纬度方式统一表示椭球面上的点,任何一点都有确定的纬度 φ 和经度 λ。反之,如果知道一点的经纬度坐标,该点在椭球面上的位置也就确定了。

除了地理经纬度外,还存在其他几种经纬度,其经度通常都是用该点与极轴构成的面与本初子午面的夹角表示,其纬度则有不同的表示方式。

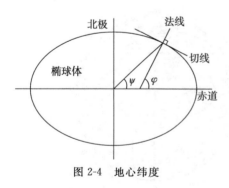

图 2-4   地心纬度

(1)地心纬度(geocentric latitude),即地面上的一点和地球几何中心的连线与赤道面的夹角,其与地理纬度的关系如图 2-4 所示。其中,ψ 表示地心纬度,φ 表示地理纬度。

二者之间的关系为

$$\psi(\varphi) = \arctan\left[(1-e^2)\tan\varphi\right] \qquad (2-7)$$

当在赤道和极点时,地心纬度和地理纬度相等,当 $\varphi = 45°6'$ 时,地心纬度和地理纬度相差最大,约为 $11.5'$。另外,要指出的是,本书所涉及的角度公式在计算时均需将角度转化为弧度后,再进行计算。

(2)天文纬度(astronomical latitude),即地面上一点的铅垂线与赤道面的夹角,通常用 Φ 表示。天文纬度与地理纬度的区别在于过该点和赤道面相交的直线不同,天文纬度的交线是铅垂线(重力线)方向,而地理纬度的交线是法线方向。

(3)参量纬度(reduced/parametric latitude),指纬度为 φ 的地面点 P 投影到以椭球体长

半轴为半径的球上 P'，该点和椭球中心连线 $P'O$ 与赤道的夹角 β 即为参量纬度，如图 2-5 所示。

参量纬度 β 和地理纬度 φ 之间的关系为

$$\beta(\varphi) = \arctan\left(\sqrt{1-e^2}\tan\varphi\right) \tag{2-8}$$

由式(2-8)可以看出，当点 P 在赤道和极点上时，二者的值相等。

(4)改正纬度(rectifying latitude)，其值是 90°乘以自赤道到地理纬度 φ 的经线弧长与赤道到极点的弧长比值，以 μ 表示，其计算公式为

$$\mu(\varphi) = \frac{\pi}{2}\frac{m(\varphi)}{m_p} \tag{2-9}$$

式中，$m(\varphi)$ 是自赤道到地理纬度 φ 的经线弧长，m_p 是自赤道到极点的经线弧长。由式(2-9)可知，二者在极点和赤道处数值相等。

(5)等积纬度(authalic latitude)，是一个参量纬度，常用 ξ 表示。利用该纬度计算的球体表面积和对应地理纬度 φ 的椭球体表面积数值相等，即

$$\xi = \arcsin\left(\frac{q}{q_p}\right) \tag{2-10}$$

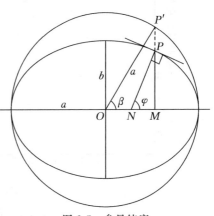

图 2-5 参量纬度

式中

$$q = (1-e^2)\left[\frac{\sin\varphi}{1-e^2\sin^2\varphi} - \frac{1}{2e}\ln\left(\frac{1-e\sin\varphi}{1+e\sin\varphi}\right)\right] \tag{2-11}$$

且 q_p 是 q 在北极点的值。令 R_q 作为球体的半径，且其球体的表面积和椭球体表面积相等，这时

$$R_q = a\sqrt{\frac{q_p}{2}} \tag{2-12}$$

(6)等角纬度(conformal latitude)，其角度是椭球体对应球体的保角变换，通常用 x 表示，即

$$\begin{aligned}
x(\varphi) &= 2\arctan\left[\left(\frac{1+\sin\varphi}{1-\sin\varphi}\right)\left(\frac{1-e\sin\varphi}{1+e\sin\varphi}\right)^e\right]^{\frac{1}{2}} - \frac{\pi}{2}\\
&= 2\arctan\left[\tan\left(\frac{\varphi}{2}+\frac{\pi}{4}\right)\left(\frac{1-e\sin\varphi}{1+e\sin\varphi}\right)^{\frac{e}{2}}\right] - \frac{\pi}{2}
\end{aligned} \tag{2-13}$$

(7)等量纬度(isometric latitude)，由椭球面对球面进行正射投影时定义的大地纬度辅助量，即

$$\theta(\varphi) = \ln\left[\tan\left(\frac{\pi}{4}+\frac{\varphi}{2}\right)\right] + \frac{e}{2}\ln\left(\frac{1-e\sin\varphi}{1+e\sin\varphi}\right) \tag{2-14}$$

该参量用于墨卡托投影和横轴墨卡托投影，等量的含义就是在任何点上对 φ 和 λ 增加相同的量，在经纬度方向上都得到相同的增量长度，表现为一个正方形。

几种常用纬度的比较，如图 2-6 和表 2-2 所示，其中地心纬度和等角纬度基本一致。

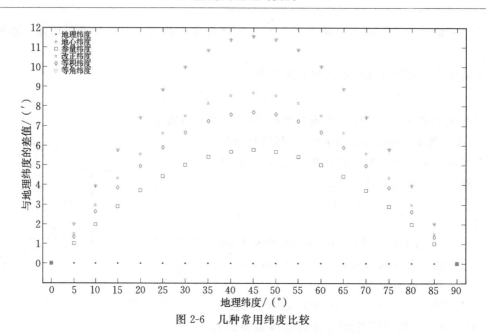

图 2-6　几种常用纬度比较

表 2-2　几种常用纬度与地理纬度之差

地理纬度 φ /(°)	与地心纬度之差 $\varphi-\psi$ /(′)	与参量纬度之差 $\varphi-\beta$ /(′)	与改正纬度之差 $\varphi-\mu$ /(′)	与等积纬度之差 $\varphi-\xi$ /(′)	与等角纬度之差 $\varphi-\chi$ /(′)
0	0.00	0.00	0.00	0.00	0.00
15	5.76	2.88	4.32	3.84	5.76
30	9.98	5.00	7.49	6.66	9.98
45	11.55	5.77	8.66	7.70	11.54
60	10.02	5.00	7.51	6.67	10.01
75	5.79	2.89	4.34	3.86	5.78
90	0.00	0.00	0.00	0.00	0.00

§2-3　椭球面要素计算

椭球面上除了可以通过经纬度确定点状要素的位置信息外,还分布着众多线状要素和面状要素,需要计算其长度和面积。

一、纬线圈半径

如图 2-7 所示,PE_1P_1 代表经线椭圆,若以椭圆的短轴为 Y 轴、长轴为 X 轴,则此椭圆方程式为

$$\frac{x^2}{a^2}+\frac{y^2}{b^2}=1 \tag{2-15}$$

式中,a、b 分别为椭圆的长半径、短半径。

设椭圆上有一点 A,其纬度为 φ,过点 A 做 Y 轴的垂线 AC 交 Y 轴于 C 点,则 $AC=x$,即是纬度为 φ 的纬线圈的半径。

过 A 点再做椭圆的切线交 X 轴于 F 点,则 AF 与 X 轴的夹角为 $90°+\varphi$。根据微分学有

$$\frac{\mathrm{d}y}{\mathrm{d}x} = \tan(90° + \varphi) = -\cot\varphi \quad (2\text{-}16)$$

对式(2-15)求导数,得

$$\frac{x}{a^2} + \frac{y}{b^2}\frac{\mathrm{d}y}{\mathrm{d}x} = 0$$

即

$$\frac{\mathrm{d}y}{\mathrm{d}x} = -\frac{b^2}{a^2}\frac{x}{y}$$

此式与式(2-16)比较,有

$$\frac{b^2}{a^2}\frac{x}{y} = \cot\varphi$$

由式(2-2),知

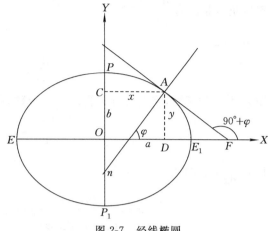

图 2-7 经线椭圆

$$\frac{b^2}{a^2} = (1 - e^2)$$

或

$$\frac{a^2}{b^2} = \frac{1}{1 - e^2}$$

所以

$$\tan\varphi = \frac{a^2}{b^2}\frac{y}{x} = \frac{1}{1 - e^2}\frac{y}{x}$$

则

$$y = x(1 - e^2)\tan\varphi$$

将上式代入式(2-15),得

$$\frac{x^2}{a^2} + \frac{x^2(1 - e^2)^2}{b^2}\tan^2\varphi = 1$$

经化简整理后,得

$$x = \frac{a\cos\varphi}{(1 - e^2\sin^2\varphi)^{\frac{1}{2}}} \quad (2\text{-}17)$$

此即纬线圈的半径公式。纬线圈半径一般以 r 表示,即

$$r = \frac{a\cos\varphi}{(1 - e^2\sin^2\varphi)^{\frac{1}{2}}} \quad (2\text{-}18)$$

二、子午圈的曲率半径

在图 2-7 中用 $y = f(x)$ 表示子午圈 PE_1P_1E 的曲线方程,设子午圈在某点的曲率半径为 M,则由数学中曲率半径的公式,得

$$M = -\frac{\left[1 + \left(\dfrac{\mathrm{d}y}{\mathrm{d}x}\right)^2\right]^{\frac{3}{2}}}{\dfrac{\mathrm{d}^2 y}{\mathrm{d}x^2}} \quad (2\text{-}19)$$

这里取负号是因为 $\dfrac{\mathrm{d}^2 y}{\mathrm{d}x^2} < 0$。

由式(2-16)有

$$\frac{\mathrm{d}y}{\mathrm{d}x} = -\cot\varphi$$

由于 φ 为 x 的函数,将上式对 x 再取一次导数,有

$$\frac{\mathrm{d}^2 y}{\mathrm{d}x^2} = \frac{1}{\sin^2\varphi}\frac{\mathrm{d}\varphi}{\mathrm{d}x}$$

要计算 $\dfrac{\mathrm{d}\varphi}{\mathrm{d}x}$,利用式(2-17),得

$$x = \frac{a\cos\varphi}{(1-e^2\sin^2\varphi)^{\frac{1}{2}}} = a\cos\varphi(1-e^2\sin^2\varphi)^{-\frac{1}{2}}$$

将上式取导数,得

$$\frac{\mathrm{d}x}{\mathrm{d}\varphi} = a\left[-\sin\varphi(1-e^2\sin^2\varphi)^{-\frac{1}{2}} + e^2\sin\varphi\cos^2\varphi(1-e^2\sin^2\varphi)^{-\frac{3}{2}}\right]$$

$$= a\sin\varphi(1-e^2\sin^2\varphi)^{-\frac{3}{2}}\left[-(1-e^2\sin^2\varphi) + e^2\cos^2\varphi\right]$$

$$= -a\sin\varphi(1-e^2\sin^2\varphi)^{-\frac{3}{2}}(1-e^2)$$

将 $\dfrac{\mathrm{d}y}{\mathrm{d}x}$、$\dfrac{\mathrm{d}^2 y}{\mathrm{d}x^2}$ 代入式(2-19),得

$$M = \frac{(1+\cot^2\varphi)^{\frac{3}{2}}a\sin^3\varphi(1-e^2)}{(1-e^2\sin^2\varphi)^{\frac{3}{2}}}$$

$$= \frac{a(1-e^2)}{(1-e^2\sin^2\varphi)^{\frac{3}{2}}} \tag{2-20}$$

此即子午圈的曲率半径公式。

三、卯酉圈的曲率半径

垂直于子午圈的法截面(即包含法线的截面)与椭球面的交线叫卯酉圈,如图 2-8 所示的 FAW 曲线。现求卯酉圈过 A 点的曲率半径,设其为 N。

要求卯酉圈的曲率半径,必须先知道法截弧 FAW 与斜截弧 AQS 在 A 点处的关系,然后根据这种关系引出一个定理,即可得到计算 N 的公式。

法截弧 FAW 与斜截弧 AQS 在 A 点具有共切线。根据麦尼尔定理:若通过曲面上一点 A,引两条截弧,即法截弧与斜截弧,如在该点上这两条截弧具有一条共切线,则斜截弧的曲率半径等于法截弧的曲率半径乘以这两个截面交角的余弦。在此,斜截弧即纬线的弧,其半径为 r,则

$$r = N\cos\varphi$$

所以

$$N = \frac{r}{\cos\varphi}$$

由式(2-18)知

$$r = \frac{a\cos\varphi}{(1-e^2\sin^2\varphi)^{\frac{1}{2}}}$$

$$N = \frac{a}{(1-e^2\sin^2\varphi)^{\frac{1}{2}}} \qquad (2\text{-}21)$$

此即卯酉圈的曲率半径公式。

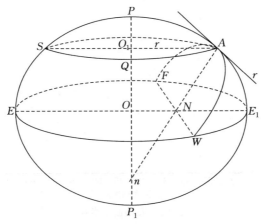

图 2-8　卯酉圈曲率半径

由图 2-8 可以看出

$$An = \frac{AO_1}{\cos\varphi} = \frac{r}{\cos\varphi} = N$$

即法线的线段 An 等于卯酉圈的曲率半径。

四、平均曲率半径

地球椭球面上任一点的平均曲率半径 R 等于主法截面曲率半径的几何中数,即

$$R = \sqrt{MN} = \frac{a(1-e^2)^{\frac{1}{2}}}{1-e^2\sin^2\varphi} \qquad (2\text{-}22)$$

当 $\varphi = 0°$ 时,将式(2-22)代入式(2-20)、式(2-21),得

$$M_{0°} = a(1-e^2)^{\frac{1}{2}} \qquad (2\text{-}23)$$

$$N_{0°} = a \qquad (2\text{-}24)$$

当 $\varphi = 90°$ 时,将式(2-22)代入式(2-20)、式(2-21),得

$$M_{90°} = \frac{a}{\sqrt{1-e^2}} \qquad (2\text{-}25)$$

$$N_{90°} = \frac{a}{\sqrt{1-e^2}} \qquad (2\text{-}26)$$

比较式(2-20)、式(2-21)、式(2-23)、式(2-24)、式(2-25)和式(2-26),可见子午圈曲率半径与卯酉圈曲率半径除在两极处相等外,在其他纬度相同的情况下,同一点上卯酉圈曲率半径均大于子午圈曲率半径,如图 2-9 所示,其数值如表 2-3 所示。

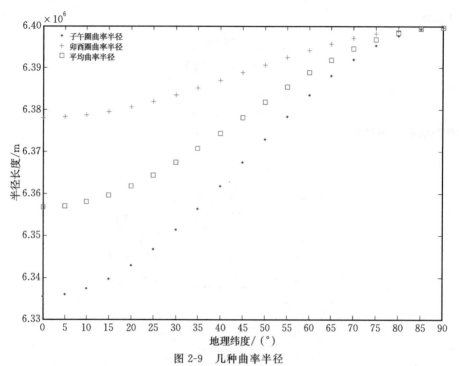

图 2-9　几种曲率半径

表 2-3　曲率半径

纬度 $\varphi/(°)$	子午圈曲率半径 M/m	卯酉圈曲率半径 N/m	平均曲率半径 R/m
0	6 3354 39	6 378 137	6 356 752
15	6 339 703	6 379 568	6 359 604
30	6 351 377	6 383 481	6 367 409
45	6 366 738	6 388 838	6 378 101
60	6 383 454	6 394 209	6 388 829
75	6 395 262	6 398 149	6 396 705
90	6 399 594	6 399 594	6 399 594

五、经线弧长

经线弧长就是经线椭圆的弧长,椭圆上不同纬度的曲率半径也不同。

图 2-10 中,在经线上任取两点 A、A',纬差为 $\mathrm{d}\varphi$。由于 A、A' 两点甚近,其子午圈曲率半径近似相等,C 点为 $AA' = \mathrm{d}s$ 的曲率中心,M 为该弧的曲率半径(即经线上 A 点的曲率半径),则 AA' 弧段长度可以看作以 M 为半径的圆周,应用弧长等于半径乘以圆心角的公式,得

$$AA' = \mathrm{d}s = M\mathrm{d}\varphi$$

将式(2-20)代入,得

$$\mathrm{d}s = \frac{a(1-e^2)}{(1-e^2\sin^2\varphi)^{\frac{3}{2}}}\mathrm{d}\varphi \tag{2-27}$$

要求 A、B 两点之间经线弧长 s 时,须求以 φ_A 和 φ_B 为区间的积分,得

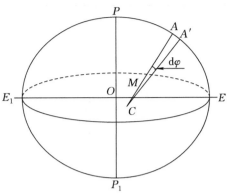

图 2-10　经线弧长

$$s = \int_{\varphi_A}^{\varphi_B} M \mathrm{d}\varphi = \int_{\varphi_A}^{\varphi_B} \frac{a(1-e^2)}{(1-e^2\sin^2\varphi)^{\frac{3}{2}}} \mathrm{d}\varphi$$

上式可以通过计算机软件数学工具包直接计算得出，但是为了方便积分，也可以整理得到经线弧长的一般公式

$$s = a(1-e^2) \left[\frac{A}{\rho^\circ}(\varphi_B - \varphi_A) - \frac{1}{2}B(\sin2\varphi_B - \sin2\varphi_A) + \frac{1}{4}C(\sin4\varphi_B - \sin4\varphi_A) - \right.$$

$$\left. \frac{1}{6}D(\sin6\varphi_B - \sin6\varphi_A) + \cdots \right] \tag{2-28}$$

式中，$\rho^\circ = \dfrac{180^\circ}{\pi}$，$A = 1.005\,051\,773\,9$，$B = 0.005\,062\,377\,64$，$C = 0.000\,010\,624\,5$，$D = 0.000\,000\,020\,81$。

若令 $\varphi_A = 0$、$\varphi_B = \varphi$，则可得由赤道至纬度为 φ 的纬线间的经线弧长公式，即

$$s = a(1-e^2) \left(\frac{A}{\rho^\circ}\varphi - \frac{B}{2}\sin2\varphi + \frac{C}{4}\sin4\varphi - \frac{D}{6}\sin6\varphi + \cdots \right) \tag{2-29}$$

分析式(2-29)得，同纬差的经线弧长由赤道向两极逐渐增大。例如，纬差 1° 的经线弧长在赤道为 110 574 m，在两极为 111 694 m，如表 2-4 所示，变化趋势如图 2-11 所示。

表 2-4　纬差 1° 的经线弧长

纬度 $\varphi/(°)$	纬差 1° 的经线弧长/m
0	110 574
10	110 612
20	110 711
30	110 861
40	111 044
50	111 239
60	111 421
70	111 568
80	111 663
90	111 694

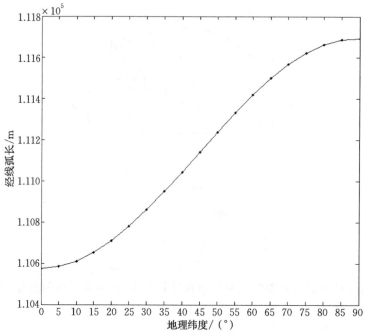

图 2-11　纬差 1° 的经线弧长变化趋势

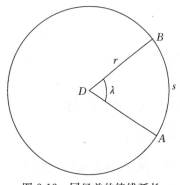

图 2-12　同经差的纬线弧长

六、纬线弧长

因为纬线为圆弧,故可应用求圆周弧长的公式计算纬线(平行圈)的弧长。

图 2-12 中,设 A、B 两点的经差为 λ,则

$$s = r \cdot \lambda = N\cos\varphi \cdot \lambda \qquad (2\text{-}30)$$

分析式(2-30)得,同经差的纬线弧长由赤道向两极缩短。例如,在赤道上经差 1° 的弧长为 111 319 m,在纬度 45° 处其长度为 78 848 m,在两极则为 0,如表 2-5 所示,变化趋势如图 2-13 所示。

表 2-5　经差 1° 的纬线弧长

纬度 φ/(°)	经差 1° 的纬线弧长/m
0	111 319
10	109 639
20	104 647
30	96 486
40	85 394
50	71 696
60	55 800
70	38 186
80	19 393
90	0

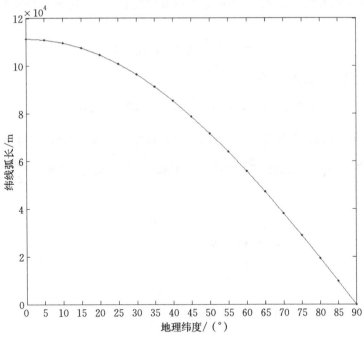

图 2-13　经差 1°的纬线弧长变化趋势

七、椭球面梯形面积

计算地球椭球面上的梯形面积,就是求以两条经线和两条纬线为界的椭球面面积。

如图 2-14 所示,在椭球面上设有两条无穷接近的经线 AD 和 BC,二者经度差为 $d\lambda$;另外有两条无穷接近的纬线 AB 和 CD,其纬度差为 $d\varphi$。它们构成一个无穷小的梯形 $ABCD$。

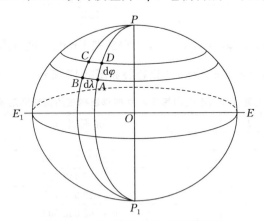

图 2-14　地球椭球面上的梯形面积

由图 2-14 可以看出,梯形 $ABCD$ 的边长就是子午圈和平行圈的弧长,故

$$AB \approx CD = M d\varphi$$

$$BC = AD = r d\lambda = N \cos\varphi d\lambda$$

由此,这个微分梯形 $ABCD$ 的面积可以写成

$$dT = MN \cos\varphi d\varphi d\lambda \tag{2-31}$$

如果计算的面积为经度 λ_1 与 λ_2 的两条经线及纬度 φ_1 与 φ_2 的两条纬线所包围的梯形,则其面积为

$$T = \int_{\lambda_1}^{\lambda_2} \int_{\varphi_1}^{\varphi_2} MN\cos\varphi \mathrm{d}\varphi \mathrm{d}\lambda \qquad (2\text{-}32)$$

将式(2-20)、式(2-21)代入式(2-32)得

$$T = a^2(1-e^2) \int_{\lambda_1}^{\lambda_2} \int_{\varphi_1}^{\varphi_2} \frac{\cos\varphi}{(1-e^2\sin^2\varphi)^2} \mathrm{d}\varphi \mathrm{d}\lambda \qquad (2\text{-}33)$$

式(2-33)可以获得原函数,但计算相当复杂,一般将被积函数展开为级数,可整理得

$$T = K\left(A\sin\frac{\Delta\varphi}{2}\cos\varphi_m - B\sin\frac{3\Delta\varphi}{2}\cos3\varphi_m + C\sin\frac{5\Delta\varphi}{2}\cos5\varphi_m - D\sin\frac{7\Delta\varphi}{2}\cos7\varphi_m + \cdots\right)$$
$$(2\text{-}34)$$

式中

$$\Delta\varphi = \varphi_2 - \varphi_1$$

$$\varphi_m = \frac{\varphi_1 + \varphi_2}{2}$$

$$K = 2a^2(1-e^2)\frac{(\lambda_2-\lambda_1)^\circ}{\rho^\circ}$$

$$A = 1 + \frac{1}{2}e^2 + \frac{3}{8}e^4 + \frac{5}{16}e^6 + \cdots$$

$$B = \frac{1}{6}e^2 + \frac{3}{16}e^4 + \frac{3}{16}e^6 + \cdots$$

$$C = \frac{3}{80}e^4 + \frac{1}{16}e^6 + \cdots$$

$$D = \frac{1}{112}e^6 + \cdots$$

若令 $\dfrac{(\lambda_2-\lambda_1)^\circ}{\rho^\circ} = 1\,\mathrm{rad}$,$\varphi_1 = 0$,$\varphi_2 = \varphi$,则得经差 $1\,\mathrm{rad}$、纬度自赤道到纬度为 φ 的纬线构成的椭球面的梯形面积,如表 2-6 所示,变化趋势如图 2-15 所示。

表 2-6　经差 1 rad、赤道到纬度为 φ 的纬线构成的椭球面的梯形面积

纬度 φ/(°)	梯形面积/m²
0	0
10	122 483 229 393
20	241 338 417 905
30	353 022 972 167
40	454 169 042 509
50	541 678 811 575
60	612 824 889 843
70	665 351 306 092
80	697 567 328 048
90	708 424 474 609

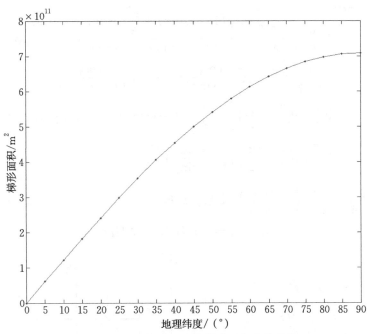

图 2-15　地球椭球面上的梯形面积变化趋势

§2-4　地球椭球面上的等角航线

等角航线又名恒向线、斜航线,是地面上两点之间的一条特殊的定位线,是两点间与所有经线构成相同方位角的一条曲线。这样的特性使它在航海中具有特殊意义,理论上当船只按等角航线航行时,可不改变某一固定方位角而到达终点。它在墨卡托投影中的表象为两点之间的直线。墨卡托投影是等角投影,而经线又是平行直线,那么两点间的一条等方位曲线在该投影中只能是连接两点的一条直线。这个特点也是墨卡托投影被广泛应用于航海、航空方面的原因。

设图 2-16 中等角航线方位角为 α,由微分三角形 ABC 可得

$$\tan\alpha = \frac{BC}{AC} = \frac{N\cos\varphi \mathrm{d}\lambda}{M\mathrm{d}\varphi}$$

故

$$\mathrm{d}\lambda = \tan\alpha \frac{M}{N} \frac{\mathrm{d}\varphi}{\cos\varphi}$$

积分,得

$$\int_{\lambda_1}^{\lambda_2} \mathrm{d}\lambda = \tan\alpha \int_{\varphi_1}^{\varphi_2} \frac{M}{N} \frac{\mathrm{d}\varphi}{\cos\varphi}$$

式中

$$\int \frac{M\mathrm{d}\varphi}{N\cos\varphi} = \int \frac{1-e^2}{1-e^2\sin^2\varphi} \frac{\mathrm{d}\varphi}{\cos\varphi} = \int \frac{1-e^2\sin^2\varphi - e^2\cos^2\varphi}{(1-e^2\sin^2\varphi)\cos\varphi} \mathrm{d}\varphi$$

$$= \int \frac{\mathrm{d}\varphi}{\cos\varphi} - \int \frac{\dfrac{e^2}{2}\cos\varphi + \dfrac{e^2}{2}\cos\varphi + \dfrac{e^3}{2}\cos\varphi\sin\varphi - \dfrac{e^3}{2}\cos\varphi\sin\varphi}{(1-e\sin\varphi)(1+e\sin\varphi)} \mathrm{d}\varphi$$

$$= \int \frac{\mathrm{d}\varphi}{\cos\varphi} - \int \frac{\dfrac{e^2}{2}\cos\varphi(1-e\sin\varphi) + \dfrac{e^2}{2}\cos\varphi(1+e\sin\varphi)}{(1-e\sin\varphi)(1+e\sin\varphi)}\mathrm{d}\varphi$$

$$= \int \frac{\mathrm{d}\varphi}{\cos\varphi} + \frac{e}{2}\int \frac{-e\cos\varphi}{(1-e\sin\varphi)}\mathrm{d}\varphi - \frac{e}{2}\int \frac{e\cos\varphi}{(1+e\sin\varphi)}\mathrm{d}\varphi$$

$$= \ln\left[\tan\left(\frac{\pi}{4}+\frac{\varphi}{2}\right)\right] + \frac{e}{2}\ln(1-e\sin\varphi) - \frac{e}{2}\ln(1+e\sin\varphi)$$

$$= \ln\left[\tan\left(\frac{\pi}{4}+\frac{\varphi}{2}\right)\left(\frac{1-e\sin\varphi}{1+e\sin\varphi}\right)^{\frac{e}{2}}\right]$$

令 $U = \tan\left(\dfrac{\pi}{4}+\dfrac{\varphi}{2}\right)\left(\dfrac{1-e\sin\varphi}{1+e\sin\varphi}\right)^{\frac{e}{2}}$，积分后得

$$\lambda_2 - \lambda_1 = \tan\alpha(\ln U_2 - \ln U_1) \tag{2-35}$$

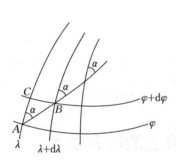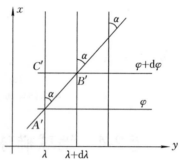

图 2-16　等角航线示意

顾及墨卡托投影的计算公式，式(2-35)两边乘以投影常数并移项，得

$$\tan\alpha = \frac{y_2-y_1}{D_2-D_1} = \frac{y_2-y_1}{x_2-x_1} \tag{2-36}$$

式中，D 在海图应用中叫经长，也称渐长纬度，按墨卡托投影，$D=x$。

这里证明，两点间的等角航线在墨卡托投影中表现为与 x 轴相交成 α 角的直线。

等角航线的弧长自微分三角形 ABC 中有 $AB=\mathrm{d}s_L$，$AC=M\mathrm{d}\varphi=\mathrm{d}s_m$，$\angle CAB=\alpha$，可得

$$\mathrm{d}s_L = \mathrm{d}s_m \cdot \sec\alpha$$

按纬度积分，得

$$s_L = s_{\varphi_1}^{\varphi_2}\sec\alpha \tag{2-37}$$

式中，$s_{\varphi_1}^{\varphi_2}$ 为纬度 φ_2、φ_1 间经线弧长，α 为等角航线的方位角。

如把地球当作球体，则式(2-37)化为

$$s_L = \frac{R}{\rho}(\varphi_2-\varphi_1)\sec\alpha \tag{2-38}$$

在航空方面常设

$$\frac{R}{\rho} = \frac{1\,000}{9}\,(\mathrm{km})$$

则

$$s_L = \frac{1\,000}{9}(\varphi_2-\varphi_1)\sec\alpha \tag{2-39}$$

式中，s_L 以千米为单位，$\varphi_2 - \varphi_1$ 以度为单位。

当 α 接近 90°或 270°时，宜用

$$s_L = \frac{1\,000}{9} \cdot \frac{\cos\varphi}{\sin\alpha}(\lambda_2 - \lambda_1) \tag{2-40}$$

式中，$\varphi = \frac{1}{2}(\varphi_1 + \varphi_2)$，$\lambda_2 - \lambda_1$ 以度为单位。

等角航线是两点间对所有经线保持等方位角的特殊曲线，所以它不是大圆（对椭球体而言不是大地线），即不是两点间的最近路线，它与经线所交之角也不是一点对另一点（大圆弧）的方位角。

令式(2-35)中起点 $\varphi_1 = 0$、$\lambda_1 = 0$，并设地球为正球体，则有

$$\lambda = \tan\alpha \cdot \ln\left[\tan\left(45° + \frac{\varphi}{2}\right)\right] \tag{2-41}$$

由此可见，无论 $\lambda = 2\pi, 4\pi, \cdots$ 或任何更大的角值，终点的纬度不可能等于 90°。也就是说，理论上固定的方位角为 α 时，按等角航线走，不可能到达极点（$\varphi = 90°$）。因此，等角航线是一条以极点为渐近点的螺旋曲线，如图 2-17 所示。

等角航线有以下两种极限情况：

（1）方位角 $\alpha = 0°$ 时，则由式(2-35)得 $\Delta\lambda = 0$，即等角航线与经线相合（起点、终点在同一条经线上）。

（2）方位角 $\alpha = 90°$ 时，将式(2-35)改为（把地球作为球体）

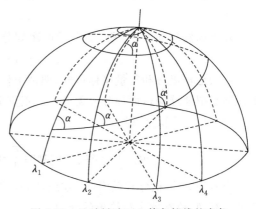

图 2-17　地球椭球面上等角航线的表象

$$\tan\alpha = \frac{\lambda_2 - \lambda_1}{\ln\left[\tan\left(45° + \frac{\varphi_2}{2}\right)\right] - \ln\left[\tan\left(45° + \frac{\varphi_1}{2}\right)\right]} \tag{2-42}$$

因 $\tan\alpha = \tan90°$，故必须有 $\varphi_2 = \varphi_1$，即等角航线与纬线相合（起点、终点在同一条纬线上）。

§2-5　地球椭球面上的等量坐标

设曲面上有由两组正交曲线 u、v 构成的坐标系，若其微分弧 dS 有
$$dS^2 = k(du^2 + dv^2) \tag{2-43}$$
则称 u、v 坐标为等量坐标。式中，k 为 u、v 的函数，即
$$k = k(u, v)$$
在图 2-14 中不难看出 $ABCD$ 围成的椭球面梯形的对角线微分弧长为
$$dS^2 = M^2 d\varphi^2 + N^2 \cos^2\varphi d\lambda^2 \tag{2-44}$$
显然地理坐标不是等量坐标。

为将其化为等量坐标的形式，可将式(2-44)等号右侧的纬线半径的平方 $N^2\cos^2\varphi$ 提到括

号之外,得

$$dS^2 = r^2\left(\frac{M^2}{r^2}d\varphi^2 + d\lambda^2\right) \tag{2-45}$$

设一个新变量 q,它是纬度函数,即

$$dq = \frac{M}{r}d\varphi \tag{2-46}$$

令 $dl = d\lambda$,并连同式(2-46)一起代入式(2-45)后,得

$$dS^2 = r^2(dq^2 + dl^2) \tag{2-47}$$

式(2-47)与式(2-43)比较可知,q 就是等量坐标。

在式(2-47)中,当 q 为常数($dq = 0$) 时,得纬线微分弧长公式,即

$$dS_{dq=0} = r dl$$

当 l 为常数($dl = 0$) 时,由式(2-47)得经线微分弧长公式,即

$$dS_{dl=0} = r dq$$

在地球椭球面上,q 和 l 都是等间距划分的,即 $dq = dl$,故有

$$dS_{dq=0} = dS_{dl=0} = r dl = r dq$$

比较地理坐标和等量坐标可知,地理坐标网是把地球椭球面划分成无穷小的矩形,而等量坐标网是把地球椭球面划分成无穷小的正方形。

对式(2-46)积分,得

$$q = \int \frac{M}{r}d\varphi = \ln\left[\tan\left(\frac{\pi}{4} + \frac{\varphi}{2}\right)\left(\frac{1 - e\sin B}{1 + e\sin B}\right)^{\frac{e}{2}}\right] = \ln U \tag{2-48}$$

当 $\varphi = 0$ 时,积分常数为 0。在地球椭球面上称之为等量纬度。等量坐标 q、l 对于研究等角投影有利,故在此进行简单的介绍。

对于球体,球面线素为

$$dS^2 = R^2 d\varphi^2 + R^2\cos^2\varphi d\lambda^2 \tag{2-49}$$

用等量坐标 q、λ 表示的形式为

$$dS^2 = R^2\cos^2\varphi\left(\frac{1}{\cos^2\varphi}d\varphi^2 + d\lambda^2\right) = R^2\cos^2\varphi(dq^2 + d\lambda^2) \tag{2-50}$$

等量纬度为

$$q = \int \frac{1}{\cos\varphi}d\varphi = \ln\left[\tan\left(\frac{\pi}{4} + \frac{\varphi}{2}\right)\right] \tag{2-51}$$

§2-6　基于 MATLAB 的计算

本章涉及计算的内容较多,为此借助 MATLAB 强大的计算和绘图能力,绘制图表,以此更直观地表示地球表面要素随经度、纬度变化的规律。

一、计算各种纬度和地理纬度的比较

按照式(2-7)、式(2-8)、式(2-9)、式(2-10)、式(2-13)和式(2-14),在 MATLAB 中建立 m 文件,执行结果如图 2-18 所示。图中可以看出,地心纬度和等角纬度基本一致。m 文件内容

如下：

```
e = sqrt(2/298.257222101);   % 使用 CGCS2000 大地坐标系椭球
w = 0:0.01:pi/2;   % w 表示地理纬度
geocentric_l = atan((1 - e^2) * tan(w));   % geocentric_l 表示地心纬度
detw_geo = abs(geocentric_l - w) * 180/pi * 60;
reduced_l = atan(sqrt(1 - e^2) * tan(w));   % reduced_l 表示参量纬度
detw_red = abs(reduced_l - w) * 180/pi * 60;
rectifying_l = pi/2 * taylor(w)/taylor(pi/2);   % rectifying_l 表示改正纬度
detw_rec = abs(rectifying_l - w) * 180/pi * 60;
authalic_l = w - (e^2/3 + 31/180 * e^4 + 59/560 * e^6) * sin(2 * w) + (17/360 * e^4 + 61/1260 * e^6) *
sin(4 * w) - (383/45360 * e^6) * sin(6 * w);   % authalic_l 表示等积纬度
detw_aut = abs(authalic_l - w) * 180/pi * 60;
conformal_l = 2 * atan(sqrt(((1 + sin(w))./(1 - sin(w))). * ((1 - e * sin(w))./(1 + e * sin(w))).
^e)) - pi/2; % conformal_l 表示等角纬度 公式一
detw_con = abs(conformal_l - w) * 180/pi * 60;
ww = w * 180/pi;   % 将地理纬度 w 弧度制转化成角度
la = 0;   % 地理纬度差值
y = ones(1, length(w)) * la;
plot(ww, y, ww, detw_geo, ww, detw_red, ww, detw_rec, ww, detw_con, ww, detw_aut)
% 设置显示格式
title('不同类型纬度的比较', 'fontname', '黑体');
xlabel('地理纬度/(°)', 'fontname', '黑体');
ylabel('与地理纬度的差值/(′)', 'fontname', '黑体');
h = legend('地理纬度', '地心纬度', '参量纬度', '改正纬度', '等角纬度', '等积纬度');
box off
ax2 = axes('Position', get(gca, 'Position'),...
          'XAxisLocation', 'top',...
          'YAxisLocation', 'right',...
          'Color', 'none',...
          'XColor', 'k', 'YColor', 'k');
set(ax2, 'YTick', []);
set(ax2, 'XTick', []);
box on
set(h, 'BOX', 'off')
% 改进纬度中自赤道到地理纬度 φ 的经线弧长计算函数
function mw = taylor(b)     % mw 为弧长
a = 6378137;   % 椭球长半轴长
e = sqrt(2/298.257222101);   % 使用 CGCS2000 大地坐标系椭球
m0 = a * (1 - e^2);
m2 = 3/2 * e^2 * m0;
m4 = 5/4 * e^2 * m2;
m6 = 7/6 * e^2 * m4;
```

```
m8 = 9/8 * e^2 * m6;
a0 = m0 + 1/2 * m2 + 3/8 * m4 + 5/16 * m6 + 35/128 * m8;
a2 = 1/2 * m2 + 1/2 * m4 + 15/32 * m6 + 7/16 * m8;
a4 = 1/8 * m4 + 3/16 * m6 + 7/32 * m8;
a6 = 1/32 * m6 + 1/16 * m8;
a8 = 1/128 * m8;
mw = a0 * b - a2/2 * sin(2 * b) + a4/4 * sin(4 * b) - a6/6 * sin(6 * b) + a8/8 * sin(8 * b);
end
```

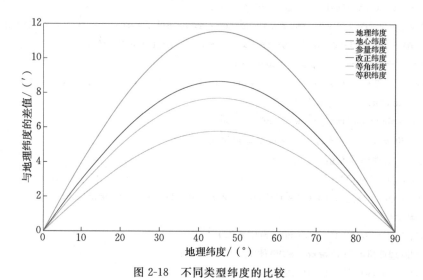

图 2-18   不同类型纬度的比较

二、计算纬线圈半径、经线弧长和经差30″的纬线弧长随纬度变化

按照式(2-18)和式(2-28),在 MATLAB 中,新建 m 文件,执行结果如图 2-19 所示,同时可以输出相应的 Excel 文件。m 文件内容如下:

```
% 计算经线弧长 Sm,纬线圈半径 r
% 基于克拉索夫斯基椭球计算
clc
clear
digits(20);
format long;
a = 6378245;        % 长半轴长
alpha = 1/298.3;
b = 6356863;
e1 = ((a^2 - b^2)/a^2)^0.5;
e2 = ((a^2 - b^2)/b^2)^0.5;
Phi = 0:pi/18:pi/2;    % 生成纬度矩阵
% 积分变量 b,定义函数
% N = a./power((1 - power(e1,2). * power(sin(Phi),2)),0.5);
```

```
Sm = @(b)a. * (1 - power(e1,2))./power((1 - power(e1,2) * power(sin(b),2)),1.5);  % 经线弧长 Sm
r = @(b)(a./power((1 - power(e1,2). * power(sin(b),2)),0.5)). * cos(b);
  % size(Phi,2)
Smm = zeros(1,size(Phi,2));
for i = 1:size(Phi,2)    % 计算从赤道到纬度 10°、20°、……、90°的经线弧长
    Smm(i) = quad(Sm,0,Phi(i));    % 或 integral
end
rk = zeros(1,size(Phi,2));
arc30s = zeros(1,size(Phi,2));
for i = 1:size(Phi,2)    % 计算从赤道到纬度 10°、20°、……、90°的纬线圈半径
    rk(i) = r(Phi(i));
    arc30s(i) = rk(i). * 0.5. * pi./180;
end
subplot(1,2,1);
B = Phi. * (180./pi);                % 把弧度转为角度
plot(B,Smm,'-- gs','LineWidth',2,'MarkerSize',5, 'MarkerEdgeColor','b','MarkerFaceColor',
[0.5,0.5,0.5])
hold on;
plot(B,rk,'-- bs','LineWidth',2,'MarkerSize',5, 'MarkerEdgeColor','r','MarkerFaceColor',
[0.5,0.5,0])
title('纬线圈半径、经线弧长随纬度变化')
xlabel('Phi(纬度)坐标/rad')
ylabel('长度/m')
legend('经线弧长 Sm','纬线圈半径 r','Location','northwest')
subplot(1,2,2);
plot(B,arc30s,'-- rs','LineWidth',2,'MarkerSize',5, 'MarkerEdgeColor','m','MarkerFaceColor',
[0.5,0,0.5])
title('经差 30″的纬线弧长随纬度变化')
xlabel('Phi(纬度)坐标/rad')
ylabel('长度/m')
legend('纬线弧长','Location','northwest')
data = [B', Smm', rk',arc30s'];    % 将数据组集到 data
[m, n] = size(data);
data_cell = mat2cell(data, ones(m,1), ones(n,1));    % 将 data 切割成 m * n 的 cell 矩阵
title = {'纬度/角度', '经线弧长', '纬线圈半径','30″纬线圈弧长'};    % 添加变量名称
result = [title; data_cell];    % 将变量名称和数值组集到 result
s = xlswrite('E:\ Sm_and_r.xls', result);    % 将 result 写入到 Sm_and_r.xls 文件中
```

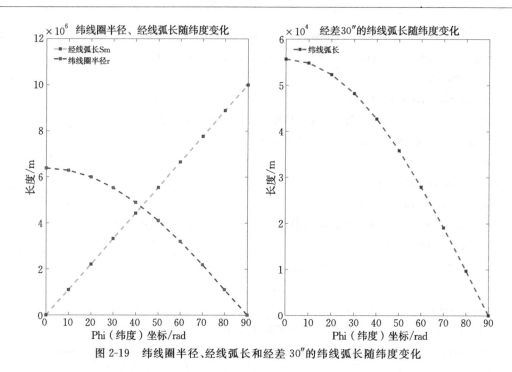

图 2-19　纬线圈半径、经线弧长和经差 30″的纬线弧长随纬度变化

三、计算从赤道起算的球面梯形面积

按照式(2-32),在 MATLAB 中建立 m 文件,执行结果如图 2-20 所示,同时可以输出相应的 Excel 文件。m 文件内容如下:

```
clc
clear
digits(20);
format long;
a = 6378245;        % 长半轴长
alpha = 1/298.3;
b = 6356863;
e1 = ((a^2 − b^2)/a^2)^0.5;
e2 = ((a^2 − b^2)/b^2)^0.5;
Phi = 0:pi/18:pi/2;    % 生成纬度矩阵
l = 0:pi/18:pi;
% l 为经差,b 为纬差
Fe = zeros(9,18);
Fun1 = @(b)cos(b)./power((1 − power(e1,2). * power(sin(b),2)),2);  % 积分表达式,用点乘除
for i = 1:18
    l = i * pi/18;
    for j = 1:9
        Fe(j,i) = power(a,2). * (1 − power(e1,2)). * l(i+1). * quad(Fun1,0,Phi(j+1));
    end
end
```

```
Fearc1 = zeros(1,10);
for j = 1:9
    Fearc1(j + 1) = power(a,2). * (1 - power(e1,2)). * quad(Fun1,0,Phi(j + 1));
end
Fekm = Fe. /1000;
Fearc1km = Fearc1. /1000;
Phi(1) = [ ];
B = Phi. * (180. /pi);
L = l. * (180. /pi);                  %把弧度转为角度
data1 = [L;B', Fekm];
L(1) = [ ];
mesh(L,B,Fekm)
data2 = [data1,Fearc1 km']     %将数据组集到 data2
[m, n] = size(data2);
data_cell = mat2cell(data2, ones(m,1), ones(n,1));      %将 data 切割成 m * n 的 cell 矩阵
result = [data_cell];    %将变量名称和数值组集到 result
s = xlswrite('E:\Trapezoid.xls', result);
```

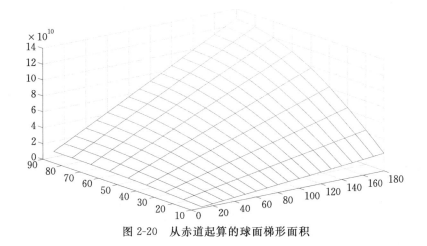

图 2-20　从赤道起算的球面梯形面积

本章习题

1. 试述地球的形状和大小?

2. 地球椭球体的元素有哪些? 它们各自的意义和作用是什么?

3. 地球椭球面上的经纬线和地理坐标是如何规定的?

4. 纬线圈半径、子午圈曲率半径、卯酉圈曲率半径和平均曲率半径都是如何推导的? 并分析各种曲率半径随纬度的变化规律。

5. 经纬线弧长及球面梯形面积公式如何求得?

6. 什么是等角航线、等角航线方程? 为什么等角航线不是地球面上两点间的最短距离?

如何计算等角航线的长度？

7. 什么是等量坐标、等量纬度？地球表面上等量坐标网为什么形状？

8. 在 MATLAB 中计算地球椭球表面的要素，包括子午圈曲率半径、卯酉圈曲率半径、经线弧长、纬线弧长、球面梯形面积等，并输出为 Excel 文件。

第三章 球面坐标及球面上的某些曲线方程

§3-1 地球的球半径

在编制较小比例尺地图时,可以不考虑地球的长半轴、短半轴及扁率,而把地球用一个符合某种条件的规则球体来代替,这样在满足精度要求的前提下,计算方便,简化了地图投影的计算。

地图比例尺为多少时才可以把地球当作球体来处理呢? 可以利用地球椭球体的长半轴 a 和短半轴 b 与球体半径 R 的中误差 E_m 的大小来衡量,即

$$E_m = \sqrt{\frac{(a-R)^2 + (b-R^2)}{2}} \tag{3-1}$$

理论上,只有把地球缩小 1 亿倍,即绘制 1:10 000 万或更小比例尺的世界地图时,上述差值才小于绘图误差,这时才可以将地球当作球体。按此差值,半球地图比例尺小于1:5 000 万,各大洲地图比例尺小于 1:1 000 万,也可以把地球当作球体。一般来说八开本以下的地图集和普通书刊中的世界地图、半球地图和大陆地图等,基本上都可以将地球当作球体处理。但是在斜轴或横轴投影的计算中,需要进行球面坐标换算时(见本章后面几节),无论地图比例尺大小,一般都将地球当作球体处理。

球半径按照求得方法,分为等面积球半径、等体积球半径、等距离球半径、等角球半径和地心纬度球半径,分别表示球面不同特性。

一、等面积球半径

等面积球半径是将地球看作与地球椭球体的表面积相等的球体,即

$$R_{\text{等面积}} = a\left(1 - \frac{1}{6}e^2 - \frac{17}{360}e^4\right) = 6\ 371\ 116\ \text{m}$$

式中, a、e 分别为椭球的长半轴和第一偏心率,对应的是克拉索夫斯基椭球体元素,具体为 $a = 6\ 378\ 245\ \text{m}$, $b = 6\ 356\ 863\ \text{m}$, $e^2 = 0.006\ 693\ 421\ 6$。

设大地坐标为 (φ, λ),其对应的球面坐标为 (p, q),则等面积球体的描述公式为

$$\left.\begin{array}{l} p = \varphi \\ q = \lambda \\ R = 6\ 371\ 116\ \text{m} \end{array}\right\} \tag{3-2}$$

二、等体积球半径

等体积球半径是将地球看作与地球椭球体的体积相等的球体,即

$$R_{\text{等体积}} = \sqrt[3]{a^2 b} = 6\ 371\ 110\ \text{m}$$

式中, a、b 分别为椭球的长半轴和短半轴。

等体积球体的描述公式为

$$\left.\begin{aligned} p &= \varphi \\ q &= \lambda \\ R &= 6\ 371\ 110\ \text{m} \end{aligned}\right\} \qquad (3\text{-}3)$$

其表面积为

$$S' = 4\pi R^2 = 510\ 082\ 085\ \text{km}^2$$

克拉索夫斯基椭球体的表面积为

$$S = 4\pi a^2(1 - e^2)\left(1 + \frac{2}{3}e^2 + \frac{3}{5}e^4 + \frac{4}{7}e^6 + \cdots\right) = 510\ 083\ 058\ \text{km}^2$$

等体积球体的表面积与地球椭球体的总面积仅差 973 km²,所以等体积球半径表示的球面具有等面积性。但是该球面上大圆航线的长度变形和角度变形都较大,故该球体不适用于航海图的绘制。

三、等距离球半径

等距离球半径有两种。

一种是用于等距离投影的球半径,使球面经线总长等于地球椭球面经线总长。地球椭球面上整条经线弧长为

$$L = 2\pi a(1 - e^2)\left(1 + \frac{3}{4}e^2 + \frac{45}{64}e^4 + \frac{175}{256}e^6 + \frac{11\ 025}{16\ 384}e^8\right)$$

则

$$R_{\text{等距离}} = a\left(1 - \frac{1}{4}e^2 - \frac{3}{64}e^4 - \frac{5}{256}e^6 - \frac{175}{16\ 384}e^8\right) = 6\ 367\ 558\ \text{m}$$

另一种等距离球半径是按球面上 1′弧长等于 1 海里(1 852 m)推求的航海学球半径,即

$$R_{\text{等距离}} = \frac{1}{2\pi} \times 360 \times 60 \times 1\ 852 = 6\ 366\ 707\ \text{m}$$

等距离球体的描述公式为

$$\left.\begin{aligned} p &= \varphi \\ q &= \lambda \\ R &= 6\ 366\ 707\ \text{m} \end{aligned}\right\} \qquad (3\text{-}4)$$

等距离球体上纬度从 0°到 90°的球面经线弧长为

$$\sigma = R\frac{\pi}{2} = 10\ 000\ 800\ \text{m} = 5\ 400\text{n mile}$$

克拉索夫斯基椭球面上纬度从 0°到 90°的球面经线弧长为

$$L = 10\ 002\ 138\ \text{m} = 5\ 400.722\ \text{n mile}$$

式中,n mile 是海里的单位符号,1 n mile=1 852 m(准确值)。一个象限内球面弧长与椭球面上相应的经线弧长仅差 0.722 海里,表明等距离球半径代表的球体具有经线方向(或南北方向)上的等距离性。但在其他方向上均不能保持其距离的等值性,尤其在东西方向上长度变形最大,方位角变形也很大,有一定的局限性。

四、等角球半径

取标准纬度 $P = 0°$,将地球椭球体按等角条件描写到球体上,其球体半径为

$$R_{等角} = \sqrt{M_0 N_0} = 6\ 356\ 863.019\ \text{m}$$

式中，M_0、N_0 为标准纬度 $P = 0°$ 时的子午圈曲率半径和卯酉圈曲率半径。

等角球体的描述公式为

$$\left.\begin{array}{l} p = \arcsin(\alpha[\text{arcth}(\sin\varphi) - e \cdot \text{arcth}(e\sin\varphi)]) \\ q = \alpha\lambda \\ R = 6\ 356\ 863.019\ \text{m} \end{array}\right\} \tag{3-5}$$

式中，α 为投影常数，即

$$\alpha = \sqrt{1 + e'^2 \cos^4 P} = 1.003\ 363\ 606$$

其中，椭球第二偏心率的平方 $e'^2 = 0.006\ 738\ 525\ 4$。

由于等角球体上的大圆弧是地球椭球面上近似大地线的投影，大圆方位角即为近似大地线的方位角，在航海上可以直接作为大地线的航向角使用，因此具有大圆航向角计算上的正确性，大圆航程的计算误差为最小（1 万千米误差约为 ±1 海里），满足了航海上的精度要求。

球面上大圆航程的计算公式为

$$\sigma = \frac{R}{1\ 852\rho°}\arccos(\sin p_1 \sin p_2 + \cos p_1 \cos p_2 \cos\Delta q)$$

式中，角度以度为单位，$\rho° = 57.295\ 779\ 51°$，$\Delta q = q_2 - q_1$。

大圆方位角的计算公式为

$$\left.\begin{array}{l} Z = \arcsin(\cos p_2 \sin\Delta q \sin\sigma) \\ \sigma° = \arccos(\sin p_1 \sin p_2 + \cos p_1 \cos p_2 \cos\Delta q) \end{array}\right\} \tag{3-6}$$

五、地心纬度球半径

地心纬度球半径是使地球椭球体的中心与球体的中心重合，且二者的赤道面在同一水平面上，地球椭球体在同心球面上的透视投影即为地心纬度球体。

地心纬度球半径为

$$R_{地心纬度} = a = 6\ 378\ 245\ \text{m}$$

地心纬度球体的描述公式为

$$\left.\begin{array}{l} p = \arctan((1 - e^2)\tan\varphi) \\ q = \lambda \\ R = 6\ 378\ 245\ \text{m} \end{array}\right\} \tag{3-7}$$

在地心纬度球面上，地球椭球体上代表大地线的大椭圆被表象为大圆，并且大圆方位角的变形最大约 $0.6''$，对于航海应用来说可以忽略不计，直接视球面上的大圆方位角为大椭圆方位角，所以该球体具有航向角的正确性。但是大圆航程的计算误差仍较大，因此限制了它的应用。

除了上述几种球半径，还可以取两轴的平均值（$R = 6\ 371\ 118\ \text{m}$）作为地球半径。这是一种简单决定球半径的方法，或者是取某点的平均曲率半径作为地球半径，这种球半径能使球面与椭球面在制图区域中心点附近的曲率更接近。实际应用中，球半径的类型需要根据所编制地图的用途、比例尺和制图区域的大小决定。

§3-2　球面坐标系、坐标变换的意义与一般方程

地面上一点的位置可以用各种不同坐标系表示。本节只介绍几种常用的坐标系。为了便于叙述和比较,把坐标系归纳为两类:一是球面坐标系,二是直角坐标系。

一、球面坐标系

(一)天文坐标系

图 3-1 中,O 为地球质心,OP 为地球自转轴,P 点假定为北极点,K 点为大地水准面上任意一点,KK' 为 K 点的垂线方向。包含 K 点垂线方向并与地球自转轴 OP 平行的平面称为 K 点的天文子午面。G 点为英国格林尼治平均天文台(某个特殊定义的点)。过 G 点包含 OP 的平面称为起始天文子午面。过地球质心并与 OP 正交的平面称为地球赤道面。子午面、赤道面与大地水准面的交线分别称为子午线(经线)和赤道。K 点的垂线方向与赤道面交角 φ 称为 K 点的天文纬度,K 点的天文子午面与起始子午面的夹角 λ 称为 K 点的天文经度,φ、λ 定义为 K 点的天文坐标,这样建立的坐标系称为天文坐标系,它是可以通过天文观测直接测定点位坐标的一种“自然”坐标系。天文坐标给定一点的垂线方向,因此它不仅包含点位信息,还包含重力场信息。天文坐标系在研究大地水准面形状中起着重要的作用。

(二)大地坐标系

图 3-2 中,O 是参考椭球中心,OP 为椭球旋转轴,P 也可看作是参考椭球的北极点。K 为椭球面上任意一点,KK' 为该点对于椭球面的法线,与 OP 轴共平面,这个面称为大地子午面,其与椭球面的交线称为大地子午线。G_0 为在椭球面上选定的一点,并把过该点的大地子午面规定为起始子午面。过椭球中心 O 并与 OP 垂直的平面称为参考椭球体的赤道面,它与椭球面的交线称为参考椭球体的赤道。

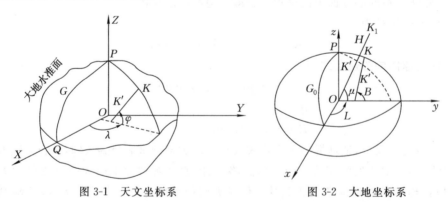

图 3-1　天文坐标系　　　　　　　　图 3-2　大地坐标系

K 点的法线与赤道面交角以 B 表示,称为该点的大地纬度,由赤道面起算,向北为正,叫作北纬,向南为负,叫作南纬。K 点的大地子午面与起始子午面的夹角以 L 表示,称为该点的大地经度,由起始子午面起算,向东为正,叫作东经,向西为负,叫作西经。由于我国领土都在起始子午面以东和赤道以北,所以各点位置一般都指东经和北纬。此外,从 K 点沿法线到与其对应的地面点 K' 的距离 H 称为该点的大地高。B、L、H 定义为 K 点的大地坐标,这样建立的坐标系称为大地坐标系。大地坐标系的建立取决于所选的参考椭球体,它是用来确定地面

几何位置的参考坐标系。

（三）地心纬度坐标系

图 3-3 中，椭球面上任意一点 K，其与椭球中心 O 以一条直线连接，该直线与椭球赤道面的夹角 φ 叫作地心纬度。该点的大地经度 L 与地心纬度 φ 构成地心纬度坐标系。

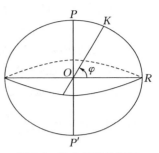

图 3-3　地心纬度坐标系

二、球面极坐标系

在地球面上确定点位除了用地理坐标系 (φ,λ) 外，还可以采用球面极坐标系 (α,Z) 和球面直角坐标系 (x,y) 等其他系统。如图 3-4 所示，K 为球面上某一点，P 是地理坐标系极点，Q 是球面极坐标系极点。

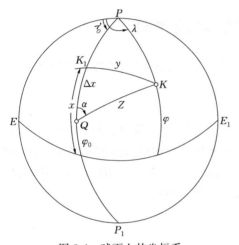

图 3-4　球面上的坐标系

目前在地图投影的研究和使用中，正轴投影以地理坐标 (φ,λ) 为参数，其经纬网形状比较简单，计算方便，但是在使用上受到地理位置的限制，如正轴方位投影只适用于两极地区，正轴圆柱投影适用于赤道附近地区，正轴圆锥投影则适用于沿纬线延伸的中纬度地区。当制图区域的中心点是在两极以外的任一点，以及制图区域是沿经线或任一方向延伸时，为了使变形情况最好或使投影符合某一指定的条件，采用斜轴和横轴投影。此时，坐标系中的经纬线投影后将会成为较复杂的曲线，如果直接根据地理坐标推求直角坐标公式将是很复杂的。为了简化投影公式的推导和计算，可以把地理坐标换算为球面极坐标，仍然利用正轴投影公式，则能实现斜轴和横轴投影的计算以及经纬网的构成。

那么地理坐标和球面极坐标到底是怎样的换算关系呢？地理坐标是由通过南北地极的经线圈和平行于赤道的纬线圈来确定地面上任一点位置的。球面极坐标系的建立，是根据制图区域的形状和地理位置及投影的要求，选定一个新极点 $Q(\varphi_0,\lambda_0)$，即确定地球的一个直径 QQ_1。如图 3-5 所示，通过 QQ_1 的大圆叫作垂直圈，它相当于地理坐标的经线圈；与垂直圈垂直的各圆（其中有一个大圆，其余为小圆）叫作等高圈，相当于地理坐标的纬线圈。地球表面上任一点 A 的位置，可以用通过 A 点的垂直圈与过新极点 Q 的经线圈的夹角（即方位角 α），以及由 A 点至新极点 Q 的垂直圈弧长（即天顶距 Z）来确定。

图 3-5 中 Q 点为新极点，通过 A 点的垂直圈 QQ_1 与过 Q 点的经线 QP 的夹角即为 A 点的方位角 α，垂直圈 QA 的弧长即为天顶距 Z。利用球面三角形正弦和五元素公式，在球面三角形 PQA 中，求得地理坐标与球面极坐标的关系式。

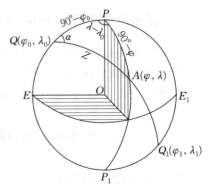

图 3-5　球面极坐标

（1）由边的余弦定理，有

$$\cos Z = \cos(90° - \varphi)\cos(90° - \varphi_0) + \sin(90° - \varphi)\sin(90° - \varphi_0)\cos(\lambda - \lambda_0)$$
$$= \sin\varphi\sin\varphi_0 + \cos\varphi\cos\varphi_0\cos(\lambda - \lambda_0) \tag{3-8}$$

（2）由边的正弦与邻角余弦之积的定理，有

$$\sin Z\cos\alpha = \cos(90° - \varphi)\sin(90° - \varphi_0) - \sin(90° - \varphi)\cos(90° - \varphi_0)\cos(\lambda - \lambda_0)$$
$$= \sin\varphi\cos\varphi_0 - \cos\varphi\sin\varphi_0\cos(\lambda - \lambda_0) \tag{3-9}$$

（3）由正弦定理 $\dfrac{\sin Z}{\sin(\lambda - \lambda_0)} = \dfrac{\sin(90° - \varphi)}{\sin\alpha}$，得

$$\sin Z\sin\alpha = \cos\varphi\sin(\lambda - \lambda_0) \tag{3-10}$$

下面需要解决两个问题：一是如何根据制图区域的地理位置、形状特点和投影的要求，确定新极点 $Q(\lambda_0, \varphi_0)$；二是如何将制图区域内各点的地理坐标 (λ, φ) 转换为球面极坐标 (α, Z)。

§3-3　确定新极点的地理坐标

在制图实践中，新极点的地理坐标需要根据不同投影的要求来确定，有以下三种情况。

一、新极点在制图区域的中心

可以利用地球仪或已有的小比例尺地图，目测定出中心点，并量算出它的经纬度作为新极点的地理坐标 (φ_0, λ_0)；或者可以取制图区域边界上一定数量点的经纬度求其算术平均值作为新极点的地理坐标 (φ_0, λ_0)。当用于横方位投影时，新极点位于赤道上，即 $\varphi_0 = 0°$，此时只确定 λ_0 就可以了。除特殊要求外，φ_0 与 λ_0 一般取至整度或半度即可。

二、新极点在制图区域中部大圆的天顶

已知大圆的位置，仍可借助于地球仪求得新极点 $Q(\varphi_0, \lambda_0)$。方法是：先用两根细绳按制图区域中部轴线在地球仪上垂直相交，并使四端垂直于已知大圆，这时四个垂足在大圆上的间距都是 90°，于是两根细绳的垂直交点 Q 即为新极点的位置；然后由地球仪上量测出 (φ_0, λ_0)。要较精确求定 Q 点的坐标，可以利用解析法，此时应知道大圆上两个点（不在球体直径的两端点）的坐标。当这一个大圆与任一条经线重合时，新极点位于赤道上，即 $\varphi_0 = 0°$，新轴与原地轴垂直，则投影为横圆柱投影。

三、新极点在制图区域中部小圆的天顶

小圆天顶的地理坐标同样可以用地球仪近似地求出，如果要精确地确定 (φ_0, λ_0) 的值，也可以用图解法和解析法，这时须知道小圆上三个点的地理坐标作为起算数据。当新极点位于赤道上（即 $\varphi_0 = 0°$）时，新轴与原地轴垂直，则投影为横圆锥投影。

§3-4　地理坐标换算为球面极坐标

在确定了新极点 Q 的坐标 (φ_0, λ_0) 后，即可将制图区域内各经纬线交点换算为以 Q 点为顶点的球面极坐标 (α, Z)。

一、计算斜系(地平系)的球面极坐标

当计算斜轴投影时,由制图区域中某一点的地理坐标求其球面极坐标,应使用式(3-8)和式(3-10)。

当计算中国地图的某一斜方位投影时,确定中心点 Q 的坐标为 $\varphi_0 = 30°N$, $\lambda_0 = 105°E$,经纬网密度 $\Delta\varphi = \Delta\lambda = 5°$。 可以利用式(3-8)和式(3-10)在 MATLAB 或 Excel 中计算,求得 (α, Z) 值。计算结果如表 3-1 所示,记录备用。

表 3-1　(α, Z)记录格式一

$\varphi/(°)$	α, Z	λ				
		105°	110°	115°	120°	...
		$\lambda - \lambda_0$				
		0°	5°	10°	15°	...
0	α	180°00′00″	170°04′30″	160°34′29″	151°48′48″	...
	Z	30°00′00″	30°22′32″	31°28′30″	33°13′33″	
5	α	180°00′00″	168°20′23″	157°22′27″	147°33′34″	...
	Z	25°00′00″	25°26′29″	26°43′18″	28°43′41″	
⋮	⋮	⋮	⋮	⋮	⋮	⋮
25	α	0°00′00″	137°14′37″	117°01′26″	107°00′00″	...
	Z	5°00′00″	6°40′54″	10°10′33″	14°11′56″	
30	α	任意值	88°47′13″	87°29′43	86°14′03″	
	Z	0°00′00″	4°19′47″	8°39′27″	12°58′52″	
35	α	0°00′00″	38°49′33″	56°43′00″	64°30′10″	...
	Z	5°00′00″	6°32′19″	9°47′49″	13°35′06″	
⋮	⋮	⋮	⋮	⋮	⋮	⋮
55	α	0°00′00″	6°43′44″	13°07′50″	18°56′56″	...
	Z	25°00′00″	25°15′18″	26°00′15″	27°12′15″	

注:中心点以南的 α 值用 $180° - \alpha$。

二、计算横系(赤道系)的球面极坐标

由地理坐标计算横轴投影所需要的球面极坐标 (α, Z),不能直接用前面的公式,需要稍加变化,以式(3-10)除以式(3-9)有

$$\tan\alpha = \frac{\cos\varphi\sin(\lambda - \lambda_0)}{\sin\varphi\cos\varphi_0 - \cos\varphi\sin\varphi_0\cos(\lambda - \lambda_0)} \tag{3-11}$$

因横轴投影的新极点 Q 在赤道上,则 $\varphi_0 = 0°$,代入式(3-8)和式(3-11)有

$$\left.\begin{array}{l} \cos Z = \cos\varphi\cos(\lambda - \lambda_0) \\ \tan\alpha = \cot\varphi\sin(\lambda - \lambda_0) \end{array}\right\} \tag{3-12}$$

现计算用于东半球的某一横轴方位投影所需的 (α, Z) 值,新极点 Q 的坐标为 $\varphi_0 = 0°$, $\lambda_0 = 70°E$, $\Delta\varphi = \Delta\lambda = 10°$,计算结果如表 3-2 所示。因横轴方位投影东西对称于中央经线,南北对称于赤道,故使用时只需计算半球的右上部分即可。

表 3-2 (α, Z) 记录格式二

$\varphi /(°)$	α, Z	λ				
		70°	80°	90°	...	160°
		$\lambda - \lambda_0$				
		0°	10°	20°	...	90°
0	α	任意值	90°00′00″	90°00′00″	...	90°00′00″
	Z	0°00′00″	10°00′00″	20°00′00″	...	90°00′00″
10	α	0°00′00″	44°33′41″	62°43′37″	...	80°00′00″
	Z	10°00′00″	14°06′22″	22°16′07″	...	90°00′00″
20	α	0°00′00″	25°30′20″	43°13′09″	...	70°00′00″
	Z	20°00′00″	22°16′07″	27°56′27″	...	90°00′00″
⋮	⋮	⋮	⋮	⋮	⋮	⋮
90	α	0°00′00″	0°00′00″	0°00′00″	...	0°00′00″
	Z	90°00′00″	90°00′00″	90°00′00″	...	90°00′00″

§3-5　球面上的某些曲线方程

球面上的曲线方程有很多种，§3-1 介绍球半径的时候涉及了一些球面上的方程知识。现在再来讨论一下大圆线和小圆线方程。这些曲线在航海、航空中有很重要的应用，被称为位置线。

一、大圆线方程

如果利用无线电测角系统测得目标(船只或飞机)的方位角，则得到的位置线是从地面电台出发的大圆线。这是因为从地面电台到该大圆线上的各点的方位角都相等。

大圆线是球面上任意两点间的最短距离，航行时常按此大圆线行进，因此大圆线又叫大圆航线。

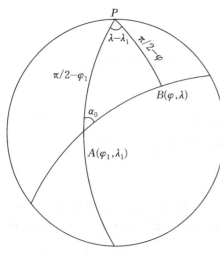

图 3-6　球面上大圆线方程示意 I

现在研究球面上大圆线方程。如图 3-6 所示，地球表面上一点 A 的地理坐标为 (φ_1, λ_1)，通过 A 点有方位角为 α_0 的大圆线 AB，其中 B 为大圆线上一个动点，其地理坐标为 (φ, λ)。由球面三角 PAB，有

$$\tan\varphi\cos\varphi_1 = \sin\varphi_1\cos(\lambda - \lambda_1) + \sin(\lambda - \lambda_1)\cot\alpha_0$$

$$(3\text{-}13)$$

这是通过 A 点 (φ_1, λ_1) 的大圆族方程。给定一个 α_0 值即可得到一条大圆线，若 α_0 按 $\Delta\alpha$ 间隔取值为 $0 \sim 2\pi$，则得到通过 A 点的放射大圆线。

当 $(\varphi_1, \lambda_1, \alpha_0)$ 之值确定后，式(3-13)表示一条大圆线。按式(3-13)就可以求得大圆线上各点的坐标值。当 $\alpha_0 = 60°$ 时，按式(3-13)计算通过 $\varphi_1 = 30°$、$\lambda_1 = 100°$、经差间隔 1° 各点的地理坐标，结果如表 3-3 所示。

表 3-3　经差间隔 1°各点的地理坐标

λ	100°	101°	102°	103°	104°	105°	⋯
φ	30°	30°29′37″	30°58′30″	31°26′37″	31°54′00″	32°20′40″	⋯

当已知点位于赤道上（即 $\varphi_1 = 0$）时，大圆线方程为

$$\tan\varphi = \sin(\lambda - \lambda_1)\cot\alpha_0 \tag{3-14}$$

过地球表面上不为同一直径两端点的两已知点可做一大圆，且只能做一个大圆，大圆线起始方位角如图 3-7 所示。大圆线两端点 $A(\varphi_1,\lambda_1)$ 和 $B(\varphi_2,\lambda_2)$ 为两已知点，由此确定的大圆弧在 A 点的起始方位角为 α，则在球面三角形 PAB 中大圆起始点方位角为

$$\tan\alpha = \frac{\sin(\lambda_2 - \lambda_1)}{\tan\varphi_2\cos\varphi_1 - \sin\varphi_1\cos(\lambda_2 - \lambda_1)} \tag{3-15}$$

假设有两已知点，即 $A_1(\varphi_1 = 39°50'$，$\lambda_1 = 116°25')$、A_2 $(\varphi_2 = 31°15'$，$\lambda_2 = 121°30')$，按式（3-14）算得，$\tan\alpha = -0.514\,971\,071\,8$，起始方位角 $\alpha = 152°45'10''$。由两已知点 A_1、A_2 决定的圆弧长 S 为

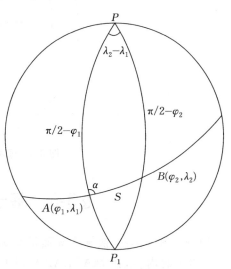

图 3-7　球面上大圆线方程示意 Ⅱ

$$\cos S = \sin\varphi_1\sin\varphi_2 + \cos\varphi_1\cos\varphi_2\cos(\lambda_2 - \lambda_1) \tag{3-16}$$

二、小圆线方程

若利用无线电测距系统测得目标（船或飞机）与地面电台之间的距离，则得到的位置线为一条小圆线。它是以地面电台为圆心、以测得的距离为半径所做的圆。

如图 3-8 所示，球面小圆中心点（球面小圆极点）A 的地理坐标为 (φ_A,λ_A)，球面小圆半径为 K，小圆圈上一个动点 B 的地理坐标为 (φ,λ)。

在球面三角形 PAB 中，可得球面小圆线方程为

$$\cos K = \sin\varphi\sin\varphi_A + \cos\varphi\cos\varphi_A\cos(\lambda - \lambda_A) \tag{3-17}$$

这是以地理坐标表示的圆心为 $A(\varphi_A,\lambda_A)$、半径为 K 的小圆线方程。对于球面极点，同样可得与式（3-17）相同形式的球面坐标小圆线方程（图 3-9），即

$$\cos K = \sin\varphi'\sin\varphi'_A + \cos\varphi'\cos\varphi'_A\cos(\lambda' - \lambda'_A) \tag{3-18}$$

以球面极坐标 (α,Z) 表示的小圆线方程为

$$\cos K = \cos Z\cos Z_A + \sin Z\sin Z_A\cos(\alpha_A - \alpha) \tag{3-19}$$

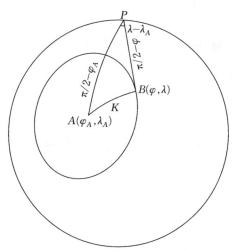

图 3-8　球面上的小圆线方程示意 Ⅰ

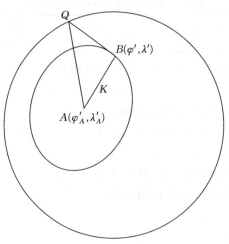

图 3-9　球面上的小圆线方程示意 II

§3-6　基于 MATLAB 的计算

地理坐标 (φ,λ) 换算为球面极坐标 (α,Z) 是地图投影计算中常见的内容之一,为此针对 §3-4 的内容,在 MATLAB 环境下进行代码编写,运算结果以 Excel 格式输出,并对天顶距和方位角随经差、纬差的变化通过 Surf 制图表达,如图 3-10 所示。具体代码内容如下:

```
% 计算球面极坐标 α、Z,只计算 0°-90°N, 105°E-180°
% 基于克拉索夫斯基椭球计算
clear
% digits(20);
format short;
phi0 = 30 * pi/180;
lambda0 = 105. * pi/180;
phi = 0:5 * pi/180:pi/2;     % 纬度矩阵
lambda = 105. * pi/180:5. * pi/180:180. * pi/180;      % 精度矩阵
delta_lambda = lambda - lambda0
cosZ = zeros(size(phi,2),size(lambda,2));
tanAlpha = zeros(size(phi,2),size(lambda,2));
for i = 1:size(phi,2)
    cosZ(i,:) = sin(phi(i)). * sin(phi0) + cos(phi(i)). * cos(phi0). * cos(delta_lambda);
    tanAlpha(i,:) = (cos(phi(i)). * sin(delta_lambda))./(sin(phi(i)). * cos(phi0) - cos(phi
(i)). * sin(phi0). * cos(delta_lambda));
    end
Z = acos(cosZ). * 180./pi;
Alpha = atan(tanAlpha). * 180./pi;
```

```
for i = 1:size(Alpha,1)
    for j = 1:size(Alpha,2)
        if Alpha(i,j)< = 0 && i<7
            Alpha(i,j) = Alpha(i,j) + 180;
        end
    end
end
Alpha
B = phi. * (180./pi);
k = 0;
delta_lambda_angle = delta_lambda. * (180./pi);
subplot(1,2,1);
surf(delta_lambda_angle,B,Alpha)
title('方位角随经差纬差的变化')
xlabel('经差/(°)')
ylabel('纬差/(°)')
zlabel('方位角/(°)')
subplot(1,2,2);
surf(delta_lambda_angle,B,Z)
title('天顶距随经差纬差的变化')
xlabel('经差/(°)')
ylabel('纬差/(°)')
zlabel('天顶距/(°)')
delta_lambda_angle = [k delta_lambda_angle];
lambda_angle = lambda. * (180./pi);
lambda_angle = [k lambda_angle];
data1 = [lambda_angle;delta_lambda_angle;B', Z];      % 将数据组集到 data1
[m, n] = size(data1);
data_cell1 = mat2cell(data1, ones(m,1), ones(n,1));        % 将 data 切割成 m * n 的 cell 矩阵
data2 = [B', Alpha];
[m, n] = size(data2);
data_cell2 = mat2cell(data2, ones(m,1), ones(n,1));
division = zeros(2,n);
[m, n] = size(division);
division_cell = mat2cell(division, ones(m,1), ones(n,1));
result = [data_cell1;division_cell;data_cell2];       % 将变量名称和数值组集到 result
s = xlswrite('E:\coordinate.xls', result);
```

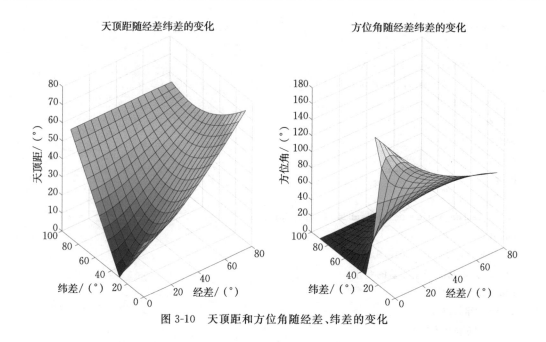

图 3-10　天顶距和方位角随经差、纬差的变化

本章习题

1. 地球的球半径确定方法是什么？都是根据什么条件确定的？
2. 为什么要研究球面坐标？球面坐标是如何规定的？怎样按公式计算球面坐标？
3. 试比较三种球面坐标及它们之间的变换公式。
4. 球面极坐标有几种确定方法？怎样计算球面极坐标？
5. 什么是大圆线方程和小圆线方程？如何利用公式计算大圆线方位角及大圆弧长？
6. 在进行地图投影计算时，为什么要引进球面极坐标系？
7. 新极点 Q 的确定方法是什么？
8. 什么是垂直圈和等高圈？球面坐标与地理坐标存在何种关系？
9. 根据大圆线方程设计大圆线上各点坐标、大圆方位角、大圆弧长的计算程序。

第四章　地图投影变形分析

§4-1　地图投影的变形概述

地图投影是通过使用特殊的数学法则在平面上显示整个或部分地球表面的各种信息,解决了将地物位置信息从球面到平面转换的主要矛盾。在实践中,当地球表面的经纬线网格与平面的网格建立了相互对应的数学关系时,地球表面该网格内的各要素也能满足这种数学法则,从而被表示在平面上。

通常而言,地图投影可以分为几何投影和广义投影。

几何投影是指利用透视的关系,将地面上的点描写到可展面(平面、圆锥和圆柱)的过程,如图 4-1 所示。

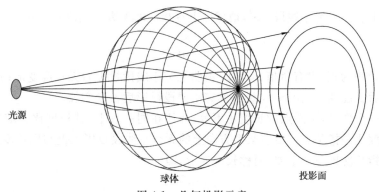

光源　　　　　　　　　　　　球体　　　　　　　投影面

图 4-1　几何投影示意

广义投影则是通过建立地面点和投影点间经纬度与直角坐标的某种函数关系,实现将地面点投影到平面上的方法,即建立球面点 (φ,λ) 和平面点 (x,y) 的一一映射关系。例如,地球表面上有一点 $A\,(\varphi,\lambda)$,它在平面上的对应点是 $A'(x,y)$,按地图投影的定义,此两点坐标之间可表示为

$$\left.\begin{array}{l} x = f_1(\varphi,\lambda) \\ y = f_2(\varphi,\lambda) \end{array}\right\} \tag{4-1}$$

式中,函数 f_1、f_2 在理论上可以是任意的函数,将地面点投影到平面上并形成特定的图形。但是,球面上经纬线是连续而规则的曲线,而且地图上一定范围之内经纬线也必定是连续和规则的,因此规定:在一定的区域内,函数 f_1 和 f_2 应是单值、有限而连续的。否则,投影将没有实际应用价值。

单值性可以保证投影前后点之间的一一映射关系,有限性可以使投影后的坐标值限定在有限的范围之内,连续性可以保证投影后图形的连贯性和完整性。

如果从上述方程中消去 φ,可得经线族投影方程式为

$$F_1(x,y,\lambda) = 0 \tag{4-2}$$

若消去 λ，便有纬线族投影方程式，即

$$F_2(x,y,\varphi)=0 \tag{4-3}$$

若在式(4-1)中令 $\lambda=\lambda_0=$ 常数，则方程

$$\left.\begin{aligned}x&=f_1(\varphi,\lambda_0)\\y&=f_2(\varphi,\lambda_0)\end{aligned}\right\} \tag{4-4}$$

表示经度为 λ_0 的单一经线方程。

同样，若 $\varphi=\varphi_0=$ 常数，则方程

$$\left.\begin{aligned}x&=f_1(\varphi_0,\lambda)\\y&=f_2(\varphi_0,\lambda)\end{aligned}\right\} \tag{4-5}$$

表示纬度为 φ_0 的单一纬线方程。

以上各式就是地图投影中曲面与平面关系的基本表达式，若要把地球表面要素完整地表示出来，则必须有条件地进行局部拉伸和局部缩小，因此，长度、面积、角度变形问题不可避免。

一、长度比 μ

设投影面上有一无穷小线段 dS'，地球面上有相应的无穷小线段 dS，则

$$\mu=\frac{dS'}{dS} \tag{4-6}$$

长度比 μ 值恒为正，没有负值。$\mu=1$，说明无穷小线段投影后无长度变形；$\mu<1$，说明无穷小线段投影后长度变短；$\mu>1$，说明无穷小线段投影后长度变长。

长度比是一个变量，不同点的长度比不等，即使在同一点上，其长度比也随着方向变化而变化。因此长度比是指某点上沿着某个方向上的无穷小线段投影长度与原长度之比。投影长度相对变形是指长度比与1之差，简称长度变形，即

$$v_\mu=\mu-1 \tag{4-7}$$

长度变形 v_μ 值有正有负。$v_\mu>0$，说明无穷小线段投影后长度变长；$v_\mu<0$，说明无穷小线段投影后长度变短；$v_\mu=0$，说明无穷小线段投影后无长度变形。

二、面积比 P

投影面上有一无穷小四边形，其面积用 dF' 表示，地球面上有相应无穷小球面梯形，用 dF 表示，则

$$P=\frac{dF'}{dF} \tag{4-8}$$

面积比 P 值恒为正。$P>1$，投影后面积增大；$P<1$，投影后面积减小；$P=1$，投影后面积与投影前面积相等。面积变形是指面积比与1的差值，即

$$v_P=P-1 \tag{4-9}$$

面积变形 v_P 值有正有负。$v_P>0$，投影后面积增大；$v_P<0$，投影后面积减小；$v_P=0$，投影后面积与投影前面积相等。

可见，长度变形与面积变形都是一种相对变形，而且以上两表达式按数学意义而言，表示的仅为数量的相对变化。然而，量变可导致质变，从而引起形状的变异，故 v_μ 与 v_P 被赋予"变

形"的名称。在应用时,v_μ 与 v_P 也常用百分比表示,如 $v_\mu = -0.01$ 表示为 $v_\mu = -1\%$,即投影后该线段缩短百分之一。

三、角度变形 v_β

某一角度投影后角度值 β' 与它在地面上固有的角度值 β 之差值,即

$$v_\beta = \beta' - \beta \tag{4-10}$$

角度变形也是一个变量,随点位和方向的变化而变化。角度变形 v_β 值有正有负。$v_\beta > 0$,投影后的角大于原角;$v_\beta < 0$,投影后的角小于原角;$v_\beta = 0$,投影后的角等于原角。

在同一点上,任意两方向线的夹角随着两方向线转动而变化,投影在平面上,其角度变形也不同。在两个特殊方向上,角度投影后不产生变形,其角差具有最大值(绝对值),称为该点上角度最大变形。

§4-2　地图投影的变形分析及基本公式

以旋转椭球面上一个微分梯形 $ABCD$ 为研究对象,如图 4-2 所示。其中,P 是极点,PDA 和 PCB 是两条经线的一部分,DC 和 AB 是两条纬线的一部分,经、纬线两两相交构成的图形 $ABCD$ 为一个球面梯形,AC 为梯形的对角线。PDA 和 PCB 的夹角为经差 $\mathrm{d}\lambda$,DC 和 AB 的纬差为 $\mathrm{d}\varphi$,AC 与 DA 的夹角为方位角 α。

为建立由曲面到平面的投影表象,先要建立地球表面上的各元素,如线段、面积、角度,与它们在平面上的对应关系式,以便于利用这些关系式导出地图投影的基本公式。对比图 4-2 和图 4-3,投影前后在点、线、面和角度方面进行简单比较。

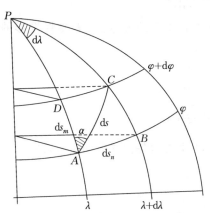
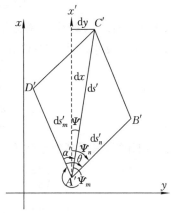

图 4-2　旋转椭球面上的微分梯形　　　　图 4-3　微分梯形在平面上的表象

(1)点:A、B、C、D 对应 A'、B'、C'、D'。

(2)线:经线段 AD 对应 $A'D'$,纬线段 AB 对应 $A'B'$,对角线 AC 对应 $A'C'$。

(3)面:微分梯形 $ABCD$ 在平面上的表象为 $A'B'C'D'$。

(4)角:投影前经纬线夹角 $\angle DAB$ 对应 $\angle D'A'B'$,经线和对角线夹角 $\angle DAC$ 对应 $\angle D'A'C'$,纬线和对角线夹角 $\angle BAC$ 对应 $\angle B'A'C'$;投影后,还有纵坐标轴 x 与 $A'C'$、$A'D'$、$A'B'$ 形成的夹角。

下面分别对其进行分析。

一、长度变化分析

由图 4-2 及相关定义可得沿经线微分线段、沿纬线微分线段、对角线分别为

$$\left.\begin{array}{l} AD = M\mathrm{d}\varphi \\ CD = r\mathrm{d}\lambda \\ \mathrm{d}s = AC = \sqrt{M^2\mathrm{d}\varphi^2 + r^2\mathrm{d}\lambda^2} \end{array}\right\} \tag{4-11}$$

C 点对 A 点的方位角 α 为

$$\left.\begin{array}{l} \sin\alpha = \dfrac{r\mathrm{d}\lambda}{\mathrm{d}s} \\[2mm] \cos\alpha = \dfrac{M\mathrm{d}\varphi}{\mathrm{d}s} \\[2mm] \tan\alpha = \dfrac{r\mathrm{d}\lambda}{M\mathrm{d}\varphi} \end{array}\right\} \tag{4-12}$$

由微分几何的概念可得微分梯形 $ABCD$ 的微分面积为

$$\mathrm{d}F = Mr\mathrm{d}\varphi\mathrm{d}\lambda \tag{4-13}$$

以上就是地球表面上一个微分梯形各要素的表达式。下面再研究这个微分梯形表示在平面上时各对应要素的表达式。

如图 4-3 所示，微分梯形 $ABCD$ 在平面上的表象为 $A'B'C'D'$，按微分几何的概念 $A'B'C'D'$ 一般为平行四边形。其中，A 点的对应点为 $A'(x,y)$，C 点的对应点为 $C'(x+\mathrm{d}x, y+\mathrm{d}y)$，而对角线 $\mathrm{d}s$ 对应的 $\mathrm{d}s'(A'C')$ 显然应为

$$\mathrm{d}s' = \sqrt{\mathrm{d}x^2 + \mathrm{d}y^2} \tag{4-14}$$

为获得 $A'D'$、$A'B'$ 等沿经、纬线的微分线段投影后长度的表达式，需要将投影的一般表达式取 x、y 对 φ、λ 的全微分。对式(4-1)取全微分有

$$\left.\begin{array}{l} \mathrm{d}x = \dfrac{\partial x}{\partial \varphi}\mathrm{d}\varphi + \dfrac{\partial x}{\partial \lambda}\mathrm{d}\lambda \\[3mm] \mathrm{d}y = \dfrac{\partial y}{\partial \varphi}\mathrm{d}\varphi + \dfrac{\partial y}{\partial \lambda}\mathrm{d}\lambda \end{array}\right\} \tag{4-15}$$

为方便表达和计算，采用高斯系数 E、G、F、H 来表示各偏导数的组合，即

$$\left.\begin{array}{l} \left(\dfrac{\partial x}{\partial \varphi}\right)^2 + \left(\dfrac{\partial y}{\partial \varphi}\right)^2 = E \\[3mm] \left(\dfrac{\partial x}{\partial \lambda}\right)^2 + \left(\dfrac{\partial y}{\partial \lambda}\right)^2 = G \\[3mm] \dfrac{\partial x}{\partial \varphi} \cdot \dfrac{\partial x}{\partial \lambda} + \dfrac{\partial y}{\partial \varphi} \cdot \dfrac{\partial y}{\partial \lambda} = F \\[3mm] \dfrac{\partial x}{\partial \varphi} \cdot \dfrac{\partial y}{\partial \lambda} - \dfrac{\partial x}{\partial \lambda} \cdot \dfrac{\partial y}{\partial \varphi} = H \end{array}\right\} \tag{4-16}$$

式中，$H = \sqrt{EG - F^2}$。

将式(4-15)、式(4-16)代入式(4-14)，便得平面上微分线段 $A'C'$ 的表达式，即

$$\mathrm{d}s' = \sqrt{E\mathrm{d}\varphi^2 + G\mathrm{d}\lambda^2 + 2F\mathrm{d}\varphi\mathrm{d}\lambda} \tag{4-17}$$

利用式(4-17)可获得平面上经、纬线微分线段的表达式,即

$$\left.\begin{array}{l} \mathrm{d}\lambda = 0 \ \text{时}, A'D' = \mathrm{d}s'_m = \sqrt{E}\,\mathrm{d}\varphi \\ \mathrm{d}\varphi = 0 \ \text{时}, A'B' = \mathrm{d}s'_n = \sqrt{G}\,\mathrm{d}\lambda \end{array}\right\} \tag{4-18}$$

式中, $\mathrm{d}s'_m$、$\mathrm{d}s'_n$ 为经线和纬线投影后的微分线段。

按长度比定义,将式(4-11)和式(4-17)代入长度比公式,得

$$\mu = \frac{\mathrm{d}s'}{\mathrm{d}s} = \frac{\sqrt{E\mathrm{d}\varphi^2 + G\mathrm{d}\lambda^2 + 2F\mathrm{d}\varphi\mathrm{d}\lambda}}{\sqrt{M^2\mathrm{d}\varphi^2 + r^2\mathrm{d}\lambda^2}} \tag{4-19}$$

式(4-19)在特殊情况下,即 $\mathrm{d}\lambda = 0$ 或 $\mathrm{d}\varphi = 0$ 时,便成为十分有用的沿经、纬线长度比公式,分别为

$$\left.\begin{array}{l} m = \dfrac{\sqrt{E}}{M} \\[3mm] n = \dfrac{\sqrt{G}}{r} \end{array}\right\} \tag{4-20}$$

式(4-19)和式(4-20)分别从普遍意义和特殊情况两方面对长度比进行了说明,但是式(4-19)并没有将方位角和长度比的关系显性表示,因此以式(4-19)为基础整理后得

$$\mu = \frac{\sqrt{E\mathrm{d}\varphi^2 + G\mathrm{d}\lambda^2 + 2F\mathrm{d}\varphi\mathrm{d}\lambda}}{\sqrt{\mathrm{d}s^2}} = \sqrt{E\left(\frac{\mathrm{d}\varphi}{\mathrm{d}s}\right)^2 + G\left(\frac{\mathrm{d}\lambda}{\mathrm{d}s}\right)^2 + 2F\left(\frac{\mathrm{d}\varphi\mathrm{d}\lambda}{\mathrm{d}s^2}\right)^2}$$

将式(4-12)中 $\sin\alpha$、$\cos\alpha$ 表达式代入上式有

$$\mu = \sqrt{\frac{E}{M^2}\cos^2\alpha + \frac{G}{r^2}\sin^2\alpha + \frac{F}{Mr}\sin 2\alpha} \tag{4-21}$$

式(4-21)便是一点上任意方向长度比的表达式。

不难看出, E、G、F、M、r 是随点位置(即经、纬度)的变化而变化的, α 是该点上微分线段在椭球面上的方位角。由此可见,一点上的长度比不仅随点位置的变化发生变化,还随着线段方向的变化而发生变化。也就是说,不同点上长度比都不相同,同一点上不同方向的长度比也不相同。

如果一点上的方位角为特殊角值,如 $\alpha = 0°$ 或 $\alpha = 90°$,式(4-20)便成为一点上沿经、纬线的长度比,其表达式为

$$m = \frac{\sqrt{E}}{M}$$

$$n = \frac{\sqrt{G}}{r}$$

这就是式(4-20)。

此外,地图投影后的图形表达还涉及地图主比例尺(普通比例尺)和局部比例尺不同的问题。

计算地图投影或制作地图时,必须将地球(椭球体或球体)按一定比率缩小表示在平面上,这个比率称为地图的主比例尺,或称为普通比例尺。实际上,投影中必定存在某种变形,地图仅能在某些点或线上保持着这个比例尺,而图幅上其余位置的比例尺都与主比例尺不相同,即大于或小于主比例尺,因此一幅地图上注明的比例尺实际上仅是该图的主比例尺。

地图上除保持主比例尺的点或线以外,其他部分上的比例尺称为局部比例尺。局部比例尺的变化比较复杂,它们由投影的性质决定,常常是随线段的方向和位置的变化而变化的。对于某些因用图的要求而需要在图上进行量测的地图,需要采用一定的方式表示出该图的局部比例尺。这就是有时在大区域小比例尺地图上看到的较复杂的图解比例尺。

需要着重指出的是,地图主比例尺仅在地图投影计算时才用到,当研究地图投影变形时,它不起任何作用。这是因为用任何方式普遍地缩小地图尺寸,皆不能变更地图投影变形的数值。因此,在地图投影中总是将地图主比例尺当作 1,讨论地图投影主要是讨论局部比例尺,即前面所说的长度比和面积比。

二、角度变化分析

在得到基本线段的表达式后,便可导出一些角度的表达式。由图 4-3 可知,对角线 $A'C'$ 与 x 轴的夹角 ψ 的表达式为

$$\left.\begin{aligned} \sin\psi &= \frac{\mathrm{d}y}{\mathrm{d}s'} \\ \cos\psi &= \frac{\mathrm{d}x}{\mathrm{d}s'} \\ \tan\psi &= \frac{\mathrm{d}y}{\mathrm{d}x} \end{aligned}\right\} \tag{4-22}$$

将式(4-15)代入式(4-22),便得

$$\tan\psi = \frac{\dfrac{\partial y}{\partial \varphi}\mathrm{d}\varphi + \dfrac{\partial y}{\partial \lambda}\mathrm{d}\lambda}{\dfrac{\partial x}{\partial \varphi}\mathrm{d}\varphi + \dfrac{\partial x}{\partial \lambda}\mathrm{d}\lambda} \tag{4-23}$$

式(4-23)是任意方向与 x 轴夹角的表达式,特殊情况下,当 $\mathrm{d}\lambda$ 和 $\mathrm{d}\varphi$ 为零时,经、纬线方向与 x 轴夹角为 ψ_m 与 ψ_n。其计算公式为

$$\left.\begin{aligned} \sin\psi_m &= \frac{\mathrm{d}y}{\mathrm{d}s'_m} = \frac{\dfrac{\partial y}{\partial \varphi}\mathrm{d}\varphi}{\sqrt{E}\,\mathrm{d}\varphi} = \frac{1}{\sqrt{E}} \cdot \frac{\partial y}{\partial \varphi} \\ \cos\psi_m &= \frac{\mathrm{d}x}{\mathrm{d}s'_m} = \frac{\dfrac{\partial x}{\partial \varphi}\mathrm{d}\varphi}{\sqrt{E}\,\mathrm{d}\varphi} = \frac{1}{\sqrt{E}} \cdot \frac{\partial x}{\partial \varphi} \\ \sin\psi_n &= \frac{\mathrm{d}y}{\mathrm{d}s'_n} = \frac{\dfrac{\partial y}{\partial \lambda}\mathrm{d}\lambda}{\sqrt{G}\,\mathrm{d}\lambda} = \frac{1}{\sqrt{G}} \cdot \frac{\partial y}{\partial \lambda} \\ \cos\psi_n &= \frac{\mathrm{d}x}{\mathrm{d}s'_n} = \frac{\dfrac{\partial x}{\partial \lambda}\mathrm{d}\lambda}{\sqrt{G}\,\mathrm{d}\lambda} = \frac{1}{\sqrt{G}} \cdot \frac{\partial x}{\partial \lambda} \end{aligned}\right\} \tag{4-24}$$

利用 ψ_m、ψ_n 的表达式,可推导出经、纬线投影后的夹角 θ' 的表达式。在图 4-3 中,$\theta' = \angle D'A'B' = 360° + \psi_n - \psi_m$,故运用式(4-22)可有

$$\left.\begin{array}{l} \sin\theta' = \sin(\psi_n - \psi_m) = \dfrac{1}{\sqrt{EG}}\left(\dfrac{\partial x}{\partial \varphi}\cdot\dfrac{\partial y}{\partial \lambda} - \dfrac{\partial x}{\partial \lambda}\cdot\dfrac{\partial y}{\partial \varphi}\right) = \dfrac{H}{\sqrt{EG}} \\[3mm] \cos\theta' = \cos(\psi_n - \psi_m) = \dfrac{1}{\sqrt{EG}}\left(\dfrac{\partial x}{\partial \varphi}\cdot\dfrac{\partial x}{\partial \lambda} + \dfrac{\partial y}{\partial \varphi}\cdot\dfrac{\partial y}{\partial \lambda}\right) = \dfrac{F}{\sqrt{EG}} \\[3mm] \tan\theta' = \dfrac{H}{F} \end{array}\right\} \qquad (4\text{-}25)$$

在地图投影的研究与应用中,经常用到经、纬线投影后的夹角 θ' 与 $90°$ 的差值 ε。由图 4-4 可见,θ' 是过经、纬线交点与经、纬线相切的二切线所夹的角度,故 ε 可表示为

$$\tan\varepsilon = \tan(\theta' - 90°) = -\dfrac{F}{H} \qquad (4\text{-}26)$$

再求微分线段 $\mathrm{d}s'$ 的方位角 α'。规定 α' 是以经线顺时针方向计算至 $\mathrm{d}s'$ 的角度,即 α' 就是 α 在平面上的投影。由图 4-3 可得

$$\alpha' = \psi + 360° - \psi_m$$

将式(4-22)及式(4-24)代入上式可得

$$\sin\alpha' = \sin(\psi - \psi_m) = \dfrac{1}{\mathrm{d}s'\sqrt{E}}\left(\dfrac{\partial x}{\partial \varphi}\mathrm{d}y - \dfrac{\partial y}{\partial \varphi}\mathrm{d}x\right)$$

$$\cos\alpha' = \cos(\psi - \psi_m) = \dfrac{1}{\mathrm{d}s'\sqrt{E}}\left(\dfrac{\partial x}{\partial \varphi}\mathrm{d}x + \dfrac{\partial y}{\partial \varphi}\mathrm{d}y\right)$$

$$\tan\alpha' = \dfrac{\dfrac{\partial x}{\partial \varphi}\mathrm{d}y - \dfrac{\partial y}{\partial \varphi}\mathrm{d}x}{\dfrac{\partial x}{\partial \varphi}\mathrm{d}x + \dfrac{\partial y}{\partial \varphi}\mathrm{d}y}$$

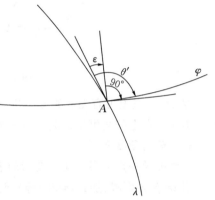

图 4-4　经纬线投影后夹角与 $90°$ 的差值

再将式(4-15)代入上列各式,经化简整理后有

$$\left.\begin{array}{l} \sin\alpha' = \dfrac{H\mathrm{d}\lambda}{\mathrm{d}s'\sqrt{E}} \\[3mm] \cos\alpha' = \dfrac{E\mathrm{d}\varphi + F\mathrm{d}\lambda}{\mathrm{d}s'\sqrt{E}} \\[3mm] \tan\alpha' = \dfrac{H\mathrm{d}\lambda}{E\mathrm{d}\varphi + F\mathrm{d}\lambda} \end{array}\right\} \qquad (4\text{-}27)$$

前已述及,角度变形是某一角度投影后其角值 β' 与它在地面上固有角值 β 的差,即 $\beta - \beta'$。β 与 β' 的起算是由主方向开始的,故分别选定球面两主方向与平面上两主方向为坐标轴,利用变形椭圆的性质推导角度变形的表达式,如图 4-5 所示。

由图 4-5 可得

$$\tan\beta' = \dfrac{y'}{x'}$$

由长度比的概念有

$$x' = ax$$
$$y' = by$$

故

$$\tan\beta' = \frac{by}{ax} = \frac{b}{a}\tan\beta \tag{4-28}$$

这就是地面上某一方向与主方向组成的角度与它投影后角度关系的表达式。

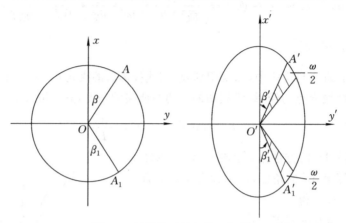

图 4-5　投影前后的角值 β 与 β'

　　然而,一点上可有无数的方向角,投影后的方向角一般都不能保持原来的大小。因此,当需要描述一点上的角度变形时亦应采用类似于描述一点上长度变形的方法,就是指出该点上可能有的最大角度变形。

　　下面推导一点上最大角度变形的表达式。

　　用 $\tan\beta$ 分别减、加式(4-28)等号两边,即

$$\tan\beta - \tan\beta' = \tan\beta - \frac{b}{a}\tan\beta = \tan\beta\left(1 - \frac{b}{a}\right)$$

$$\tan\beta + \tan\beta' = \tan\beta + \frac{b}{a}\tan\beta = \tan\beta\left(1 + \frac{b}{a}\right)$$

　　利用三角函数,以上二式可写为

$$\frac{\sin(\beta - \beta')}{\cos\beta\cos\beta'} = \frac{a - b}{a}\tan\beta$$

$$\frac{\sin(\beta + \beta')}{\cos\beta\cos\beta'} = \frac{a + b}{a}\tan\beta$$

两式相除有

$$\frac{\sin(\beta - \beta')}{\sin(\beta + \beta')} = \frac{a - b}{a + b}$$

即

$$\sin(\beta - \beta') = \frac{a - b}{a + b}\sin(\beta + \beta') \tag{4-29}$$

　　由式(4-29)可见,角度变形 $\beta - \beta'$ 随 $\beta + \beta'$(即投影前后两方向角值之和)的变化而变化。不难看出,当 $\beta + \beta' = 90°$ 时, $\beta - \beta'$ 最大,设以 $\frac{\omega}{2}$ 表示 $\beta - \beta'$ 的最大值,则

$$\sin\frac{\omega}{2} = \frac{a - b}{a + b} \tag{4-30}$$

这就是投影前后两个对应方向角最大变形的表达式。

　　但是,在更普遍的情况下,投影前后两个对应的角度并不都是方向角,因此组成该角的两边不在主方向上。例如,图 4-5 中的 $\angle AOA_1$ 投影后成为 $\angle A'O'A'_1$,OA_1 与 x 轴夹角为 β_1,$O'A'_1$ 与 x' 轴夹角为 β'_1。此时按式(4-29)的原理,当 $\beta_1 + \beta'_1 = 90°$ 时,$\beta_1 - \beta'_1$ 有最大值。

　　因为

$$\beta + \beta' = 90°$$
$$\beta_1 + \beta'_1 = 90°$$

所以

$$\beta + \beta' = \beta_1 + \beta'_1$$

又

$$\sin(\beta - \beta') = \frac{a-b}{a+b}$$
$$\sin(\beta_1 - \beta'_1) = \frac{a-b}{a+b}$$

故

$$\beta - \beta' = \beta_1 - \beta'_1$$

因此有

$$\beta = \beta_1$$
$$\beta' = \beta'_1$$

　　于是 $\angle AOA_1 - \angle A'O'A'_1 = (\beta - \beta') + (\beta_1 - \beta'_1) = \dfrac{\omega}{2} + \dfrac{\omega}{2} = \omega$,故称 ω 为一点上的最大角度变形。按三角函数的概念,由式(4-30)可得

$$\left.\begin{array}{l} \cos \dfrac{\omega}{2} = \dfrac{2\sqrt{ab}}{a+b} \\[3mm] \tan \dfrac{\omega}{2} = \dfrac{a-b}{2\sqrt{ab}} \end{array}\right\} \tag{4-31}$$

　　此外,在实用中还经常以 β_0 与 β'_0 表示式(4-29)中 $\beta - \beta'$ 有最大差值时的角值,即

$$\left.\begin{array}{l} \beta_0 + \beta'_0 = 90° \\[2mm] \beta_0 - \beta'_0 = \dfrac{\omega}{2} \\[2mm] \beta_0 = 45° + \dfrac{\omega}{4} \\[2mm] \beta'_0 = 45° - \dfrac{\omega}{4} \end{array}\right\} \tag{4-32}$$

　　将式(4-32)代入式(4-28)有

$$\tan\left(45° - \frac{\omega}{4}\right) = \frac{b}{a}\tan\left(45° + \frac{\omega}{4}\right), \quad \tan\left(45° - \frac{\omega}{4}\right) = \cot\left(45° + \frac{\omega}{4}\right)$$

故

$$\left.\begin{array}{l} \tan\left(45° - \dfrac{\omega}{4}\right) = \sqrt{\dfrac{b}{a}} \\[3mm] \tan\left(45° + \dfrac{\omega}{4}\right) = \sqrt{\dfrac{a}{b}} \end{array}\right\} \tag{4-33}$$

由式(4-33)可反求投影前后的方向角,把式(4-32)代入式(4-33)便有

$$\left.\begin{array}{l}\tan\beta_0=\sqrt{\dfrac{a}{b}}\\[3mm]\tan\beta_0'=\sqrt{\dfrac{b}{a}}\end{array}\right\}\qquad(4\text{-}34)$$

三、面积变化分析

微分梯形投影后的平行四边形 $A'B'C'D'$ 面积可以表达为

$$\mathrm{d}F'=\mathrm{d}s_m'\,\mathrm{d}s_n'\sin\theta'$$

将式(4-18)、式(4-25)代入上式,得

$$\mathrm{d}F'=H\mathrm{d}\varphi\mathrm{d}\lambda\qquad(4\text{-}35)$$

运用式(4-13),可得面积比表达式为

$$P=\frac{\mathrm{d}F'}{\mathrm{d}F}=\frac{H\mathrm{d}\varphi\mathrm{d}\lambda}{Mr\mathrm{d}\varphi\mathrm{d}\lambda}=\frac{H}{Mr}\qquad(4\text{-}36)$$

用沿经、纬线长度比表示面积比时,将式(4-25)和式(4-20)代入式(4-36),得

$$P=\frac{H}{Mr}=\frac{\sqrt{EG}\sin\theta'}{Mr}=mn\sin\theta'\qquad(4\text{-}37)$$

在 $\theta'=90°$ 的特殊情况下,有

$$P=mn\qquad(4\text{-}38)$$

四、角度和长度比的综合分析

常用沿经、纬线长度比表达任意方向的长度比。由式(4-20)有

$$m^2=\frac{E}{M^2}$$

$$n^2=\frac{G}{r^2}$$

故

$$\sqrt{EG}=mnMr$$

从式(4-25)有

$$F=\sqrt{EG}\cos\theta'$$

将以上各式代入式(4-21),得

$$\mu=\sqrt{m^2\cos^2\alpha+n^2\sin^2\alpha+mn\cos\theta'\sin2\alpha}\qquad(4\text{-}39)$$

式(4-39)表明了长度比和沿经、纬线的长度比及方位角的关系。投影后一点上的长度比依不同方向而变化,因此在描述一个点上不同方向的长度变化时,常常需要指出各长度比中的最大值及最小值,以作为衡量该点上变形变化的程度或界限。为此,引入极值长度比的概念,即一点上各长度比中的最大值与最小值。如果存在极值,此时 $\dfrac{\mathrm{d}\mu^2}{\mathrm{d}a}=0$,公式为

$$\frac{\mathrm{d}\mu^2}{\mathrm{d}a}=-m^2\sin2\alpha+n^2\sin2\alpha+2mn\cos2\alpha\cos\theta'$$

设在 $\alpha = \alpha_0$ 时有极值,则函数的一阶导数表达式等于零,故

$$- m^2 \sin 2\alpha_0 + n^2 \sin 2\alpha_0 + 2\, mn \cos 2\alpha_0 \cos\theta' = 0$$

化简后得

$$\tan 2\alpha_0 = \frac{2\, mn \cos\theta'}{m^2 - n^2} \tag{4-40}$$

在上述方程中,考虑正切函数的周期,$2\alpha_0$ 值应有 2 个解,其中一个是 $2\alpha_0$,另一个是 $2\alpha_0 + 180°$,所以极值长度比的方位角一个是 α_0,而另一个是 $\alpha_0 + 90°$。由此可以得到一个重要的结论:极值长度比在椭球表面处于两个互相垂直的方向上。将这两个特殊的方向命名为主方向。

当然,由式(4-39)不难证明,两个极值长度比方向中,其中一个为极小值 b,另一个则为极大值 a。下面介绍如何利用 m、n 和经纬线夹角 θ' 进行求解。

当 $\alpha = \alpha_0$ 时有极值,并记 μ 的极值为 μ_e,使式(4-39)平方后成为

$$\mu_e^2 = m^2 \cos^2\alpha_0 + n^2 \sin^2\alpha_0 + mn \cos\theta' \sin 2\alpha_0$$

将三角函数

$$\sin^2\alpha_0 = \frac{1}{2}(1 - \cos 2\alpha_0)$$

$$\cos^2\alpha_0 = \frac{1}{2}(1 + \cos 2\alpha_0)$$

代入上面 μ_e^2 的公式可得

$$\mu_e^2 = m^2\, \frac{1 + \cos 2\alpha_0}{2} + mn \cos\theta' \sin 2\alpha_0 + n^2\, \frac{1 - \cos 2\alpha_0}{2}$$

又由式(4-40)可求得

$$\sin 2\alpha_0 = \pm \frac{2\, mn \cos\theta'}{\sqrt{(m^2 + n^2)^2 - 4\, m^2 n^2 \sin^2\theta'}}$$

$$\cos 2\alpha_0 = \pm \frac{m^2 - n^2}{\sqrt{(m^2 + n^2)^2 - 4\, m^2 n^2 \sin^2\theta'}}$$

把 $\sin 2\alpha_0$ 与 $\cos 2\alpha_0$ 的表达式代入 μ_e^2 式,得

$$\mu_e^2 = \frac{m^2 + n^2}{2} \pm \frac{(m^2 - n^2)^2 + 4\, m^2 n^2 \cos^2\theta'}{2\sqrt{(m^2 + n^2)^2 - 4\, m^2 n^2 \sin^2\theta'}}$$

$$= \frac{m^2 + n^2}{2} \pm \frac{(m^2 + n^2)^2 - 4\, m^2 n^2 \sin^2\theta'}{2\sqrt{(m^2 + n^2)^2 - 4\, m^2 n^2 \sin^2\theta'}}$$

$$= \frac{(m^2 + n^2) \pm \sqrt{(m^2 + n^2)^2 - 4\, m^2 n^2 \sin^2\theta'}}{2}$$

由上式可见,如果有一个以 μ_e^2 为变量的二次方程,A、B、C 分别为方程系数,则方程可写成

$$A(\mu_e^2)^2 + B\mu_e^2 + C = 0$$

此方程的解为

$$\mu_e^2 = \frac{-B \pm \sqrt{B^2 - 4AC}}{2A}$$

用此式与上面 μ_e^2 表达式对照,便可有以下相应关系

$$A = 1$$
$$B = -(m^2 + n^2)$$
$$C = m^2 n^2 \sin^2 \theta'$$

若以 a、b 分别为极值长度比的二极值,则按二次方程式中根与系数的关系(韦达定理)可写出

$$a^2 + b^2 = -\frac{B}{A} = m^2 + n^2$$

$$a^2 b^2 = \frac{C}{A} = m^2 n^2 \sin^2 \theta'$$

所以

$$ab = mn \sin \theta'$$

可得

$$a \pm b = \sqrt{m^2 \pm 2mn \sin \theta' + n^2} \tag{4-41}$$

式(4-41)即极值长度比与沿经、纬线长度比的关系式。式中,m、n、θ' 可通过计算或从图中量测而得。不难发现,当 $\theta' = 90°$,即投影后经、纬线正交时,则式(4-41)便为

$$a \pm b = m \pm n$$

即 a、b 相当于 m、n,主方向就是经、纬线方向。

§4-3 地图投影的变形描述

一、变形椭圆

变形可以通过数值或列表表示,还可以利用一些解析几何的方法论述。变形椭圆就是常常用来论述和显示投影变形的一个良好的工具。变形椭圆的含义是:地面一点上的一个无穷小圆——微分圆(也称单位圆),在投影后一般地成为一个微分椭圆,利用这个微分椭圆能较恰当地、直观地显示变形的特征。

先证明微分圆投影后一般地成为微分椭圆,然后再利用变形椭圆解释各种变形的特征。

如图 4-6 所示,设有半径为 r 的微分圆 O,Ox、Oy 为通过圆心的一对正交的半径(为便于研究,令这两条半径为通过 O 点的经、纬线的微分线段),A 为圆上一点。

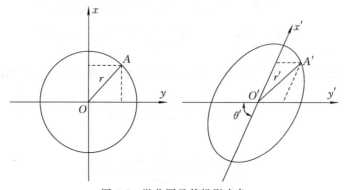

图 4-6 微分圆及其投影表象

微分圆各元素投影到平面上相应地为 O'、$O'x'$ 和 $O'y'$、A'。一般 $O'x'$ 与 $O'y'$ 不一定正交，设其交角为 θ'，取 $O'x'$ 与 $O'y'$ 为斜坐标轴。

按长度比的概念可以写出

$$x' = mx$$
$$y' = ny$$

对于微分圆有方程

$$x^2 + y^2 = r^2$$

将 $x = \dfrac{x'}{m}$、$y = \dfrac{y'}{n}$ 代入上式，得

$$\left(\frac{x'}{m}\right)^2 + \left(\frac{y'}{n}\right)^2 = r^2$$

即

$$\left(\frac{x'}{mr}\right)^2 + \left(\frac{y'}{nr}\right)^2 = 1 \tag{4-42}$$

式(4-42)即为椭圆的方程式，mr、nr 则为椭圆的两个半径，这就证明了微分圆投影到平面上一般地成为一个微分椭圆。

由于斜坐标系在应用上不甚方便，因此取一对互相垂直的相当于主方向的直径作为微分圆的坐标轴。主方向有投影后保持正交且为极值的特点，因此在对应平面上它们便成为椭圆的长、短半径，并以 μ_1 和 μ_2 表示沿主方向的长度比，如图 4-7 所示。

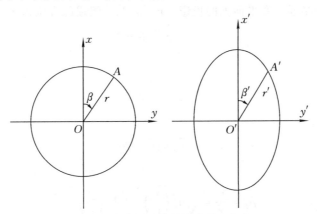

图 4-7　微分圆及其投影中的主方向

于是，椭圆的方程式可写为

$$\left(\frac{x'}{\mu_1 r}\right)^2 + \left(\frac{y'}{\mu_2 r}\right)^2 = 1 \tag{4-43}$$

如果用 a、b 表示椭圆的长、短半径，则式(4-43)中 $a = \mu_1 r$，$b = \mu_2 r$。为方便起见，令微分圆半径为单位 1，即 $r = 1$，在椭圆中即有 $a = \mu_1$ 及 $b = \mu_2$。因此，可以得出以下结论：微分椭圆长、短半径的大小，等于 O 点上主方向的长度比。 这就是说，如果一点上主方向的长度比（极值长度比）已经确定，则微分圆的大小及形状即可确定。

图 4-8 是同一个投影下不同点位上的微分椭圆。可见，椭圆的形状与大小都有不同，这种变化能够反映地图投影中的变形特征。

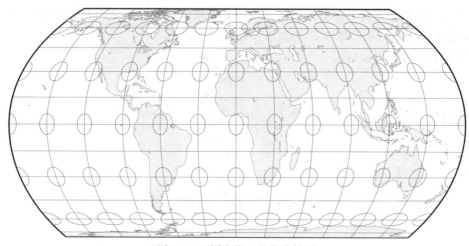

图 4-8　不同点位上的微分椭圆

　　利用变形椭圆显示投影变形的方法是由法国数学家蒂索首先提出的,所以国外文文献亦称变形椭圆为蒂索曲线(指线)。

　　下面利用变形椭圆的性质介绍一些投影中的变形问题。

　　求与主方向夹角为 β 的 OA 半径的长度比,由图 4-7 可得

$$\mu_\beta = \frac{O'A'}{OA} = \frac{r'}{r}$$

式中,$O'A'$ 即 r',为半径 r 在平面上的投影。r' 与 $O'x'$ 组成的方位角 β' 为 β 的投影,故

$$r' = \sqrt{x'^2 + y'^2}$$

而

$$x' = ax$$
$$y' = by$$

故

$$r' = \sqrt{(ax)^2 + (by)^2}$$

则长度比

$$\mu_\beta = \frac{r'}{r} = \sqrt{a^2\left(\frac{x}{r}\right)^2 + b^2\left(\frac{y}{r}\right)^2}$$

又

$$\frac{x}{r} = \cos\beta$$

$$\frac{y}{r} = \sin\beta$$

所以

$$\mu_\beta = \sqrt{a^2\cos\beta^2 + b^2\sin\beta^2} \tag{4-44}$$

式(4-44)即为微分圆上任一点长度比与变形椭圆两半径(极值长度比)的关系式。μ_β 随 β 的变化而变化。当 $\beta = 0°$ 时,$\mu_\beta = a$,当 $\beta = 90°$ 时,$\mu_\beta = b$,就是长度比中的极大值与极小值。

　　如果投影中 $a = b$,则 $\mu_\beta = a = b$,即一点上的长度比不随方向而变化,此时椭圆的长、短半

径相等,椭圆便成为圆,因此投影具有等角的特征,即等角投影中变形椭圆都被表示为圆,圆内任何一对互相垂直的直径都是主方向。

通常人们是在投影的经、纬线交点上绘出一定数量的变形椭圆,以直观地显示投影变形的特征。当投影后的经、纬线不正交时,变形椭圆的长、短半径就与经、纬线不一致,因此要确定变形椭圆在一点上的位置还必须考虑变形椭圆的方位角。

规定变形椭圆的方位角为其长半径与经线的夹角 α'_0,于是按图 4-9 可推导其表达式。由椭圆方程式有

$$\frac{x'^2}{a^2} + \frac{y'^2}{b^2} = 1$$

在直角三角形 $A'O'A'_0$ 中

$$x' = O'A'_0 = m\cos\alpha'_0$$
$$y' = A'A'_0 = m\sin\alpha'_0$$

代入椭圆方程得

$$\frac{m^2\cos^2\alpha'_0}{a^2} + \frac{m^2\sin^2\alpha'_0}{b^2} = 1$$

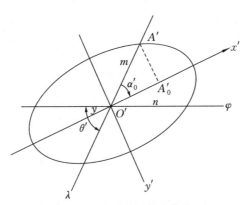

图 4-9 变形椭圆的方位角

将三角函数基本公式

$$\cos^2\alpha'_0 = \frac{1}{\sec^2\alpha'_0} = \frac{1}{1+\tan^2\alpha'_0}$$
$$\sin^2\alpha'_0 = \frac{\tan^2\alpha'_0}{1+\tan^2\alpha'_0}$$

代入上式得

$$\frac{m^2}{a^2(1+\tan^2\alpha'_0)} + \frac{m^2\tan^2\alpha'_0}{b^2(1+\tan^2\alpha'_0)} = 1$$

化简后即为变形椭圆方位角 α'_0 的表达式,即

$$\tan\alpha'_0 = \frac{b}{a}\sqrt{\frac{a^2-m^2}{m^2-b^2}} \tag{4-45}$$

已知变形椭圆的方位角及长、短半径,就能描绘出一点上的变形椭圆。

如果投影后经、纬线正交,此时经、纬线的方向就是主方向,即 $a=m$ 或 $b=m$。于是方位

角 $\alpha_0' = 0°$ 或 $\alpha_0' = 90°$，即变形椭圆的两半径与经、纬线重合。

二、等变形线

等变形线是投影中各种变形相等的点的轨迹线。在变形分布较复杂的投影中，难以绘出许多变形椭圆，或列出一系列变形值来描述图幅内不同位置的变形变化，于是便计算一定数量的经、纬线交点上的变形值，再利用插值的方法描绘一定数量的等变形线，以显示此种投影变形的分布及变化规律。这是在制图区域较大且变形分布较复杂时经常采用的一种方法。图 4-10 是一幅世界地图投影略图，其中利用等变形线显示了面积变形的分布情况。

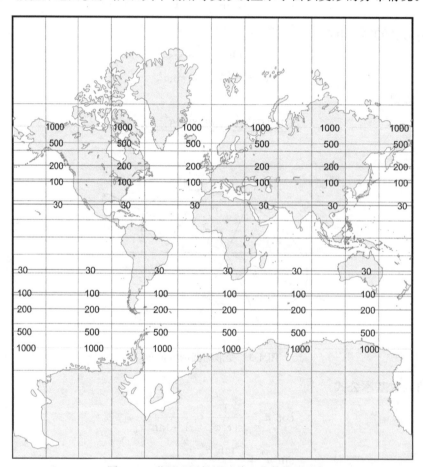

图 4-10　世界地图投影及其面积等变形线

§4-4　等角投影条件、等面积投影条件与等距离投影条件

一、等角投影条件

等角投影可定义为任何点上两条微分线段组成的角度在投影前后保持不变的投影，即投影前后对应的微分面积保持图形相似，故也可称为正形投影。这一条件可以数学关系式表示。

（1）经、纬线投影后正交，即

$$\theta' = 90°$$

（2）一点上任一方向的方位角在投影前后保持相等，即

$$\alpha = \alpha'$$

因为

$$\theta' = 90°$$

所以由式（4-25）有

$$F = 0 \ 或 \ H = \sqrt{EG}$$

由式（4-12）及式（4-27）有

$$\frac{r\,\mathrm{d}\lambda}{\mathrm{d}s} = \frac{H\,\mathrm{d}\lambda}{\mathrm{d}s'\,\sqrt{E}}$$

$$\frac{M\,\mathrm{d}\varphi}{\mathrm{d}s} = \frac{H\,\mathrm{d}\varphi}{\mathrm{d}s'\,\sqrt{E}}$$

因此

$$\mu = \frac{\mathrm{d}s'}{\mathrm{d}s} = \frac{\sqrt{G}}{r} = \frac{\sqrt{E}}{M} \tag{4-46a}$$

又

$$\frac{\partial x}{\partial \varphi} \cdot \frac{\partial x}{\partial \lambda} + \frac{\partial y}{\partial \varphi} \cdot \frac{\partial y}{\partial \lambda} = 0 \tag{4-46b}$$

式（4-46b）即为等角条件的表达式。为了更直接表达平面直角坐标（x、y）与地理坐标（φ、λ）的联系，等角条件常用表达推导如下：

因为

$$F = 0 \ 及 \ \alpha = \alpha'$$

故有

$$\left. \begin{array}{l} \dfrac{\partial x}{\partial \varphi} \cdot \dfrac{\partial x}{\partial \lambda} + \dfrac{\partial y}{\partial \varphi} \cdot \dfrac{\partial y}{\partial \lambda} = 0 \\[2mm] \dfrac{1}{r^2}\left[\left(\dfrac{\partial x}{\partial \lambda}\right)^2 + \left(\dfrac{\partial y}{\partial \lambda}\right)^2\right] = \dfrac{1}{M^2}\left[\left(\dfrac{\partial x}{\partial \varphi}\right)^2 + \left(\dfrac{\partial y}{\partial \varphi}\right)^2\right] \end{array} \right\} \tag{4-47}$$

由式（4-47）第一式求出 $\dfrac{\partial y}{\partial \lambda}$ 并代入第二式，便有等角条件表达式为

$$\left. \begin{array}{l} \dfrac{\partial x}{\partial \lambda} = -\dfrac{r}{M} \cdot \dfrac{\partial y}{\partial \varphi} \\[2mm] \dfrac{\partial y}{\partial \lambda} = +\dfrac{r}{M} \cdot \dfrac{\partial x}{\partial \varphi} \end{array} \right\} \tag{4-48}$$

式（4-48）在高等数学中称为保角变换条件，也称为柯西-黎曼（Cauchy-Riemann）条件。方程右边采用正、负符号是由于式（4-47）偏导数开方后应有正、负值，而顾及 H 的几何意义为面积元素，应恒为正，因此由式（4-16）的最后一式，$\dfrac{\partial x}{\partial \lambda}$、$\dfrac{\partial y}{\partial \varphi}$ 必取相反的符号。

二、等面积投影条件

等面积投影定义为某一微分面积在投影前后保持相等的投影，即其面积比为 1。依此条

件有

$$P = \frac{dF'}{dF} = 1 \text{ 或 } dF' = dF$$

将式(4-13)及式(4-35)代入上式便有

$$P = \frac{H}{Mr} \text{ 或 } H = Mr \tag{4-49}$$

或仿等角条件的方式写成 x、y 与 φ、λ 的表达式,即

$$\frac{\partial x}{\partial \varphi} \cdot \frac{\partial y}{\partial \lambda} - \frac{\partial x}{\partial \lambda} \cdot \frac{\partial y}{\partial \varphi} = Mr \tag{4-50}$$

由前文可知

$$P = \frac{H}{Mr} = \frac{\sqrt{EG}\sin\theta'}{Mr} = mn\sin\theta'$$

如用极值长度比表示面积比则利用 $ab = mn\sin\theta'$ 代入上式,得

$$P = ab \tag{4-51}$$

三、等距离投影条件

等距离投影的定义是沿某一特定方向的距离在投影前后保持不变的投影,即沿该特定方向长度比等于 1。

通常,在这个特定方向上进行正轴投影时,是沿经线方向上保持等距离。沿经线的等距离投影条件为

$$\frac{ds'_m}{ds_m} = \frac{\sqrt{E}}{M} = 1$$

或

$$\left(\frac{\partial x}{\partial \varphi}\right)^2 + \left(\frac{\partial y}{\partial \varphi}\right)^2 = M^2 \tag{4-52}$$

另外,由于长度变形是一切变形的基础,因此长度变化在投影研究中十分重要,应当较深入地研究其变化的规律。下面将用已有公式推导长度比的一般表达式,并用来表达等角、等面积与等距离投影条件。

由式(4-11)和式(4-17),按长度比定义有

$$\mu = \frac{ds'}{ds} = \frac{\sqrt{E d\varphi^2 + G d\lambda^2 + 2F d\varphi d\lambda}}{\sqrt{M^2 d\varphi^2 + r^2 d\lambda^2}} \tag{4-53}$$

又由式(4-20)可知,沿经线长度比为 $m = \dfrac{\sqrt{E}}{M}$,沿纬线长度比为 $n = \dfrac{\sqrt{G}}{r}$。

把式(4-20)与式(4-46)进行对照,等角投影条件也可以理解为沿经、纬线的长度比必须相等(即 $m = n$)。考虑沿经线的等距离条件时,$m = \dfrac{\sqrt{E}}{M} = 1$。

又因等面积条件为 $H = Mr$,将其代入式(4-25)有

$$\sqrt{EG} \cdot \sin\theta' = Mr$$

$$\frac{\sqrt{E}}{M} \cdot \frac{\sqrt{G}}{r} \cdot \sin\theta' = 1$$

即 $mn\sin\theta' = 1$，此为等面积条件的另一个表达式。

此外还应注意到，在小比例尺地图上，计算投影时常用半径为 R 的球体代替地球椭球体，从而使计算得到简化。用球体代替椭球体时有

$$R = M = N$$
$$R = R\cos\varphi$$

于是等角投影条件为

$$\left.\begin{aligned}\frac{\partial x}{\partial \lambda} &= -\frac{\partial y}{\partial \varphi}\cos\varphi \\[2mm] \frac{\partial y}{\partial \lambda} &= +\frac{\partial x}{\partial \varphi}\cos\varphi\end{aligned}\right\} \tag{4-54}$$

等面积投影条件为

$$\frac{\partial x}{\partial \varphi} \cdot \frac{\partial y}{\partial \lambda} - \frac{\partial y}{\partial \varphi} \cdot \frac{\partial x}{\partial \lambda} = R^2\cos\varphi \tag{4-55}$$

沿经线的等距离投影条件为

$$\left(\frac{\partial x}{\partial \varphi}\right)^2 + \left(\frac{\partial y}{\partial \varphi}\right)^2 = R^2 \quad \text{或} \quad E = R^2 \tag{4-56}$$

§4-5　变形的近似式

在研究地图投影及实际作业中，有时利用变形的近似表达式计算变形可使问题简化。由变形近似式可概略估算各种变形指标，作为设计及应用投影时的参考数据使用。另外，从研究变形近似式中也能够进一步发现各种不同性质的投影（如等角、等面积及等距离）及其变形的特征与各种变形（长度、面积和角度）之间的制约关系。

按定义，长度变形的表达式为

$$v_\mu = \mu - 1$$

则

$$\mu = 1 + v_\mu$$

对等式两边取对数后并将等式右边按级数展开，得

$$\ln\mu = \ln(1 + v_\mu) = v_\mu - \frac{v_\mu^2}{2} + \cdots$$

因为 v_μ^2 值较微小，略去此项便有近似表达式，即

$$\ln\mu \approx v_\mu \tag{4-57}$$

或将 $\frac{1}{2}(\mu^2 - 1)$ 按级数展开，有

$$\frac{1}{2}(\mu^2 - 1) = \frac{1}{2}\left[(1 + v_\mu)^2 - 1\right] = \frac{1}{2}(1 + 2v_\mu + v_\mu^2 - 1) = v_\mu + \frac{v_\mu^2}{2}$$

如略去 v_μ 的二次项，便有近似表达式，即

$$\frac{1}{2}(\mu^2 - 1) \approx v_\mu \tag{4-58}$$

式(4-57)和式(4-58)即为长度变形的近似表达式。

再研究最大角度变形与长度比的关系。用 v_a 和 v_b 表示主方向上的长度变形,则

$$v_a = a - 1$$
$$v_b = b - 1$$

代入式(4-30),得

$$\sin \frac{\omega}{2} = \frac{a-b}{a+b} = \frac{v_a - v_b}{2 + v_a + v_b}$$

由于分母中 $v_a + v_b$ 与 2 相比较的值甚微可以忽略,而正弦函数在其角度值不大时,函数值与角度值(弧度)近似相等,故

$$\left.\begin{array}{l} \sin \dfrac{\omega}{2} \approx \dfrac{v_a - v_b}{2} \\[2mm] \omega \approx v_a - v_b \end{array}\right\} \tag{4-59}$$

式(4-59)即为最大角度变形的近似表达式。

对于面积变形,由于

$$v_P = P - 1 = ab - 1 = (1 + v_a)(1 + v_b) - 1 = v_a + v_b + v_a v_b$$

如略去 $v_a v_b$ 项,有

$$v_P \approx v_a + v_b \tag{4-60}$$

利用变形近似式(4-60),能够更进一步说明各种变形性质对应投影的变形特征。

在等角投影中,因为 $a = b$,故 $v_a = v_b = v$,按式(4-59)、式(4-60)有

$$\omega = 0$$
$$v_P \approx 2v$$

在等面积投影中,$P = ab = 1$,故 $v_a = -v_b = v$,则

$$\omega = 2v$$
$$v_P = 0$$

对于等距离投影,通常是在一个主方向上长度比等于 1,如 $b = 1$ 时,有

$$v_b = 0$$
$$v_a = v$$

故

$$\omega \approx v$$
$$v_P \approx v$$

从上述各近似式可见,等角投影没有角度变形,而面积变形最大,这种投影主要是依靠增大面积变形而保持角度不变(即图形相似)。等面积投影没有面积变形,但角度变形最大,这种投影主要是依靠增大角度变形而保持面积相等。至于等距离投影,既有角度变形又有面积变形,两种变形的量值近似相等,而且这种投影的变形值也是介于等角与等面积投影之间的。

§4-6　地图投影的分类

在长期的地图制图生产实践中,已经出现了许多地图投影,为便于研究和使用,须予以适当的分类。

在地图投影发展过程中,分类方法也在不断发展。总的来说,基本上可以依外在的特征和

内在的性质进行分类。前者体现在投影平面上经纬线投影的形状,具有直观的明显性;后者则是投影内蕴的变形实质。在决定投影的分类时,应把两者结合起来,才能较完整地表达投影。

投影经纬网外在的特征也要加以限定条件,即地球椭球体与"投影面"的相对位置要有一个规定,才能进行分析比较,这里提出的是正常位置。例如,圆锥投影中,圆锥轴线与地球椭球体旋转轴重合就是正常位置,如图 4-11 所示,否则就不是正常位置。因为在后一情况下,随着两者相对位置的改变,经纬线表象没有一定的形状,也就无从归纳成某个类别。

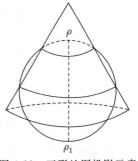

图 4-11 正形地图投影示意

一、地图投影按经纬线形状分类

投影中经纬度与直角坐标和极坐标之间的关系如表 4-1 所示。

表 4-1 投影中经纬度与直角坐标和极坐标之间的关系

点位	直角坐标	极坐标
A	$x = f_1(\varphi,\lambda)$ $y = f_2(\varphi,\lambda)$	$\delta = f_1(\varphi,\lambda)$ $\rho = f_2(\varphi,\lambda)$
B_1	$x = f_1(\varphi,\lambda)$ $y = f_2(\lambda)$	$\delta = f_1(\lambda)$ $\rho = f_2(\varphi,\lambda)$
B_2	$x = f_1(\varphi)$ $y = f_2(\varphi,\lambda)$	$\delta = f_1(\varphi,\lambda)$ $\rho = f_2(\varphi)$
C	$x = f_1(\varphi)$ $y = f_2(\lambda)$	$\delta = f_1(\lambda)$ $\rho = f_2(\varphi)$

表 4-1 中这些关系可以用图解说明经纬线的形状。图 4-12 只是一般地表达了这种关系,而并不代表具体投影。当进一步限定特征时,就构成常用的四种投影,如表 4-2 所示。

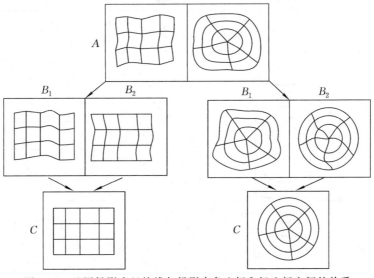

图 4-12 地图投影中经纬线与投影直角坐标和极坐标之间的关系

表 4-2　常用地图投影及其经纬线形状

相应于图中的类型	投影名称	经纬线形状		限定特征
		经线	纬线	
C（右）	圆锥投影	直线束	同心圆弧	经线间隔相等，交于纬线圆心
	方位投影	直线束	同心圆	同上，且经线夹角等于经差
C（左）	圆柱投影	平行直线	平行直线	经纬线正交，经线间隔相等
B₂（右）	伪圆锥	对称曲线	同心圆弧	
	伪方位	对称曲线	同心圆	
B₂（左）	伪圆柱、多圆柱	对称曲线	平行直线	
A（右）	多圆锥	对称曲线	同轴圆弧	

　　在地图投影应用的实践中，不可能限于正常位置的单一情况。为了使投影中变形较小，并达到变形分布较均匀的效果，也要采用其他的相对位置。这时经纬线表象就不像正常位置那样具有固定形状，而往往是复杂的曲线。不同位置的情况具体可以分为以下三种：

　　（1）正轴投影，即上述正常位置的投影，或称为极投影，如"圆锥"（或"圆柱"）轴与地球自转轴相重合时所得投影就是正轴圆锥投影（或正轴圆柱投影）。

　　（2）斜轴投影，或称为水平投影，如方位投影中"投影平面"切（或割）于除两极和赤道以外的某一位置所得投影就是斜轴方位投影。

　　（3）横轴投影，或称为赤道投影，如"圆柱"切于某一经线（此时圆柱轴线与赤道面重合）所得投影就是横轴圆柱投影。

　　除此以外，为调整变形分布，投影面可以与地球相切或相割，例如，当圆锥面与地球相割于两条纬线时，即成为割圆锥投影（表 4-3 中的 1）；当圆柱面切于赤道时，即成为切圆柱投影（表 4-3 中的 4）。

　　在表 4-3 中，1、5、9 就是三种割投影。

表 4-3　几何投影的类型

类型	正轴	斜轴	横轴
圆锥	1 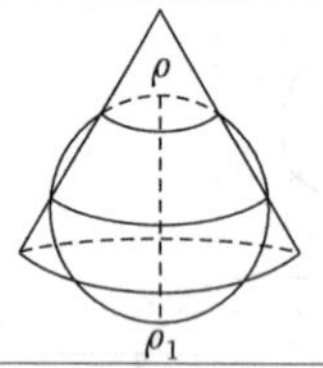	2 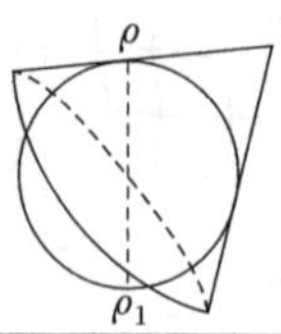	3 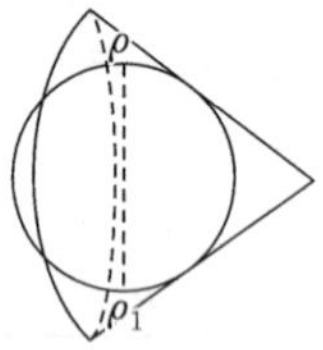
圆柱	4 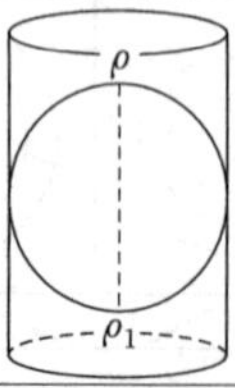	5 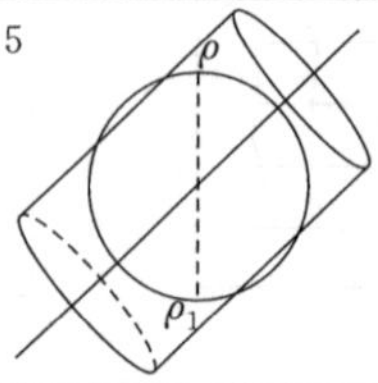	6 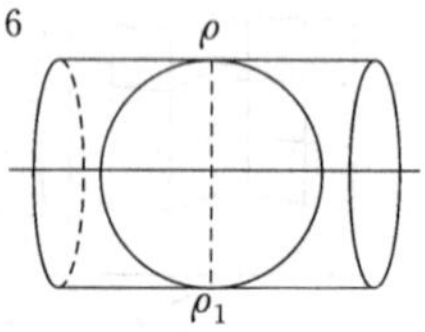
方位	7 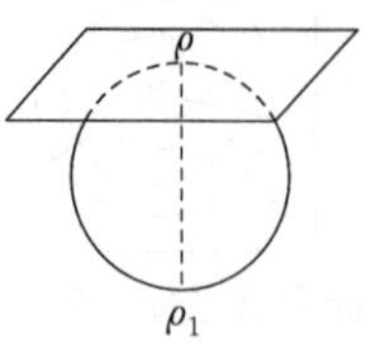	8 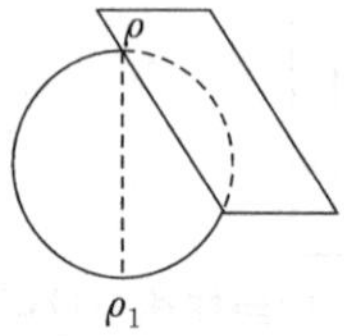	9 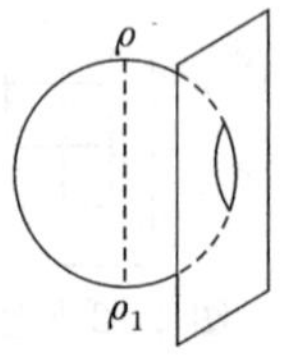

二、地图投影按内蕴的特征(变形)分类

根据地图投影中的变形理论,地图投影就变形性质而言有两种特殊情况:一种是投影中保持角度大小不变,即等角投影(正形投影);另一种是投影中保持面积大小不变,即等面积投影。

实际上,有很多既不能保持等角(正形)又不能保持等面积的投影,可以称之为任意投影。在这类投影中,既有角度变形,又有面积变形。

由投影变形可知,长度比的变化规律对投影变形起着决定性的作用。在一个投影中,排除了特殊点、线(如方位投影的投影中心点、圆锥投影及圆柱投影中的标准纬线),考察投影中任一点处有无等长方向,以及等长方向是否唯一,然后可把投影分为三种类型,如表 4-4 所示。换言之,就是研究变形椭圆长、短半径的变化规律,进而划分其类别。

表 4-4　依据投影变形划分地图投影类型

投影	定义	等价条件	变形椭圆与单位圆的关系
椭圆形投影	任一点处皆无任何等长方向	$a>b>1$ 或 $b<a<1$	
抛物形投影	任一点处都有唯一的等长方向	$a=1$ 或 $b=1$	
双曲形投影	任一点处都有两个不同的等长方向	$a>1>b$	

由此可见,等角投影是椭圆形投影中 $a=b>1$(或 $a=b<1$)的一种特殊情况,等面积投影是双曲形投影中 $ab=1\left(a=\dfrac{1}{b}\right)$ 的一种特殊情况,等距离投影必然是抛物形投影。

图 4-13 中,在 $\{O,a,b\}$ 象限中,过原点($a=b$)的斜线代表了等角投影;平行于坐标轴($a=1$ 或 $b=1$)的两条直线代表了等距离投影;过(1,1),以坐标轴为渐近线($ab=1$)的曲线代表了等面积投影。

图 4-13 中有斜线的部分 A 代表了椭圆形投影所处的范围,有圈点的部分 B 代表了双曲形投影所处的范围。由图 4-13 可知,等角、等面积、等距离投影在图上是四条线。而在$\{O,a,b\}$ 域内,可以存在多种形状、不同位置的线条,代表各种任意投影。例如,图 4-14 中,α 线代表一种 $a=kb$ 的投影,即 a、b 之间有固定的比值,其可以命名为准相似投影。β 代表一种 $ab=l$ 的投影,其可以命名为倍积投影。

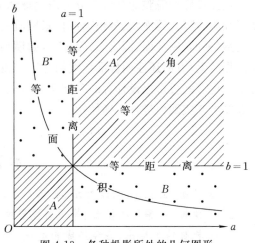

图 4-13　各种投影所处的几何图形

  凡分别单独处于 A 域、B 域中的线条,以及 $a=1$ 或 $b=1$ 的线条代表的投影可称为单纯投影,凡跨越 A 域、B 域的线条(如图 4-14 中 α、β),可称为混合投影。

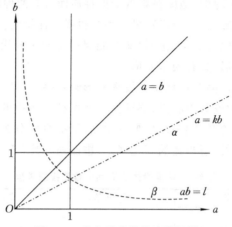

图 4-14 按变形分类的地图投影

这样,按变形划分的投影命名如表 4-5 所示。

表 4-5 按变形划分的投影命名

数学定义	按变形划分		变形特征	
	单纯投影	混合投影		
椭圆形	等角投影 →		$\omega = 0$	
		非等角投影 →		$\omega \neq 0$
抛物形	等距离投影		$a = 1$ 或 $b = 1$	
双曲形		非等面积投影 →	$P \neq 1$	
	等面积投影 →		$P - 1 = 0$	

  至此,介绍了投影按外在的经纬线形状和内在的变形特征的分类。对于一个投影,较完整的名称宜兼有两种分类,如等角圆锥投影、等面积方位投影、等距离圆柱投影等。

  地图投影的完整命名应充分考虑地球球面与投影面的相对位置(正轴、横轴、斜轴)、投影变形性质(等角、等面积、等距离或任意性质)、地球球面与投影面的接触程度(切、割)、投影面的类型(平面、圆柱面、圆锥面)等因素,如横轴等角切圆柱投影、正轴等面积割圆锥投影等。在地图作品上,有时还注明标准纬线的纬度或投影中心的经纬度,更便于进行地图的科学使用。历史上也有些投影以设计者的名字命名,缺乏特征的说明,只有在学习中了解和研究其特征,才能在生产实践中进行正确使用。

本章习题

  1. 长度比、面积比、长度变形、面积变形、主比例尺、局部比例尺、角度变形的定义是什么?

  2. 等角投影、等面积投影、等距离投影的定义是什么?

  3. 分析极值长度比、沿经纬线长度比、沿垂直圈长度比、沿等高圈长度比,在哪些情况下是一致的? 在哪些情况下是不一致的?

  4. 什么是主方向? 主方向有什么特征?

5. 最大角度变形是怎样衡量的?

6. 根据等长方向的存在与否,说明等角、等面积、等距离投影中变形椭圆的特征。

7. 由变形的近似式说明等角、等距离、等面积投影的变形特征。

8. 地图投影依据哪两方面的特征进行分类? 各有什么意义?

9. 完整的投影名称应包括哪些标志?

10. 等角圆锥投影中的变形椭圆与微分圆(标准小圆)之间是一种什么关系?

第五章　方位投影

§5-1　方位投影的一般公式及其分类

方位投影就是将地球球体与一个平面相切或相割，并以这个平面为投影面，建立地表点和投影平面点之间一一对应的函数关系。

方位投影可以划分为非透视投影和透视投影两种。前者按投影性质又可分为等角、等面积和任意（包括等距离）投影。后者有一定视点，随视点位置不同又可分为正射、外心、球面和球心投影。

根据投影面与地球相切或相割的关系，方位投影又可分为切方位投影与割方位投影。

按投影面与地球相对位置的不同，方位投影可分为：正轴方位投影，此时 Q 与 P 重合（图 5-1），又称为极方位投影（$\varphi_0 = 90°$）；横轴方位投影，此时 Q 点在赤道上，又称为赤道方位投影（$\varphi_0 = 0°$）；斜轴方位投影，此时 Q 点位于上述两种情况以外的任何位置，又称为水平方位投影（$0° < \varphi_0 < 90°$）。

经纬网在正轴方位投影中表现为：纬线投影后成为同心圆，经线投影后成为交于一点的直线束（同心圆的半径），两条经线间的夹角与实地经度差相等。横轴或斜轴方位投影表现为：等高圈投影后成为同心圆，垂直圈投影后成为同心圆的半径，两个垂直圈之间的交角与实地方位角相等（将地球作为正球体而言）。根据这个关系，推导方位投影的一般公式。

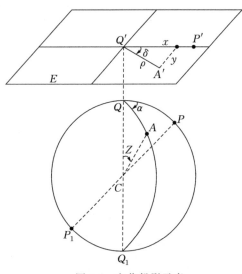

图 5-1　方位投影示意

当投影平面与地球相切于一点时，如图 5-1 所示，设 E 为投影平面，C 为地球球心，Q 为球面坐标极，即球面坐标原点，其地理坐标为 $Q(\varphi_0, \lambda_0)$，相应的 Q' 为平面坐标原点，且 Q 和 Q' 重合；P 点为地理坐标极，QP 为过新极点 Q 的子午圈（也是垂直圈），其投影成为直线 $Q'P'$，$Q'P'$ 通常称为平面极坐标的极轴。今设球面上有一点 A，其地理坐标为 (φ, λ)，A 点对 Q 点的球面极坐标为 (Z, α)，A 投影为 A'，在投影平面上，QA 的投影 $Q'A'$ 为 ρ，QA 与 QP 的夹角为 α，其投影为 δ。令 $Q'P'$ 为 X 轴，在 Q' 点垂直于 $Q'P'$ 的直线为 y 轴。于是，平面极坐标表达式为

$$\left.\begin{array}{l} \delta = \alpha \\ \rho = f(Z) \end{array}\right\} \qquad (5\text{-}1)$$

式中，Z、α 是以 Q 为原点的球面极坐标中的天顶距和方位角。

若以中央经线表示平面直角坐标的纵轴 x，以投影中心点 Q' 为原点，则方位投影平面直角坐标公式表示为

$$x = \rho\cos\delta \atop y = \rho\sin\delta \Bigg\} \tag{5-2}$$

方位投影中的垂直圈和等高圈是相互垂直的,故这两方向为主方向,其上有极大、极小长度比。下面介绍方位投影的长度比、面积比和角度变形的公式。

如图 5-2 所示,设球面梯形 $ABCD$ 投影为平面图形 $A'B'C'D'$,垂直圈 QA 与 QD 的夹角为 $\mathrm{d}\alpha$,弧 $QB = Z$。在投影面上,$\angle A'Q'D' = \mathrm{d}\delta$,$Q'B' = \rho$,设 μ_1 表示垂直圈的长度比,μ_2 表示等高圈的长度比,因 $A'B' = \mathrm{d}\rho$,$B'C' = \rho\mathrm{d}\delta$,$AB = R\mathrm{d}Z$,$BC = R(\sin Z)\mathrm{d}\alpha$,则

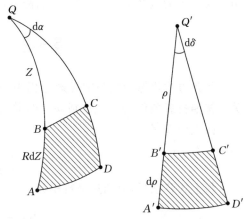

$$\mu_1 = \frac{A'B'}{AB} = \frac{\mathrm{d}\rho}{R\mathrm{d}Z} \atop \mu_2 = \frac{B'C'}{BC} = \frac{\rho}{R\sin Z} \Bigg\} \tag{5-3}$$

因为垂直圈与等高圈在投影中相互正交,所以 μ_1、μ_2 就是极值长度比,故面积比为

图 5-2　方位投影中的球面梯形示意

$$P = ab = \mu_1\mu_2 = \frac{\rho\mathrm{d}\rho}{R^2(\sin Z)\mathrm{d}Z} \tag{5-4}$$

最大角度变形为

$$\sin\frac{\omega}{2} = \frac{a-b}{a+b} \text{ 或 } \tan\left(45° + \frac{\omega}{4}\right) = \sqrt{\frac{a}{b}} \tag{5-5}$$

式中,a、b 即为 μ_1、μ_2(其大者为 a,小者为 b)。

方位投影的一般公式为

$$\begin{aligned}
&\delta = \alpha \\
&\rho = f(Z) \\
&x = \rho\cos\delta \\
&y = \rho\sin\delta \\
&\mu_1 = \frac{\mathrm{d}\rho}{R\mathrm{d}Z} \\
&\mu_2 = \frac{\rho}{R\sin Z} \\
&P = \mu_1\mu_2 \\
&\sin\frac{\omega}{2} = \frac{a-b}{a+b} \text{ 或 } \tan\left(45° + \frac{\omega}{4}\right) = \sqrt{\frac{a}{b}}
\end{aligned}\Bigg\} \tag{5-6}$$

由此可见,方位投影取决于 $\rho = f(Z)$ 的函数形式,函数形式一经确定,则其投影形式也就随之确定。此外,变形值随着 Z 而变,是 Z 的函数。所有方位投影具有共同的特征,就是由投影中心到任何一点的方位角保持与实地相等。

对于方位投影,其计算步骤如下:

(1)确定球面极坐标原点的经纬度 (φ_0, λ_0)。

(2)由地理坐标 φ 和 λ 推算球面极坐标 Z 和 α。

(3)计算投影极坐标(ρ,δ)和平面直角坐标(x,y)。

(4)计算长度比、面积比和角度变形。

从上面的计算步骤可以看出,如果是正轴方位投影,则步骤(1)和(2)可以省略。在方位投影计算过程中,关键是求得ρ的函数表达式。投影的变形性质不同,ρ的函数表达式也不同。由于决定ρ的函数形式的方法不同,故方位投影可以有很多类型。

§5-2　等角方位投影

等角方位投影中微分圆投影后仍为一个圆,没有角度变形,即一点上的长度比与方位无关。按照投影条件,$\mu_1=\mu_2$ 或 $\omega=0$,并由此决定 $\rho=f(Z)$ 的函数形式。

按式(5-3)有

$$\int\frac{\mathrm{d}\rho}{\rho}=\int\frac{\mathrm{d}Z}{\sin Z}$$

将上式移项后,对两边进行积分,得

$$\ln\rho=\ln\tan\frac{Z}{2}+\ln K$$

进而得

$$\rho=K\tan\frac{Z}{2}$$

式中,K 为积分常数。也就是说,这种投影仅有一个积分常数 K,K 值确定后,投影的具体表达形式就确定了。可以指定某等高圈 Z_K 上的长度比 $\mu_{Z_K}=1$,从而确定 K 值,即

$$\mu_{Z_K}=\frac{\rho_K}{R\sin Z_K}=1$$

即

$$K\tan\frac{Z_K}{2}=R\sin Z_K$$

或

$$K=2R\cos^2\frac{Z_K}{2} \tag{5-7}$$

这样,等角割方位投影的公式为

$$\left.\begin{array}{l}\delta=\alpha\\[2mm]\rho=2R\cos^2\dfrac{Z_K}{2}\tan\dfrac{Z}{2}\\[2mm]x=\rho\cos\delta\\[2mm]y=\rho\sin\delta\\[2mm]\mu_1=\mu_2=\mu=\cos^2\dfrac{Z_K}{2}\sec^2\dfrac{Z}{2}\\[2mm]P=\mu^2\\[2mm]\omega=0\end{array}\right\} \tag{5-8}$$

当 $Z_K=0°$ 时,式(5-8)变为等角切方位投影,即投影面切在投影中心,则 $K=2R$,公式为

$$
\left.
\begin{aligned}
&\delta = \alpha \\
&\rho = 2R\tan\frac{Z}{2} \\
&x = \rho\cos\delta \\
&y = \rho\sin\delta \\
&\mu_1 = \mu_2 = \mu = \sec^2\frac{Z}{2} \\
&P = \mu^2 \\
&\omega = 0
\end{aligned}
\right\}
\tag{5-9}
$$

对于正轴等角方位投影,只要在式(5-8)中以 λ 代替 α,$90°-\varphi$ 代替 Z,就可得到其公式,即

$$
\left.
\begin{aligned}
&\delta = \lambda \\
&\rho = 2R\cos^2\left(45°-\frac{\varphi_K}{2}\right)\tan\left(45°-\frac{\varphi}{2}\right) \\
&\mu = \cos^2\left(45°-\frac{\varphi_K}{2}\right)\sec^2\left(45°-\frac{\varphi}{2}\right)
\end{aligned}
\right\}
\tag{5-10a}
$$

若投影面切在极点,则 $\varphi_K = 90°$,此时

$$
\left.
\begin{aligned}
&\rho = 2R\tan\left(45°-\frac{\varphi}{2}\right) \\
&\mu = \sec^2\left(45°-\frac{\varphi}{2}\right)
\end{aligned}
\right\}
\tag{5-10b}
$$

图 5-3、图 5-4、图 5-5 分别为正、横、斜轴三种等角方位投影的半球经纬网形状。

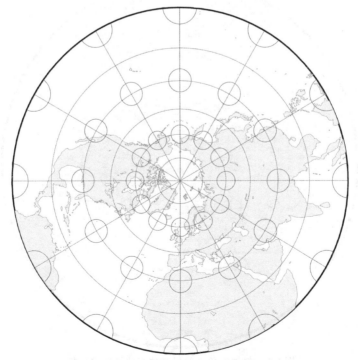

图 5-3　正轴等角方位投影的半球经纬网形状

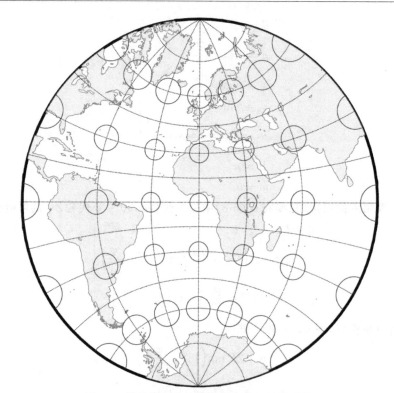

图 5-4 　横轴等角方位投影的半球经纬网形状

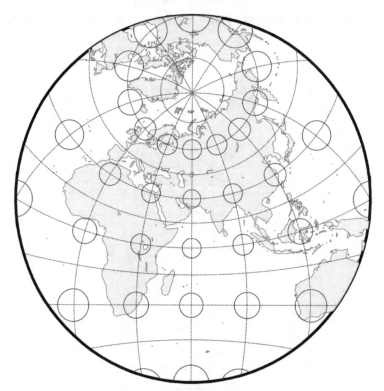

图 5-5 　斜轴等角方位投影的半球经纬网形状

表 5-1 列出了等角方位投影的变形情况。

表 5-1　等角方位投影的变形情况

$Z/(°)$	$\mu_1 = \mu_2$	P	ω
0	1.000	1.000	$0°00'$
15	1.017	1.035	$0°00'$
30	1.072	1.149	$0°00'$
45	1.172	1.373	$0°00'$
60	1.333	1.778	$0°00'$
75	1.589	2.524	$0°00'$
90	2.000	4.000	$0°00'$

§5-3　等面积方位投影

在等面积方位投影中,保持面积没有变形,即面积比 $P=1$,从而决定 $\rho = f(Z)$ 的函数形式,使其适合等面积条件。具体公式为

$$P = \mu_1 \mu_2 = \frac{\mathrm{d}\rho}{R\,\mathrm{d}Z}\frac{\rho}{R\sin Z} = 1$$

整理后得

$$\rho\,\mathrm{d}\rho = R^2 \sin Z\,\mathrm{d}Z$$

对上式两边进行积分,得

$$\frac{\rho^2}{2} = C - R^2 \cos Z$$

式中,C 为积分常数。求定积分常数 C 后,等面积方位投影的表达式就确定了。为此,令上式中 $Z = 0°$,根据几何定义得出 $\rho = 0$,于是

$$C = R^2$$

所以

$$\rho^2 = 2R^2(1 - \cos Z)$$

$$\rho = 2R \sin \frac{Z}{2} \tag{5-11}$$

下面求等面积方位投影的各种变形值,包括长度变形、面积变形和角度变形。把式(5-11)代入式(5-6),得等高圈长度比为

$$\mu_2 = \frac{\rho}{R\sin Z} = \frac{2R\sin\dfrac{Z}{2}}{2R\sin\dfrac{Z}{2}\cos\dfrac{Z}{2}} = \sec\frac{Z}{2}$$

由于等面积条件 $P = \mu_1 \mu_2 = 1$,将 μ_2 代入后得垂直圈长度比,即

$$\mu_1 = \cos\frac{Z}{2}$$

因此,垂直圈和等高圈的长度比为

$$\left.\begin{array}{l}\mu_1 = \cos \dfrac{Z}{2}\\[2mm]\mu_2 = \sec \dfrac{Z}{2}\end{array}\right\} \tag{5-12}$$

极值长度比为

$$a = \max(\mu_1, \mu_2) = \sec \frac{Z}{2}$$

$$b = \min(\mu_1, \mu_2) = \cos \frac{Z}{2}$$

最大角度变形为

$$\tan\left(45° + \frac{\omega}{4}\right) = \sqrt{\frac{a}{b}} = \sec \frac{Z}{2} \tag{5-13}$$

对于正轴等面积方位投影,把 $90° - \varphi = Z$、$\lambda = \alpha$ 代入以上公式,得

$$\left.\begin{array}{l}\delta = \lambda\\[2mm]\rho = 2R\sin\dfrac{Z}{2} = 2R\sin\left(45° - \dfrac{\varphi}{2}\right)\\[2mm]x = 2R\sin\dfrac{Z}{2}\cos\delta = 2R\sin\left(45° - \dfrac{\varphi}{2}\right)\cos\lambda\\[2mm]y = 2R\sin\dfrac{Z}{2}\sin\delta = 2R\sin\left(45° - \dfrac{\varphi}{2}\right)\sin\lambda\\[2mm]m = \mu_1 = \cos\dfrac{Z}{2} = \cos\left(45° - \dfrac{\varphi}{2}\right)\\[2mm]n = \mu_2 = \sec\dfrac{Z}{2} = \sec\left(45° - \dfrac{\varphi}{2}\right)\\[2mm]P = 1\\[2mm]\tan\left(45° + \dfrac{\omega}{4}\right) = \sec\dfrac{Z}{2} = \sec\left(45° - \dfrac{\varphi}{2}\right)\end{array}\right\} \tag{5-14}$$

该投影亦称为兰勃特等面积方位投影,其面积没有变形,等高圈长度比都大于1,垂直圈长度比都小于1,一个放大、一个缩小才能保持面积相等,变形椭圆在中央经线上呈扁椭圆的形状。

从广义上说,等面积方位投影起始条件也可以是 $P = K$,即令面积比等于某一常数,通常为小于1的数,其具体大小可以通过指定某一个等高圈无长度变形求得,成为割方位投影,也称为倍积投影。在此情况下,可以改善一些长度变形(使投影中心稍有长度变形,从而缩小边缘的长度变形),但是并不能改善角度变形,而且由于面积比小于1,图上面积比实地缩小了一个常数(不计主比例尺缩小倍数),故实践中应用得不多。表5-2列出了等面积方位投影的变形情况。

表 5-2　等面积方位投影的变形情况

$Z/(°)$	μ_1	μ_2	P	ω
0	1.000	1.000	1.000	$0°00'$
15	0.991	1.009	1.000	$0°59'$
30	0.966	1.035	1.000	$3°58'$

$Z/(°)$	μ_1	μ_2	P	ω
45	0.924	1.082	1.000	$9°04'$
60	0.866	1.155	1.000	$16°25'$
75	0.793	1.261	1.000	$26°18'$
90	0.707	1.414	1.000	$38°56'$

§5-4　等距离方位投影

等距离方位投影通常是指沿垂直圈长度无变形，即长度比 $\mu_1=1$，以此决定 $\rho=f(Z)$ 的函数形式，使其满足等距离条件，即

$$\mu_1=\frac{d\rho}{R\,dZ}=1$$

即

$$d\rho=R\,dZ$$

两边积分后得

$$\rho=RZ+C$$

式中，C 为积分常数。求定积分常数 C 后，等距离方位投影的表达式就可确定。为此，令上式中 $Z=0°$，根据几何定义得出 $\rho=0$，故

$$C=0$$

因此得到极径公式，即

$$\rho=RZ \tag{5-15}$$

下面求等距离方位投影的各种变形值，包括长度变形、面积变形和角度变形。把式(5-15)代入式(5-6)中，可得垂直圈和等高圈长度比和面积比，即

$$\left.\begin{array}{l}\mu_1=1\\[4pt]\mu_2=\dfrac{RZ}{R\sin Z}=\dfrac{Z}{\sin Z}\\[8pt]P=\mu_1\mu_2=\dfrac{Z}{\sin Z}\end{array}\right\} \tag{5-16}$$

因为 $Z>\sin Z$，即 μ_2 恒大于 μ_1，故可得极值长度比，即

$$a=\max(\mu_1,\mu_2)=\mu_2=\frac{Z}{\sin Z}$$
$$b=\min(\mu_1,\mu_2)=\mu_1=1$$

最大角度变形为

$$\left.\begin{array}{l}\tan\left(45°+\dfrac{\omega}{4}\right)=\sqrt{\dfrac{a}{b}}=\sqrt{\dfrac{Z}{\sin Z}}\\[10pt]\sin\dfrac{\omega}{2}=\dfrac{a-b}{a+b}=\dfrac{Z-\sin Z}{Z+\sin Z}\end{array}\right\} \tag{5-17}$$

对于正轴等距离方位投影，把 $90°-\varphi=Z$、$\lambda=\alpha$ 代入以上公式，得

$$
\left.
\begin{aligned}
&\delta = \lambda \\
&\rho = RZ = R(90° - \varphi) \\
&x = RZ\cos\delta = R(90° - \varphi)\cos\lambda \\
&y = RZ\sin\delta = RZ\sin\lambda \\
&\mu_1 = 1 \\
&\mu_2 = \frac{Z}{\sin Z} = \frac{90° - \varphi}{\cos\varphi} \\
&P = \frac{90° - \varphi}{\cos\varphi} \\
&\sin\frac{\omega}{2} = \frac{Z - \sin Z}{Z + \sin Z} = \frac{(90° - \varphi) - \sin(90° - \varphi)}{(90° - \varphi) + \sin(90° - \varphi)}
\end{aligned}
\right\}
\quad (5\text{-}18)
$$

该投影又称为波斯特尔(Postel)投影,垂直圈没有变形,等高圈长度比和面积比都放大,其角度变形比等面积方位投影小,变形椭圆在中央经线上呈扁椭圆形状。

与等面积方位投影一样,广义上等距离方位投影起始条件也可以设 $\mu_1 = K$,K 为小于 1 的常数,可缩小等高圈长度变形的绝对值。但在此情况下,并不能改善角度变形,而且沿垂直圈也不能保持真正等距离而是缩小了一个常数,所以实践中也应用得不多。表 5-3 列出了等距离方位投影的变形情况。

表 5-3　等距离方位投影的变形情况

$Z/(°)$	μ_1	μ_2	P	ω
0	1.000	1.000	1.000	0°00′
15	1.000	1.012	1.012	0°29′
30	1.000	1.047	1.047	2°39′
45	1.000	1.111	1.111	6°00′
60	1.000	1.209	1.209	10°52′
75	1.000	1.355	1.355	17°21′
90	1.000	1.571	1.571	25°39′

§5-5　透视方位投影

透视方位投影就是利用透视原理确定 $\rho = f(Z)$ 的函数形式的一种投影方法。设想有一个平面切在地球面上某一点,过地球中心做一条直线垂直于该平面,使地面点和相应投影点之间建立一定的透视关系,如图 5-6 所示。这种投影中有固定的视点,通常视点的位置处于垂直于投影面的地球直径或其延长线上。

由图 5-6 可知,视点、地面点和投影点的关系遵循透视原理。地面上某点 A 的投影 A' 因视点不同而不同,如视点位置取 1、2、3、4,则 A 点的投影分别为 A'_1、A'_2、A'_3、A'_4。

由于透视关系,投影面在某一固定轴上移动(与地球相切或者相割)并不影响投影的表象形状,而仅是比例尺的变化。按视点离球心的距离 D,透视投影可分为:① 正射方位投影,此投影的视点位于离球心无穷远处,即 $D = \infty$;② 外心方位投影,此投影的视点位于球面外有限的距离处,即 $R < D < \infty$;③ 球面方位投影,此投影的视点位于球面上,即 $D = R$;④ 球心方位投影,此投影的视点位于球心,即 $D = 0$。

随投影面与地球相对位置的不同（即投影中心 Q 的纬度 φ_0 的不同），透视投影又可分为：① 正轴方位投影（$\varphi_0 = 90°$）；② 横轴方位投影（$\varphi_0 = 0°$）；③ 斜轴方位投影（$0° < \varphi_0 < 90°$）。

下面利用透视原理确定 $\rho = f(Z)$ 的函数形式，进而推导透视方位投影的一般公式。

在图 5-7 中，视点 O 与球心的距离为 D，Q 为投影中心，A 点的投影为 A' 点，由 A 点做 QO 的垂线交于 q 点。建立平面直角坐标系，x 轴为通过 Q 点的经线 PQ 的投影 $P'Q'$，y 轴为过 Q' 点垂直于 x 轴的直线。这里视投影面 E 到球面的距离 QQ' 为零，即切于 Q 点。大圆弧 $\overset{\frown}{QA}$ 投影为 $Q'A'$（即 ρ），$\overset{\frown}{QA}$ 的方位角 α 投影为 δ，显然可知 $\delta = \alpha$。

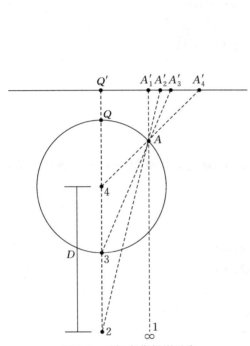

图 5-6 透视方位投影示意

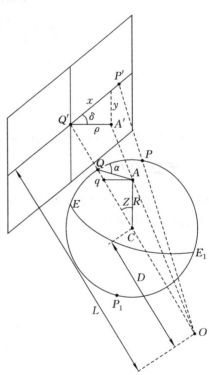

图 5-7 透视方位投影基本参数

由三角形 $Q'A'O$ 及三角形 qAO 相似有

$$\frac{Q'A'}{qA} = \frac{Q'O}{qO}$$

式中，$Q'A' = \rho$，$qA = R\sin Z$，$Q'O = QO = R + D = L$，$qO = R\cos Z + D$。将这些公式代入上式可得极坐标向径 ρ，即

$$\rho = \frac{LR\sin Z}{D + R\cos Z} \tag{5-19}$$

由此可得投影直角坐标公式，即

$$\left.\begin{aligned}x &= \rho\cos\delta = \frac{LR\sin Z\cos\alpha}{D + R\cos Z} \\ y &= \rho\sin\delta = \frac{LR\sin Z\sin\alpha}{D + R\cos Z}\end{aligned}\right\} \tag{5-20}$$

将式(3-8)、式(3-9)、式(3-10)代入式(5-20)，并令 Q 点的经度 $\lambda_0 = 0°$，则

$$
\left.\begin{aligned}
x &= \frac{LR(\sin\varphi\cos\varphi_0 - \cos\varphi\sin\varphi_0\cos\lambda)}{D + R(\sin\varphi\sin\varphi_0 + \cos\varphi\cos\varphi_0\cos\lambda)} \\
y &= \frac{LR\cos\varphi\sin\lambda}{D + R(\sin\varphi\sin\varphi_0 + \cos\varphi\cos\varphi_0\cos\lambda)}
\end{aligned}\right\}
\tag{5-21}
$$

根据透视关系及长度比定义,推导垂直圈长度比 μ_1 与等高圈长度比 μ_2,以及面积比 P 和最大角度变形 ω,可得

$$
\left.\begin{aligned}
\mu_1 &= \frac{\mathrm{d}\rho}{R\,\mathrm{d}Z} = \frac{L(D\cos Z + R)}{(D + R\cos Z)^2} \\
\mu_2 &= \frac{\rho\,\mathrm{d}\delta}{R\sin Z\,\mathrm{d}\alpha} = \frac{L}{D + R\cos Z} \\
P &= \mu_1\mu_2 = \frac{L^2(D\cos Z + R)}{(D + R\cos Z)^3} \\
\sin\frac{\omega}{2} &= \frac{a - b}{a + b}
\end{aligned}\right\}
\tag{5-22}
$$

式中,$a = \max(\mu_1, \mu_2)$,$b = \min(\mu_1, \mu_2)$。

一、球心方位投影

球心方位投影的视点位于地球中心。根据定义,球心方位投影中 $D = 0$,则 $L = R$,代入式(5-1)、式(5-19)、式(5-20)、式(5-22),可得

$$
\left.\begin{aligned}
\delta &= \alpha \\
\rho &= R\tan Z \\
x &= R\tan Z\cos\alpha \\
y &= R\tan Z\sin\alpha \\
\mu_1 &= \sec^2 Z \\
\mu_2 &= \sec Z \\
P &= \sec^3 Z \\
\sin\frac{\omega}{2} &= \tan^2\frac{Z}{2}
\end{aligned}\right\}
\tag{5-23}
$$

式(5-23)中的直角坐标公式如以经纬度表示,则由式(5-21)得

$$
\left.\begin{aligned}
x &= \frac{R(\sin\varphi\cos\varphi_0 - \cos\varphi\sin\varphi_0\cos\lambda)}{\sin\varphi\sin\varphi_0 + \cos\varphi\cos\varphi_0\cos\lambda} \\
y &= \frac{R\cos\varphi\sin\lambda}{\sin\varphi\sin\varphi_0 + \cos\varphi\cos\varphi_0\cos\lambda}
\end{aligned}\right\}
\tag{5-24}
$$

球心方位投影具有它独特的性质,就是地面上任何大圆在此投影中的表象为直线。这是因为任何大圆面都包含着圆心(即视点),因此大圆面延伸面与投影面相交成直线,此直线就是大圆的投影。从式(5-24)中可以通过分别消去 φ 和 λ 求得经纬线方程而证实这一特点。

经线方程为

$$
y\cot\lambda + x\sin\varphi_0 = R\cos\varphi_0
$$

式中,φ_0 为投影中心的纬度。上式是交于一点的直线方程,交点坐标为 $x = R\cot\varphi_0$、$y = 0$。当为正轴投影时,$\varphi_0 = 90°$,则

$$\frac{x}{y} = -\cot\lambda$$

表示经线为交于原点的辐射直线。

当为横轴投影时，$\varphi_0 = 0°$，则

$$y = R\tan\lambda$$

表示经线为平行直线，离中央经线愈远，间隔距离愈大。

纬线方程为

$$(\sin^2\varphi_0 - \cos^2\varphi_0\cot^2\varphi)x^2 - (2R\sin\varphi_0\cos\varphi_0\csc^2\varphi)x + y^2 = R^2(\sin^2\varphi_0\cot^2\varphi - \cos^2\varphi_0)$$

上式是二次曲线方程，应用判别二次曲线的解析方法，可以证明纬线投影形状为：当 $\varphi > 90° - \varphi_0$ 时，纬线投影为椭圆；当 $\varphi = 90° - \varphi_0$ 时，纬线投影为抛物线；当 $\varphi < 90° - \varphi_0$ 时，纬线投影为双曲线；当 $\varphi = 0°$ 时，赤道投影为直线。

正、横、斜轴球心方位投影的经纬网形状如图 5-8、图 5-9、图 5-10 所示。

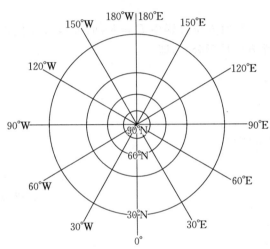

图 5-8　正轴球心方位投影的经纬网形状

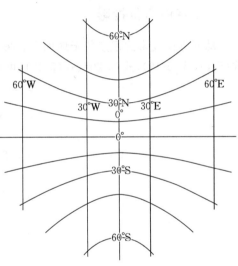

图 5-9　横轴球心方位投影的经纬网形状

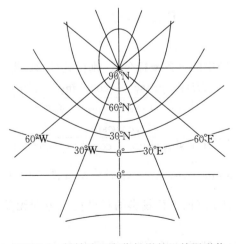

图 5-10　斜轴球心方位投影的经纬网形状

表 5-4 列出了球心方位投影的变形情况。

表 5-4　球心方位投影的变形情况

$Z/(°)$	μ_1	μ_2	P	ω
0	1.000	1.000	1.000	$0°00'$
15	1.072	1.035	1.110	$1°59'$
30	1.333	1.155	1.540	$8°14'$
45	2.000	1.414	2.828	$19°45'$
60	4.000	2.000	8.000	$38°57'$
75	14.928	3.864	57.678	$72°09'$
90	∞	∞	∞	$180°00'$

从投影变形来看,球心方位投影变形是比较大的,只有在投影中心点变形稍小,在其他处变形很大,属于任意性质投影。

二、球面方位投影

球面方位投影的视点位于地面上。根据定义,球面方位投影中 $D=R$,而 $L=2R$,代入式(5-1)、式(5-19)、式(5-20)、式(5-22),可得球面方位投影公式,即

$$\left.\begin{aligned}
\delta &= \alpha \\
\rho &= 2R\tan\frac{Z}{2} \\
x &= 2R\tan\frac{Z}{2}\cos\alpha \\
y &= 2R\tan\frac{Z}{2}\sin\alpha \\
\mu_1 &= \sec^2\frac{Z}{2} \\
\mu_2 &= \sec^2\frac{Z}{2} \\
P &= \sec^4\frac{Z}{2} \\
\omega &= 0
\end{aligned}\right\} \tag{5-25}$$

如以经纬度表示式(5-25)中的直角坐标公式,则由式(5-21)得

$$\left.\begin{aligned}
x &= \frac{2R(\sin\varphi\cos\varphi_0 - \cos\varphi\sin\varphi_0\cos\lambda)}{1 + \sin\varphi\sin\varphi_0 + \cos\varphi\cos\varphi_0\cos\lambda} \\
y &= \frac{2R\cos\varphi\sin\lambda}{1 + \sin\varphi\sin\varphi_0 + \cos\varphi\cos\varphi_0\cos\lambda}
\end{aligned}\right\} \tag{5-26}$$

由式(5-25)可知, $\rho = 2R\tan\frac{Z}{2}$, $\mu_1 = \mu_2 = \sec^2\frac{Z}{2}$,与式(5-9)比较可知,这就是等角方位投影的公式。同时,该公式证明了球面方位投影的长度比与方向无关,没有角度变形,所以它是一种等角方位投影。

球面方位投影也具有它独特的性质,就是地面上无论大圆或小圆在投影中的表象仍为一个圆。

如图 5-11 所示,设 QP_2P_1 为球面上的一个三角形,Q 为投影中心,P_1 为固定点,以 P_1 为圆心、大圆弧段 P_1P_2 为半径画一个圆,求证其投影 P_2' 的轨迹也为一个圆。

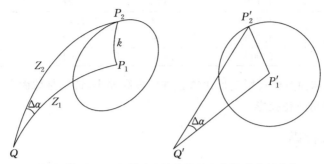

图 5-11 地面上的小圆及其在球面方位投影中的表象

由球面三角公式可写出

$$\cos Z_1 \cos Z_2 + \sin Z_1 \sin Z_2 \cos \Delta \alpha = \cos k \tag{5-27}$$

设 $\cos Z_1 = C_1, \sin Z_1 = S_1, \cos k = C$,则式(5-27)成

$$C_1 \cos Z_2 + S_1 \sin Z_2 \cos \Delta \alpha = C$$

或写成

$$C_1 \left(\cos^2 \frac{Z_2}{2} - \sin^2 \frac{Z_2}{2} \right) + 2S_1 \sin \frac{Z_2}{2} \cos \frac{Z_2}{2} \cos \Delta \alpha = C$$

在投影面上则有

$$Q'P_2' = \rho_2 = 2R \tan \frac{Z_2}{2}$$

或

$$\tan \frac{Z_2}{2} = \frac{\rho^2}{2R}$$

代入上式,得

$$C_1 \left(1 - \frac{\rho_2^2}{4R^2} \right) + S_1 \frac{\rho^2}{R} \cos \Delta \alpha = C \left(1 + \frac{\rho_2^2}{4R^2} \right)$$

整理后得

$$\left(\frac{C_1 + C}{4R^2} \right) \rho_2^2 - \frac{S_1}{R} \rho_2 \cos \Delta \alpha - (C_1 - C) = 0 \tag{5-28}$$

式(5-28)就是以极坐标表示的圆的标准方程式,故证明了球面上任意圆投影后仍旧为圆。

由此可知,在球面方位投影中,经纬线表象一般为正交的圆弧,在特殊情况下为直线,即半径为无穷大的圆。

表 5-5 列出了球面方位投影的变形情况。

表 5-5 球面方位投影的变形情况

$Z/(°)$	μ_1	μ_2	P	ω
0	1.000	1.000	1.000	$0°00'$
15	1.017	1.017	1.035	$0°00'$
30	1.072	1.072	1.149	$0°00'$

$Z/(°)$	μ_1	μ_2	P	ω
45	1.172	1.172	1.373	$0°00'$
60	1.333	1.333	1.778	$0°00'$
75	1.589	1.589	2.524	$0°00'$
90	2.000	2.000	4.000	$0°00'$

由表 5-5 看出,球面方位投影变形比球心方位投影要小,特别是球面方位投影没有角度变形,故这种投影为等角方位投影。

三、正射方位投影

正射方位投影的视点在无穷远处。根据定义,正射方位投影中 $D=\infty$,投影光线是相互平行的直线,并垂直于投影平面。以 $D=L=\infty$ 代入式(5-1)、式(5-19)、式(5-20)、式(5-22),可得正射方位投影公式,即

$$\left.\begin{array}{l}\delta=\alpha\\ \rho=R\sin Z\\ x=R\sin Z\cos\alpha\\ y=R\sin Z\sin\alpha\\ \mu_1=\cos Z\\ \mu_2=1\\ P=\mu_1\mu_2=\cos Z\\ \sin\frac{\omega}{2}=\frac{a-b}{a+b}=\tan^2\frac{Z}{2}\end{array}\right\} \quad (5\text{-}29)$$

如以经纬度表示式(5-29)中的直角坐标,则由式(5-21)得

$$\left.\begin{array}{l}x=R(\sin\varphi\cos\varphi_0-\cos\varphi\sin\varphi_0\cos\lambda)\\ y=R\cos\varphi\sin\lambda\end{array}\right\} \quad (5\text{-}30)$$

正射方位投影中,经纬线投影后一般为椭圆(即在斜轴时),特殊情况下为圆或直线。可以求出经纬线方程来证明。由式(5-30)消去 φ,得经线方程为

$$x^2\sin^2\lambda+2xy\sin\varphi_0\sin\lambda\cos\lambda+y^2(\cos^2\varphi_0+\sin^2\varphi_0\cos^2\lambda)-R^2\sin^2\lambda\cos^2\varphi_0=0 \quad (5\text{-}31)$$

式(5-31)相当于二次曲线方程 $Ax^2+2Bxy+Cy^2+D=0$,不难证明,式中 $AC-B^2>0$,这就是椭圆方程,所以经线投影为椭圆。

同理,消去 λ 后,得纬线方程,即

$$\frac{(x-R\cos\varphi_0\sin\varphi)^2}{(R\sin\varphi_0\cos\varphi)^2}+\frac{y^2}{(R\cos\varphi)^2}=1 \quad (5\text{-}32)$$

式(5-32)也是椭圆方程,所以纬线投影也是椭圆。

由式(5-31)、式(5-32)可以求得正轴或横轴的经纬线形状。

当为正轴投影时,$\varphi_0=90°$,经线方程为

$$\frac{x}{y}=-\tan\lambda$$

纬线方程为

$$x^2 + y^2 = (R\cos\varphi)^2$$

此两式证明,经线为交于一点的辐射直线,纬线为同心圆。

当为横轴投影时,$\varphi_0 = 0°$,经线方程为

$$\left(\frac{x}{R}\right)^2 + \left(\frac{y}{R\sin\lambda}\right)^2 = 1$$

纬线方程为

$$x = R\sin\varphi$$

此两式证明,经线为椭圆(在 $\lambda = 90°$ 时为圆),纬线为平行直线。

表 5-6 列出了正射方位投影的变形情况。

表 5-6　正射方位投影的变形情况

$Z/(°)$	μ_1	μ_2	P	ω
0	1.000	1.000	1.000	$0°00'$
15	0.966	1.000	0.966	$1°59'$
30	0.866	1.000	0.866	$8°14'$
45	0.707	1.000	0.707	$19°46'$
60	0.500	1.000	0.500	$38°57'$
75	0.259	1.000	0.259	$72°09'$
90	0.000	1.000	0.000	$180°00'$

由表 5-6 看出,正射方位投影等高圈没有长度变形,垂直圈长度比和面积比都小于1,角度变形随 Z 值增大而增大,故属于任意性质投影。

§5-6　其他方位投影与新方位投影探求法

方位投影是一个重要的投影类型,在地图投影的发展过程中,它是类型最多的投影之一,在小比例尺地图中应用得较广泛。以天顶距 $Z = 90°$ 计算常见几种方位投影的变形(即半球边缘的变形),如表 5-7 所示。

表 5-7　天顶距 $Z = 90°$ 时的投影变形

投影名称	天顶距 $Z = 90°$ 时的投影变形值	
	P	ω
球心方位投影	∞	$180°00'$
等角方位投影	4.00	$0°00'$
等距离方位投影	1.57	$25°40'$
等面积方位投影	1.00	$38°57'$
正射方位投影	0.00	$180°00'$

由表 5-7 可以看出,介于表内 5 项之间可以有许多中间性质的投影,属某一种任意性质投影。下面介绍一些主要的方法。

一、方位投影的一种概括形式

设地球球体半径 $R = 1$,极坐标之一的向径取两种形式,即

$$\rho = K \sin \frac{Z}{K} \tag{5-33a}$$

$$\rho = K \tan \frac{Z}{K} \tag{5-33b}$$

至于方位角 α,在所有方位投影中都是相同的,即 $\delta = \alpha$。

在 K 取不同值时,投影具有不同的性质。对于第一种来说:当 $K = 1$ 时,为正射方位投影;当 $K = 2$ 时,为等面积方位投影。对于第二种来说:当 $K = 1$ 时,为球心方位投影;当 $K = 2$ 时,为球面方位投影。对于这两种投影,当 $K = \infty$ 时,都为等距离方位投影。

这就是说,在 $K = 1$ 至 ∞ 之间,可以得到一些新投影。第一种新投影的性质介于正射投影与等距离方位投影之间,第二种新投影的性质介于球心与等距离之间。

二、勃罗辛方位投影

勃罗辛方位投影是一种派生的投影,其向径为等面积与等角方位投影向径的几何平均值,即

$$\rho = 2K \sqrt{\sin \frac{Z}{2} \tan \frac{Z}{2}} \tag{5-34}$$

实际上这个投影的变形性质是介于等距离与等角方位投影之间。例如,在 $Z = 90°$ 时,$P = 2.1, \omega = 16°24'$(与表 5-7 比较)。

三、双重方位投影

双重方位投影是在地球球面与投影平面之间增加一个过渡的辅助球面,辅助球半径为地球半径的 K 倍,即为 KR,K 为正实数,并指定地球面、辅助球面和投影平面三者在投影中心点相切。

双重方位投影的实质是用某一种方位投影把地球面投影到另外一个辅助球面上,再用相同或不同的方法将辅助球面投影到平面上。地球面在辅助球面上的描写与辅助球面在平面上的描写各自独立进行,因此第一次投影与第二次投影可以采用相同的投影方法也可用不同的投影方法。若两次投影都用等角条件投影,最后得到的仍然是等角方位投影。同样,若两次投影都用等面积条件投影或等距离条件投影,最后得到的仍然是等面积方位投影或等距离方位投影。如欲获得新的有价值的双重方位投影,则前后两次投影应采取不同方法。

双重方位投影的目的在于改变投影半径 ρ,寻求更多新的方位投影,并能改变投影变形大小,从中找到最合适的方位投影。本节重点讨论等距离透视双重方位投影。

在图 5-12 中,地球球体半径为 R,辅助球体半径为 KR,两球共切于投影面 Q 点,地球面上点 A 以等距离投影表示到辅助球面上,即 A'。

由此可得垂直圈长度比为

$$\frac{KR \, dZ_1}{R \, dZ} = 1$$

即

$$dZ_1 = \frac{1}{K} dZ$$

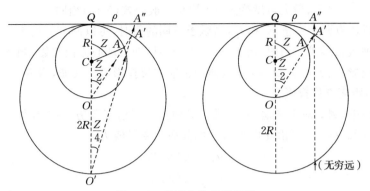

图 5-12　双重方位投影示意

积分后得

$$Z_1 = \frac{Z}{K} + C$$

当 $Z = 0°$ 时，$Z_1 = 0°$，故

$$Z_1 = \frac{Z}{K}$$

与透视方位投影一样，视点位于垂直于投影中心点为 Q 的球体直径或其延长线上（如 O'），令 O' 到辅助球心距离为 D，则由图 5-7 的类似方法有

$$\frac{QA''}{QO'} = \frac{qA'}{qO'}$$

因 $QA'' = \rho$，$QO' = D + KR$，$qA' = KR\sin\frac{Z}{K}$，$qO' = D + KR\cos\frac{Z}{K}$，故代入上式得

$$\rho = \frac{KR(D+KR)\sin\dfrac{Z}{K}}{D + KR\cos\dfrac{Z}{K}}$$

令 $\beta = D/KR$，则

$$\rho = \frac{KR(\beta+1)\sin\dfrac{Z}{K}}{\beta + \cos\dfrac{Z}{K}} \tag{5-35}$$

显然方位投影的另一个极坐标——极角 δ 与所有方位投影相同，即 $\delta = \alpha$，故不需要讨论。把式(5-35)代入式(5-6)，可求得长度比公式，即

$$\left.\begin{aligned}\mu_1 &= \frac{(1+\beta)\left(1+\beta\cos\dfrac{Z}{K}\right)}{\left(\beta+\cos\dfrac{Z}{K}\right)^2} \\[4mm] \mu_2 &= \frac{K(1+\beta)\sin\dfrac{Z}{K}}{\left(\beta+\cos\dfrac{Z}{K}\right)\sin Z}\end{aligned}\right\} \tag{5-36}$$

其他公式(面积比 P、最大角度变形 ω)均与一般公式(5-16)相同。

这种方位投影有两个变量 K 和 D,当赋予不同的值时,可以调节 ρ 的大小,这就使它成为方位投影的一种概括形式。例如,当 $K=1$、$D=0$ 时,即为球心方位投影;当 $K=1$、$D=R$ 时,即为球面方位投影;当 $K=1$、$D=\infty$ 时,即为正射方位投影等。又如,当 $K=\infty$ 时,不论 D 为何值,均成为等距离方位投影。

在实际应用中,例如对中国地图,曾采用等距离—正射双重方位投影设计一种制图方案。其中 $K=2.918\,92$,$D=\infty$,由此所得边缘部分最大变形值为

$$\mu_1 = 0.987\,0$$
$$\mu_2 = 1.033\,5$$
$$P = 1.020\,0$$
$$\omega = 2°38'$$

四、探求方位投影的图解解析法

方位投影图解解析法的基本思想是通过设计一条向径曲线或任何一种变形(长度、面积或角度)变化曲线,反求投影具体表达式。它意味着预先规定变形分布,对于设计方位投影具有主动的意义,而图解形式则对变形分布具有直观的作用。

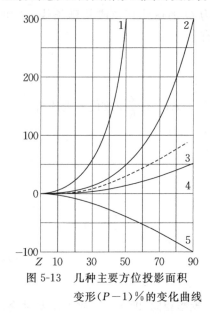

图 5-13 几种主要方位投影面积
变形$(P-1)$‰的变化曲线

方位投影图解解析法的实质是对于各种典型方位投影(如表 5-7)预先按一定天顶距 Z 值(如 10°)计算和绘制它们的投影向径 ρ、长度变形(μ_1-1)‰ 和(μ_2-1)‰、面积变形$(P-1)$‰ 及最大角度变形 ω 的变化曲线。例如,图 5-13 是各种方位投影面积变形 $(P-1)$‰ 的变化曲线。

这样可根据对投影变形的要求设计一条投影向径为 ρ 的曲线(或长度变形曲线、面积变形曲线、最大角度变形曲线),其代表一种新的方位投影,如图 5-13 中的虚线。

因为方位投影中无论 ρ、μ_1、μ_2、P 或 ω 都只是 Z 的函数,所以可以写成

$$\rho = a_1 Z + a_2 Z^2 + a_3 Z^3 + \cdots \tag{5-37}$$

垂直圈长度比为

$$\mu_1 = \frac{\mathrm{d}\rho}{\mathrm{d}Z} = a_1 + 2a_2 Z + 3a_3 Z^2 + \cdots \tag{5-38}$$

等高圈长度比为

$$\left.\begin{array}{r}\mu_2 = \dfrac{\rho}{\sin Z} \\[2mm] \rho = \mu_2 \sin Z \end{array}\right\} \tag{5-39}$$

面积比为

$$P = \mu_1 \mu_2$$

将式(5-38)、式(5-39)代入,则可写成

$$\sin Z \cdot P = b_0 + b_1 Z + b_2 Z^2 + b_3 Z^3 + \cdots \tag{5-40}$$

式中，$b_0=0, b_1=a_1^2, b_2=3a_1a_2, b_3=4a_1a_2+2a_2^2$。

如果在设计的曲线上取若干点(一般 3～4 个点就足够了)的天顶距值 Z 及其对应的 P 值，就可以建立一组线性联立方程，从而解出系数 $a_1, a_2, a_3, \cdots$，进而求出 ρ 的具体公式(天顶距 Z 的多项式)。

下面以指定面积变形分布法为例进行说明。指定中华人民共和国的投影中心 $\varphi_0 = +30°$、$\lambda_0 = +105°$，离中心天顶距 $Z=14°$ 处面积变形为零，大陆边缘 $Z=30°$ 处最大不超过 2%，另外 $Z=9°$ 处为 1%。

按式(5-40)建立方程组，即

$$0.155\,65 = 0.157\,08b_1 + 0.024\,67b_2 + 0.003\,88b_3$$
$$0.241\,92 = 0.244\,35b_1 + 0.059\,71b_2 + 0.014\,59b_3$$
$$0.510\,00 = 0.523\,60b_1 + 0.274\,16b_2 + 0.143\,55b_3$$

由此解出

$$b_1 = +0.987\,42, b_2 = +0.042\,57, b_3 = -0.130\,39$$

再按式(5-40)解出

$$a_1 = +0.993\,69, a_2 = +0.014\,28, a_3 = -0.032\,90$$

代入式(5-39)，得

$$\rho = 0.993\,69Z + 0.014\,28Z^2 - 0.032\,90Z^3$$

由此计算本投影中面积比，如表 5-8 所示。

表 5-8　投影中的面积比

$Z/(°)$	0	5	10	15	20	25	30
P	0.991	0.991	0.996	1.001	1.007	1.013	1.020

由表 5-8 可见，面积变形分布与原设计相符合。

§5-7　方位投影变形的分析及其应用

由方位投影的长度比公式可以看出，在正轴投影中，m、n 仅是纬度 φ 的函数，在斜轴或横轴投影中，沿垂直圈或等高圈的长度比 μ_1、μ_2 仅是天顶距 Z 的函数，因此等变形线成为圆形，即在正轴中与纬线圈一致，在斜轴或横轴中与等高圈一致(图 5-14)。由于这个特点，就制图区域形状而言，方位投影适用于具有圆形轮廓的地区。就制图区域地理位置而言，两极地区适宜用正轴方位投影(图 5-15)，赤道附近地区适宜用横轴投影，其他地区适宜用斜轴投影。

由图 5-14 可以看出方位投影中变形的增长方向。在切方位投影中，切点 Q 上没有变形，其变形随着远离 Q 点而增大。在割方位投影中，在所割小圆上 $\mu_2=1$，角度变形与"切"的情况一样，其他变形(垂直圈长度变形与面积变形)则自所割小圆向内和向外增大。

因为各种方位投影具有不同的特点，故有不同的用途。

由于等角方位投影具有等角性质及投影后仍保持为圆形的特征，所以在实用上有一定价值。在欧洲，有些国家曾用它作为大比例尺地图的数学基础。美国采用的通用极球面投影(universal polar stereographic projection, UPS)实质上就是正轴等角割方位投影。它指定极点长度比为 0.994,用来编制两极地区的地图。我国设计的全球百万分之一分幅地图的数学基础中,在纬度 $\varphi = +84°$ 和 $\varphi = -80°$ 以上采用等角方位投影,并在 $\varphi = +84°$ 及 $\varphi = -80°$ 处与等角圆锥投影相衔接。此外,等角方位投影格网在工程和科研方面可用以解算球面三角问题。

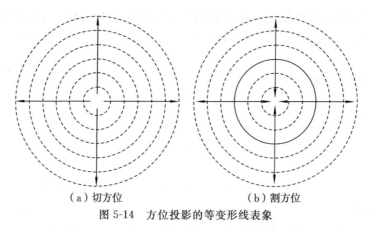

（a）切方位　　　　　　　　　（b）割方位

图 5-14　方位投影的等变形线表象

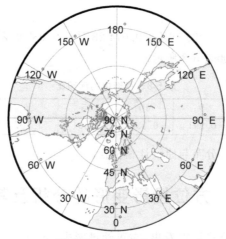

图 5-15　正轴方位投影

在广大地区的小比例尺制图中,特别是东西半球图,等面积方位投影应用得很多。许多世界地图集中,为表示东、西半球采用横轴等面积方位投影,通常东半球的投影中心取 $\varphi_0 = 0°$、$\lambda_0 = 70°E$,西半球的取 $\varphi_0 = 0°$、$\lambda_0 = 110°W$。水陆半球图采用斜轴等面积方位投影,投影中心取在 $\varphi_0 = \pm 45°$、$\lambda_0 = 0°$ 及 $180°$ 处。

各大洲图常采用斜轴等面积方位投影。其投影中心常取位置为:亚洲图,$\varphi_0 = 40°N$,$\lambda_0 = 90°E$;欧洲图,$\varphi_0 = 52°30'N$,$\lambda_0 = 20°E$;非洲图,$\varphi_0 = 0°$,$\lambda_0 = 20°E$;北美洲图,$\varphi_0 = 45°N$,$\lambda_0 = 100°W$;南美洲图,$\varphi_0 = 20°S$,$\lambda_0 = 60°W$。

对于中国地图,也有斜轴等面积方位投影方案,其投影中心取 $\varphi_0 = 30°N$、$\lambda_0 = 105°E$。 配置如图 5-16 所示,图中同心圆表示最大角度等变形线。

等距离方位投影也是应用得比较广泛的一种投影,大多数世界地图集中的南北极图采用正轴等距离方位投影。横轴投影用来编制东西半球图,斜轴投影在制图实践中也应用得很多,如东南亚地区($\varphi_0 = 27°30'N$、$\lambda_0 = 105°E$)及中华人民共和国挂图都采用过这种投影。

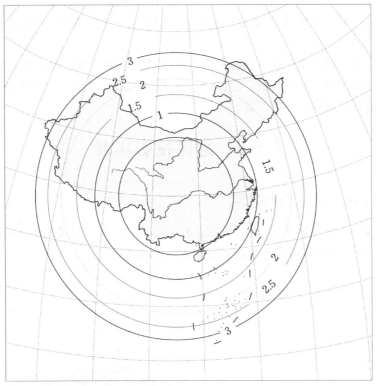

图 5-16　斜轴等面积方位投影等变形线

对于特殊需要,可以编制以特定点为中心的斜轴等距离方位投影,从此点向任何地点的方位角与距离都正确,如航空中心站、地震观测中心、气象站等都需要这类地图。图 5-17 是以北京为中心的斜轴等距离方位投影经纬网略图。

在透视投影的应用中,正射方位投影一般很少用于地图编制(当然任何小块地区的平面图都可视为正射方位投影)。在这种投影中,视点位于无穷远处,而人类自地球观察天体的情况恰与此相似,故正射方位投影常用以编制星球图,如月球图及其他行星图。斜轴正射方位投影富有球状感,常用于制图作品的装饰。

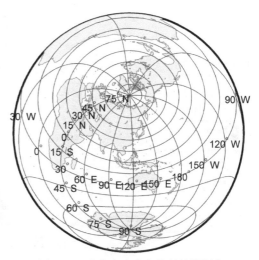

图 5-17　以北京为中心的斜轴等距离方位投影经纬网略图

球心方位投影中,任何大圆投影后成为直线,可利用这一特点编制航空图或航海图。在这种图上,可用图解法求定航线上起止两点间的大圆航线(最短距离,也称大环航线)

位置。就是在地图上找到两点后，用直线连接，即为大圆弧的投影。该直线与诸经纬线的交点即为大圆航线应通过之点。把这些点转绘到其他投影的地图上（如墨卡托投影），以光滑曲线连接，这条线就是大圆航线在这种图上的投影。由于球心方位投影离中心愈远变形增大愈快，且不可能表示半球，故实践中常备有正轴、横轴、斜轴几套经纬线格网以供使用。

外心方位投影在制作富有立体感的宣传图中应用得较多。随着航天技术的发展，卫星像片的获取及其在制图中的应用日益广泛，外心方位投影基本公式成为空间透视投影的基础，在研究空间像片的数学模式中得到了新的运用。

§5-8 地图投影实践

一、基于 Geocart 的方位投影

点击【File】→【New】，然后点击【Map】→【New】，再点击【Projection】→【Change Projections…】，选择方位投影中的等距离方位投影（zenithal equidistant），如图 5-18 所示。

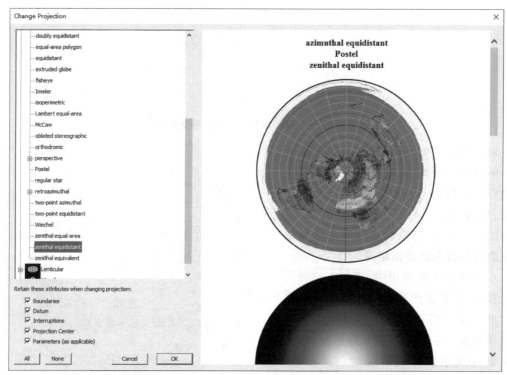

图 5-18 Change Projection 界面

得到投影中心在赤道上的等距离方位投影表象，显示结果如图 5-19 所示。

点击【Projection】→【Projection Center】，从 Aspect 中选择投影中心，也可以从右上角框中自定义（如斜轴投影）。如图 5-20 所示，从 Aspect 中选择 Polar，为正轴方位投影。

运行得到等距离方位投影表象，显示结果如图 5-21 所示。

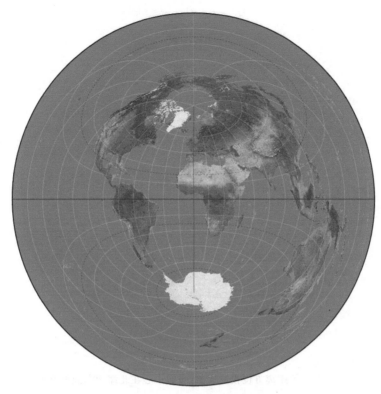

图 5-19　等距离方位投影表象(投影中心在 0°、0°)

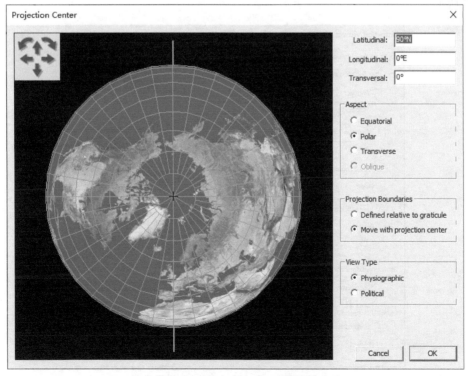

图 5-20　Projection Center 界面

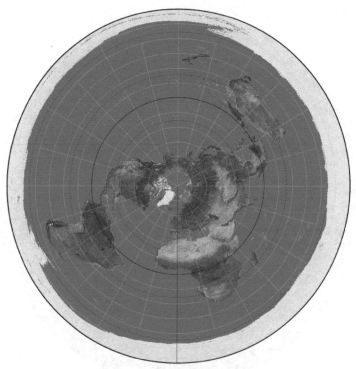

图 5-21 等距离方位投影表象(投影中心在北纬 90°、经度 0°)

研究变形情况可以点击【Map】→【Tissot Indicatrices】和【Distortion Visualization...】,如图 5-22 所示。

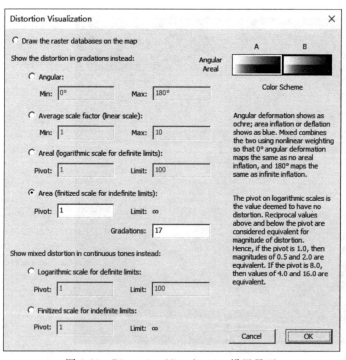

图 5-22 Distortion Visualization 设置界面

经过以上步骤后,可以得到变形椭圆和等变形线(加了渐变色)。为了显示变形信息的多样化,还可以增加信息显示的工具,显示的结果如图 5-23 所示。

图 5-23　等距离方位投影变形分析

按照类似方法可以做出各种方位投影(不同轴向)的表象和变形。

二、基于 MATLAB 的方位投影

针对等角方位投影,在 MATLAB 中建立 m 文件,然后键入如下代码:

```
landareas = shaperead('landareas.shp','UseGeoCoords',true);
axesm ('stereo', 'Frame', 'on', 'Grid', 'on','Origin',[90,0,0],'ParallelLabel','on','MeridianLabel','on',
'MLabelParallel','equator');
geoshow(landareas,'FaceColor',[1 1 .5],'EdgeColor',[.6 .6 .6]);
mdistort('area');
tissot;
```

运行结果如图 5-24 所示,图中是正轴等角方位投影的表象,也显示了该投影的等变形线,即图中标有 2、10、20、50、100、200 等数字的线。

在该投影实现过程中,代码很短,核心的函数有绘制函数 axesm、表示变形的等变形线函数 mdistort、变形椭圆函数 tissot 和指定位置的数值变形分析函数 distortcalc,下面分别进行介绍。

1. axesm 函数

axesm 函数除了能选择投影方式,还可以设定投影参数。这些参数用于控制地图投影的范围、方向、变形分布等属性。常用投影参数主要如下:

(1)MapLatLimit,设置地图显示的纬度范围,有些地图纬度显示可以达到[−90°,90°],但对于某些投影,如圆锥投影,就不可能实现全纬度显示。

(2)MapLonLimit,设置地图显示的经线范围,多数投影显示范围可以达到[−180°,180°],而对于某些投影,如方位投影,只能显示经差 180°的范围。

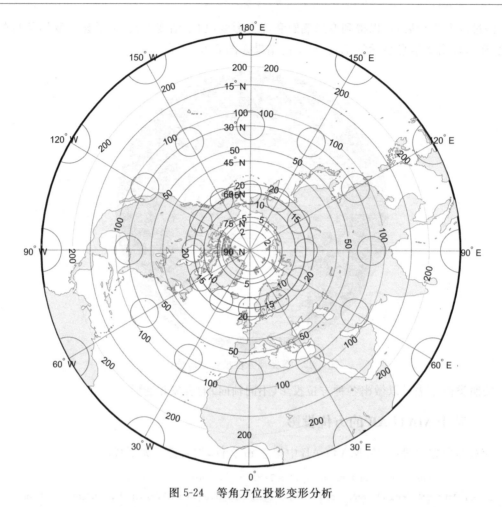

图 5-24　等角方位投影变形分析

（3）MapParallels，设置圆锥投影的标准纬线。以下命令可以查看该投影是否有标准纬线，以及有几条：

```
h = axesm('mercator');
getm(h,'nparallels')
```

其中，nparallels 表示投影可设置的标准纬线数量，其只对 nparallels 值为 1 或 2 的投影有效，为 0 的投影无标准纬线。

（4）Origin，为一个三维向量[latitude longitude orientation]，latitude 和 longitude 控制投影中心经纬度，orientation 控制投影斜轴旋转。

（5）Frame，控制地图边框的开关。

（6）FedgeColor，控制地图边框的边线颜色。

（7）FaceColor，控制地图边框的填充色。

（8）Grid，控制地图网格（经纬线）的开关。

（9）Gcolor，控制地图网格的颜色。

（10）MeridianLabel/ParallelLabel，控制经度/纬度注记的开关。

（11）MlabelLocation/ParallelLocation，控制经度/纬度注记间隔。

2. mdistort 函数

（1）mdistort（不带输入参数）可在当前地图上显示由投影引起的变形线。失真的大小以百分比表示。

（2）mdistort off 用于删除轮廓。

（3）mdistort parameter 显示指定参数的失真轮廓，如表 5-9 所示。

表 5-9　mdistort parameter 含义

参数	值
'area'	面积比
'angles'	直角的最大角度变形
'scale'或 'maxscale'	长度变形或最大长度比（默认）
'minscale'	最小长度比
'parscale'	沿平行圈长度比
'merscale'	沿子午圈长度比
'scaleratio'	最大和最小比例之比

（4）mdistort（parameter，levels）指定绘制等变形线的间距级别。levels 是所使用的值，如果为空，则使用默认级别。

（5）mdistort（parameter，levels，gsize）控制用于计算等变形线的基础刻度矩阵的大小。gsize 是包含行数和列数的两元素向量。如果省略，[50,100] 则假定默认的 Mapping Toolbox 刻度大小。

3. tissot 函数

（1）tissot 用于绘制默认的变形椭圆环，并可以返回变形椭圆的句柄。

（2）tissot（spec）是按照定制条件绘制变形椭圆，可以返回一个句柄。

（3）tissot（spec，linestyle），除了定制条件外，还可以定义变形椭圆的线型参数。

（4）tissot（linestyle）用于定义变形椭圆的线型参数。

参数 spec 有几种形式：spec＝[Radius]、spec＝[Latint，Longint]、spec＝[Latint，Longint，Radius]、spec＝[Latint，Longint，Radius，Points]。其中，Radius 指定变形椭圆的半径，如果输入，则其单位应与地球椭球体一致，默认半径是球体半径的 1/10；Latint 指定变形椭圆之间的纬度间隔，如果输入，单位为地图上的角度单位，默认值为每 30°（即 0°、±30°等）一个圆圈；Longint 指定变形椭圆之间的经度间隔，如果输入，单位为地图上的角度单位，默认值为每 30°（即 0°、±30°等）一个圆圈；Points 是每个圆的绘图点数，默认值为 100 点。

按照这些规则，在前面代码的基础上稍微改动参数，如投影类型、投影中心等，就可以完成方位投影按照变形性质和轴向的投影表象展示与变形分析。下面以等面积方位投影为例，设投影类型为 eqaazim，投影中心为 Origin ＝（30，120），简洁起见，投影变形只表示变形椭圆，输入下面代码：

```
landareas = shaperead('landareas.shp','UseGeoCoords',true);
axesm ('eqaazim', 'Frame', 'on', 'Grid', 'on','Origin',[30,120,0],'ParallelLabel','on','MeridianLabel',
'on','MLabelParallel','equator');
geoshow(landareas,'FaceColor',[1 1 .5],'EdgeColor',[.6 .6 .6]);
tissot;
```

执行结果如图 5-25 所示,其他的投影表象和变形可以按照此方法类推。

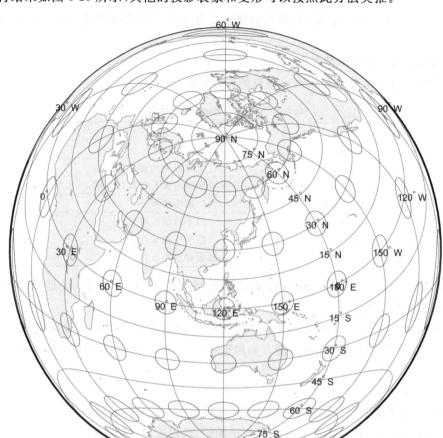

图 5-25　斜轴等面积方位投影表象和变形

通过图上的变形椭圆,可以看出变形的大小和方向。此外,还可以通过 distortcalc 函数准确研究某点的变形值。

4. distortcalc 函数

(1)areascale＝distortcalc(lat,long),计算当前地图投影在指定地理位置的区域变形。面积比为 1 表示没有比例失真。纬度和经度可以是标量地图投影角度单位中的标量、向量或矩阵。

(2)areascale＝distortcalc(mstruct,lat,long),使用地图结构中定义的投影 mstruct。

(3)[areascale,angdef,maxscale,minscale,merscale,parscale]＝distortcalc(…),计算面积比、最大角度变形、在任何方向上特定的最大和最小变形,以及沿子午圈和平行圈方向的特定比例。

用此函数可以计算得到本章表 5-1、表 5-2 和表 5-3。

本章习题

1. 建立方位投影一般公式的几何关系，并回答极坐标 $\delta = \alpha$ 的原因。

2. 掌握等角、等面积、等距离方位投影的建立条件和 ρ 的推导步骤。

3. 为什么等面积、等距离方位投影不可能采用割的方式？ 如果采用割的方式，这两种投影的变形椭圆在变形上有什么区别？

4. 透视方位投影中球面、球心、正射方位投影各有什么固有的特点？

5. 试推导双重方位投影中"球面—球面"投影的 ρ 的公式（设辅助球面半径为地球半径的 2 倍）。

6. 叙述正轴、斜轴、横轴切方位投影的变形特征及其等变形线的形状。

第六章　圆锥投影

§6-1　圆锥投影的一般公式及其分类

圆锥投影是以圆锥为投影面将地球投影在上面的一种方法。其几何原理为：假想用圆锥包裹着地球且与地球面相切(割)，将经纬网投影到圆锥面上，再将圆锥面展开为平面而成。圆锥面和地球椭球体相切时称为切圆锥投影(图 6-1)，圆锥面和地球椭球体相割时称为割圆锥投影。

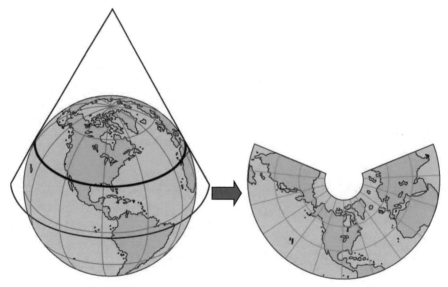

图 6-1　切圆锥投影

除了划分为切投影和割投影外，还可以按照圆锥投影与地球椭球体的相对位置和变形性质进行分类。

(1)正轴圆锥投影：圆锥轴与地球椭球体的旋转轴相一致，如图 6-2(a)所示。

(2)横轴圆锥投影：圆锥轴与地球椭球体的长轴相一致，如图 6-2(b)所示。

(3)斜轴圆锥投影：圆锥轴通过地球椭球体的中心，但不与地球椭球体的长轴或短轴相重合，如图 6-2(c)所示。

圆锥投影按变形性质可分为等角投影、等面积投影、等距离投影和任意投影，其中主要是等距离投影。

在制图实践中，一般多采用正轴圆锥投影。对于斜轴、横轴圆锥投影，由于计算时需经坐标换算，且投影后的经纬线形状均为复杂曲线，所以凡在地图上注明圆锥投影的，一般都是正轴圆锥投影。

圆锥投影中，纬线投影后为同心圆弧，经线投影后为相交于一点的直线束，且夹角与经差成正比。

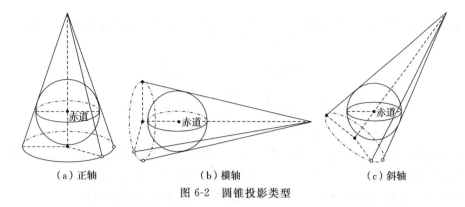

（a）正轴　　　　　　　　　（b）横轴　　　　　　　　　　（c）斜轴

图 6-2　圆锥投影类型

由图 6-3 可以写出投影极坐标公式，即

$$\left.\begin{array}{l} \rho = f(\varphi) \\ \delta = \alpha\lambda \end{array}\right\} \tag{6-1}$$

式中，ρ 为纬线投影半径；函数 $f(\varphi)$ 取决于投影的性质（等角、等面积或等距离投影），它仅随纬度的变化而变化；λ 是地球椭球体上两条经线的夹角；δ 是两条经线夹角在平面上的投影；α 的值与圆锥面的切割有关系，是小于 1 的常数，其数值是圆锥展开夹角和 $360°$ 的比值。$\alpha = 1$，圆锥面变为平面，此时得到方位投影；$\alpha = 0$，圆锥面变为圆柱面，此时得到圆柱投影。

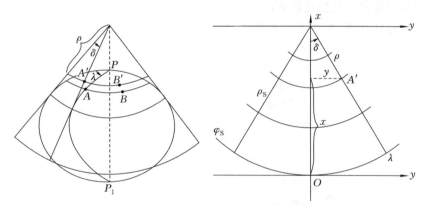

图 6-3　圆锥投影一般公式计算示意

建立直角坐标系，如图 6-3 所示，以中央经线 λ_0 为 x 轴，以投影区域中最低纬线 φ_S 与中央经线交点为原点，则圆锥投影直角坐标公式为

$$\left.\begin{array}{l} x = \rho_S - \rho\cos\delta \\ y = \rho\sin\delta \end{array}\right\} \tag{6-2}$$

式中，ρ_S 为制图区域最低纬线（φ_S）的投影半径，它在一个已决定的投影中是常数。

为求得变形值，需要求高斯系数，故对式（6-2）取偏导数，即

$$\frac{\partial x}{\partial \varphi} = \rho'_S - \rho'\cos\delta + \rho\sin\delta\,\frac{\partial \delta}{\partial \varphi}$$

$$\frac{\partial x}{\partial \lambda} = \rho\sin\delta\,\frac{\partial \delta}{\partial \lambda}$$

$$\frac{\partial y}{\partial \varphi} = \rho'\sin\delta + \rho\cos\delta\,\frac{\partial \delta}{\partial \varphi}$$

$$\frac{\partial y}{\partial \lambda} = \rho\cos\delta\,\frac{\partial \delta}{\partial \lambda}$$

在正轴圆锥投影中，ρ_s 为常数，$\rho'_s=0$，$\dfrac{\partial\delta}{\partial\varphi}=0$，$\dfrac{\partial\delta}{\partial\lambda}=\alpha$，代入高斯系数公式，求得

$$E=\left(\frac{\partial x}{\partial\varphi}\right)^2+\left(\frac{\partial y}{\partial\varphi}\right)^2=\left(\frac{\mathrm{d}\rho}{\mathrm{d}\varphi}\right)^2$$

$$G=\left(\frac{\partial x}{\partial\lambda}\right)^2+\left(\frac{\partial y}{\partial\lambda}\right)^2=\alpha^2\rho^2$$

$$F=0$$

在正轴圆锥投影中，由于经纬线投影后正交，故经纬线方向就是主方向。因此经纬线长度比也就是极值长度比，即 a、b 就是 m、n（其中数值大的为 a，数值小的为 b）。

将经纬线长度比、面积比和最大角度变形公式代入高斯系数公式，得

$$\left.\begin{aligned}
&m=-\frac{\mathrm{d}\rho}{M\mathrm{d}\varphi}\\[6pt]
&n=\frac{\alpha\rho}{r}\\[6pt]
&P=mn\\[6pt]
&\sin\frac{\omega}{2}=\frac{a-b}{a+b}\ \text{或}\ \tan\left(45°+\frac{\omega}{4}\right)=\sqrt{\frac{a}{b}}
\end{aligned}\right\}\qquad(6\text{-}3)$$

因此，圆锥投影的一般公式如下：

（1）对于椭球体来说，有

$$\left.\begin{aligned}
&\delta=\alpha\lambda\\[4pt]
&\rho=f(\varphi)\\[4pt]
&m=-\frac{\mathrm{d}\rho}{M\mathrm{d}\varphi}\\[6pt]
&n=\frac{\alpha\rho}{r}\\[6pt]
&x=\rho_s-\rho\cos\delta\\[4pt]
&y=\rho\sin\delta\\[4pt]
&P=mn\\[6pt]
&\sin\frac{\omega}{2}=\frac{a-b}{a+b}\ \text{或}\ \tan\left(45°+\frac{\omega}{4}\right)=\sqrt{\frac{a}{b}}
\end{aligned}\right\}\qquad(6\text{-}4)$$

（2）对于球体，只要将式(6-4)中 m、n 以 R 代 M，以 $R\cos\varphi$ 代 r，即可得

$$\left.\begin{aligned}
&\delta=\alpha\lambda\\[4pt]
&\rho=f(\varphi)\\[4pt]
&m=-\frac{\mathrm{d}\rho}{R\mathrm{d}\varphi}\\[6pt]
&n=\frac{\alpha\rho}{R\cos\varphi}\\[6pt]
&x=\rho_s-\rho\cos\delta\\[4pt]
&y=\rho\sin\delta\\[4pt]
&P=mn\\[6pt]
&\sin\frac{\omega}{2}=\frac{a-b}{a+b}\ \text{或}\ \tan\left(45°+\frac{\omega}{4}\right)=\sqrt{\frac{a}{b}}
\end{aligned}\right\}\qquad(6\text{-}5)$$

从一般公式可见,圆锥投影主要取决于 ρ 的函数形式,不同圆锥投影的 ρ 的函数形式不同,确定了 ρ 的表达形式就确定了圆锥投影。同时,各种变形均为纬度的函数,与经度或经差无关,即在同一条纬线上各点的变形都相等,故等变形线的形状是与纬线一致的同心圆弧。

§6-2　等角圆锥投影

等角圆锥投影亦称为兰勃特正形圆锥投影。在等角圆锥投影中,微分圆的表象保持为圆形,即同一点上各方向的长度比均相等,或者说保持角度没有变形。

根据等角条件

$$m = n \quad (\text{或 } a = b)$$

或

$$\omega = 0$$

按式(6-3)得

$$-\frac{\mathrm{d}\rho}{M\mathrm{d}\varphi} = \frac{\alpha\rho}{r} \tag{6-6}$$

由式(6-6)可以确定 $\rho = f(\varphi)$ 的函数,为此将式(6-6)改写为

$$-\frac{\mathrm{d}\rho}{\rho} = \alpha \frac{M\mathrm{d}\varphi}{N\cos\varphi}$$

式中,$\mathrm{d}\rho$ 表示因椭球面上纬度的微小变化而产生的投影后纬线半径的微小增量,引用式(2-18)、式(2-20),得

$$M = \frac{a(1-e^2)}{(1-e^2\sin^2\varphi)^{\frac{3}{2}}}$$

$$r = N\cos\varphi = \frac{a\cos\varphi}{(1-e^2\sin^2\varphi)^{\frac{1}{2}}}$$

将上式代入式(6-6)并积分,得

$$-\int \frac{\mathrm{d}\rho}{\rho} = \alpha \int \frac{M\mathrm{d}\varphi}{N\cos\varphi}$$

$$-\ln\rho = \alpha \int \frac{a(1-e^2)\mathrm{d}\varphi}{(1-e^2\sin^2\varphi)\cos\varphi} - \ln K$$

$$= \alpha \int \frac{(1-e^2\sin^2\varphi) - e^2\cos^2\varphi}{(1-e^2\sin^2\varphi)\cos\varphi} \cdot \mathrm{d}\varphi - \ln K$$

$$= \alpha \int \frac{\mathrm{d}\varphi}{\cos\varphi} - \alpha \int \frac{e^2\cos\varphi}{1-e^2\sin^2\varphi} \cdot \mathrm{d}\varphi - \ln K \tag{6-7}$$

设 $\sin\psi = e\sin\varphi$,两边微分为 $\mathrm{d}\sin\psi = \mathrm{d}(e\sin\varphi)$,得

$$\cos\psi\mathrm{d}\psi = e\cos\varphi\mathrm{d}\varphi$$

又

$$1 - \sin^2\psi = 1 - e^2\sin^2\varphi = \cos^2\psi$$

于是式(6-7)右边第二项可改写为

$$\alpha \int \frac{e^2\cos\varphi\mathrm{d}\varphi}{1-e^2\sin^2\varphi} = \alpha \int \frac{e\cos\psi\mathrm{d}\psi}{\cos^2\psi} = \alpha e \int \frac{\mathrm{d}\psi}{\cos\psi}$$

将上式代回式(6-7),则

$$-\ln\rho = \alpha\int\frac{\mathrm{d}\varphi}{\cos\varphi} - \alpha e\int\frac{\mathrm{d}\psi}{\cos\psi} - \ln K$$

$$= \alpha\ln\tan\left(45°+\frac{\varphi}{2}\right) - \alpha e\ln\tan\left(45°+\frac{\psi}{2}\right) - \ln K \tag{6-8}$$

式中,K 为积分常数,当 $\varphi=0$ 时,$\rho=K$,故 K 的几何意义是赤道的投影半径。式(6-8)可写为

$$\ln\frac{K}{\rho} = \alpha\ln\frac{\tan\left(45°+\dfrac{\varphi}{2}\right)}{\tan^e\left(45°+\dfrac{\psi}{2}\right)} \tag{6-9}$$

令

$$U = \frac{\tan\left(45°+\dfrac{\varphi}{2}\right)}{\tan^e\left(45°+\dfrac{\psi}{2}\right)}$$

将 U 代入式(6-9),并约去对数得

$$\frac{K}{\rho} = U^\alpha$$

于是得等角圆锥投影的纬线圈半径,得

$$\rho = \frac{K}{U^\alpha} \tag{6-10}$$

式中,α、K 均为投影常数。

将等角圆锥投影的一般公式整理为

$$\left.\begin{aligned}
&\delta = \alpha\lambda \\
&\rho = \frac{K}{U^\alpha} \\
&U = \frac{\tan\left(45°+\dfrac{\varphi}{2}\right)}{\tan^e\left(45°+\dfrac{\psi}{2}\right)} \\
&\sin\psi = e\sin\varphi \\
&e = \sqrt{\frac{a^2-b^2}{a^2}} \\
&x = \rho_s - \rho\cos\delta \\
&y = \rho\sin\delta
\end{aligned}\right\} \tag{6-11}$$

将 ρ 代入式(6-4)可得

$$\left.\begin{aligned}
&m = n = \frac{\alpha\rho}{r} = \frac{\alpha K}{rU^\alpha} \\
&P = mn = m^2 = n^2 = \left(\frac{\alpha K}{rU^\alpha}\right)^2 \\
&\omega = 0
\end{aligned}\right\} \tag{6-12}$$

式中, α、K 尚须进一步确定。为此先研究本投影中长度比 n 的变化情况。由式(6-12)可以看出, n 仅是纬度 φ 的函数。要确定长度比为最小的纬线,先求 n 对 φ 的一阶导数。

由式(6-12)有

$$n = \frac{\alpha\rho}{r}$$

$$\frac{\mathrm{d}n}{\mathrm{d}\varphi} = \frac{\alpha}{r^2}\left(\frac{\mathrm{d}\rho}{\mathrm{d}\varphi}r - \frac{\mathrm{d}r}{\mathrm{d}\varphi}\rho\right)$$

由式(6-6)有

$$\frac{\alpha\rho}{r} = -\frac{\mathrm{d}\rho}{M\mathrm{d}\varphi}$$

$$\frac{\mathrm{d}\rho}{\mathrm{d}\varphi} = -\frac{\alpha M\rho}{r}$$

因为

$$\frac{\mathrm{d}r}{\mathrm{d}\varphi} = \frac{\mathrm{d}(N\cos\varphi)}{\mathrm{d}\varphi} = \frac{\mathrm{d}}{\mathrm{d}\varphi}\left[\frac{a\cos\varphi}{(1-e^2\sin^2\varphi)^{\frac{1}{2}}}\right]$$

$$= -\frac{a\sin\varphi(1-e^2\sin^2\varphi - e^2\cos^2\varphi)}{(1-e^2\sin^2\varphi)^{\frac{3}{2}}} = -M\sin\varphi$$

所以将上两式取得的微分式代入 $\dfrac{\mathrm{d}n}{\mathrm{d}\varphi}$, 有

$$\frac{\mathrm{d}n}{\mathrm{d}\varphi} = \frac{\alpha}{r^2}\left(-\frac{\alpha\rho M}{r}r + M\rho\sin\varphi\right)$$

$$= \frac{\alpha\rho}{r} \cdot \frac{M}{r}(\sin\varphi - \alpha) \tag{6-13}$$

当 $\varphi = \varphi_0$ 时, n 有极值,则 $\dfrac{\mathrm{d}n}{\mathrm{d}\varphi_0} = 0$。一般情况下, α、ρ、M、r 不可能为零,则

$$\sin\varphi_0 - \alpha = 0$$

$$\alpha = \sin\varphi_0 \tag{6-14}$$

式中, φ_0 为长度比最小的纬线的纬度。

为了判定 φ_0 处纬线的长度比为最小值或最大值,应该再求 n 对 φ 的二阶导数,由高等数学可知,若二阶导数大于 0,则证明 φ_0 处的长度比为最小值。为此对式(6-13)再取导数,即

$$\frac{\mathrm{d}^2 n}{\mathrm{d}\varphi^2} = \frac{\mathrm{d}}{\mathrm{d}\varphi}\left(\frac{\alpha\rho}{r} \cdot \frac{M}{r}\right)(\sin\varphi - \alpha) + \left(\frac{\alpha\rho}{r} \cdot \frac{M}{r}\right)\frac{\mathrm{d}}{\mathrm{d}\varphi}(\sin\varphi - \alpha)$$

$$= \frac{\mathrm{d}}{\mathrm{d}\varphi}\left(\frac{\alpha\rho}{r} \cdot \frac{M}{r}\right)(\sin\varphi - \alpha) + \left(\frac{\alpha\rho}{r} \cdot \frac{M}{r}\right)\cos\varphi$$

将 φ_0 代入,顾及 $\sin\varphi_0 - \alpha = 0$, $n_0 = \dfrac{\alpha\rho_0}{r_0}$, $r_0 = N\cos\varphi_0$, 得

$$\frac{\mathrm{d}^2 n}{\mathrm{d}\varphi_0^2} = \frac{\alpha\rho_0}{r_0} \cdot \frac{M_0}{N_0\cos\varphi_0}\cos\varphi_0 = n_0 \cdot \frac{M_0}{N_0}$$

$$= n_0\frac{(1-e^2)}{(1-e^2\sin^2\varphi_0)} > 0 \tag{6-15}$$

由于 $\dfrac{\mathrm{d}^2 n}{\mathrm{d}\varphi_0^2} > 0$，可知在 φ_0 处纬线长度比最小。

现在讨论几种确定常数 α、K 的方法。

一、指定制图区域的一条纬线无长度变形

通常指定制图区域内某一条纬线或沿着制图区域内的一条中间纬线无长度变形。为了使通过 φ_0 处的长度比 n_0 最小，需在保持该纬线主比例尺不变的条件（$n_0=1$）下决定投影常数。这种投影在制图区域内具有一条标准纬线，因此称为等角切圆锥投影，如图 6-4 所示。

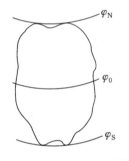

图 6-4 指定制图区域中一条纬线无长度变形的等角切圆锥投影

根据所提出的条件及式(6-14)，得

$$\alpha = \sin\varphi_0 \tag{6-16}$$

由式(6-12)中第一式，并根据所提出的条件 $n_0=1$，即

$$n_0 = \frac{\alpha K}{r_0 U_0^\alpha} = 1$$

$$K = \frac{r_0 U_0^\alpha}{\alpha}$$

将 $\alpha = \sin\varphi_0$ 代入，得

$$K = \frac{r_0 U_0^\alpha}{\alpha} = \frac{N_0 \cos\varphi_0 U_0^{\sin\varphi_0}}{\sin\varphi_0} = N_0 \cot\varphi_0 U_0^\alpha \tag{6-17}$$

如果中国地图（南海诸岛作为插图）应用单标准纬线等角圆锥投影，该投影区域南北纬度分别为 18°N 和 54°N，则当圆锥切在 36°N 的标准纬线上时，由公式算出 $\alpha = 0.587\,785\,25$，$K = 13\,033\,510$。再按长度比公式，计算该投影下的纬线长度比。同理，可以计算圆锥切在 36°44′15″N 的标准纬线上时的长度变形，如表 6-1 所示。

表 6-1 中国地图（南海诸岛作为插图）应用单标准纬线等角圆锥投影的纬线长度比

$\varphi/(°)$	$\varphi_0 = 36°$	$\varphi_0 = 36°44′15″$	ω
	$m = n$	$m = n$	
54	1.056	1.052	0
50	1.033	1.029	0
46	1.016	1.014	0
42	1.006	1.004	0
38	1.001	1.000	0
36	1.000	1.000	0
34	1.001	1.001	0
30	1.005	1.007	0
26	1.015	1.017	0
22	1.029	1.032	0
18	1.048	1.052	0

由表 6-1 可以看出，在指定单标准纬线等角圆锥投影中，标准纬线的长度比为 1，即这条纬线没有长度变形。在标准纬线以外，长度比逐渐增大，即长度变形逐渐增大。

另外，还可以看出，在与标准纬线的纬差相等的情况下，其变形的变化是不均匀的，标准纬

线以北的变形比以南的变形增长要快些。

二、指定制图区域的两条纬线无长度变形

通常指定制图区域内某两条纬线 φ_1、φ_2 没有长度变形,即长度比等于 1。这种投影具有两条标准纬线,称为双标准纬线等角圆锥投影或等角割圆锥投影,如图 6-5 所示。

由条件有
$$n_1 = n_2 = 1$$
将式(6-12)代入,得
$$\frac{\alpha K}{r_1 U_1^\alpha} = \frac{\alpha K}{r_2 U_2^\alpha} = 1 \qquad (6-18)$$
化简后可写成
$$\left(\frac{U_1}{U_2}\right)^\alpha = \frac{r_2}{r_1}$$
取对数
$$\alpha(\lg U_1 - \lg U_2) = \lg r_2 - \lg r_1$$
移项得
$$\alpha = \frac{\lg r_2 - \lg r_1}{\lg U_1 - \lg U_2} \qquad (6-19)$$

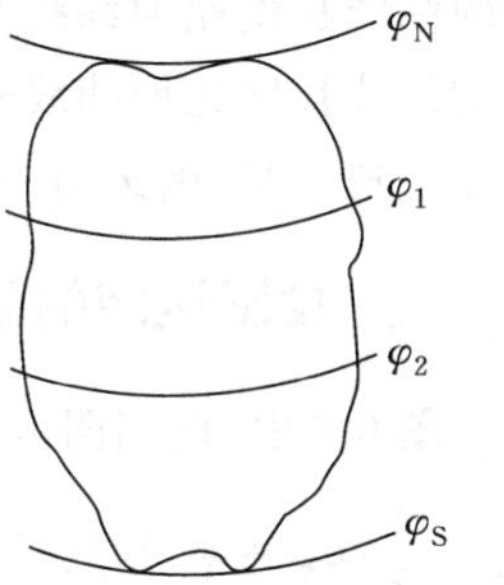

投影常数 α 求出后,代入式(6-18),得
$$K = \frac{r_1 U_1^\alpha}{\alpha} = \frac{r_2 U_2^\alpha}{\alpha} \qquad (6-20)$$

图 6-5 指定制图区域中两条纬线无长度变形的等角圆锥投影

中纬度国家和地区多采用等角割圆锥投影来编制中小比例尺地图,它的两条标准纬线需适当选定。

现将等角割圆锥投影公式汇集为
$$\left.\begin{array}{l} \alpha = \dfrac{\lg r_2 - \lg r_1}{\lg U_1 - \lg U_2} \\[2mm] K = \dfrac{r_1 U_1^\alpha}{\alpha} = \dfrac{r_2 U_2^\alpha}{\alpha} \\[2mm] \delta = \alpha\lambda \\[2mm] \rho = \dfrac{K}{U^\alpha} \\[2mm] x = \rho_S - \rho\cos\delta \\[2mm] y = \rho\sin\delta \\[2mm] m = n = \dfrac{\alpha K}{r U^\alpha} \\[2mm] P = m^2 = n^2 \\[2mm] \omega = 0 \end{array}\right\} \qquad (6-21)$$

如果中国地图(南海诸岛作为插图)应用双标准纬线等角圆锥投影,该投影区域两条标准纬线的纬度分别为 27°N 和 45°N,则由公式可以算出 $\alpha = 0.590\,276\,175$,$K = 12\,840\,667$。再按长度比公式,计算该投影下的纬线长度比,如表 6-2 所示。

表 6-2　　中国地图(南海诸岛作为插图)应用双标准纬线等角圆锥投影的纬线长度比

$\varphi/(°)$	18	22	26	27	30	34	38	42	45	46	50	54
$m = n$	1.036	1.017	1.003	1	0.993	0.988	0.988	0.993	1	1.003	1.019	1.042

由表 6-2 可见,在双标准纬线等角圆锥投影中,标准纬线没有长度变形,随着与标准纬线距离的增大,长度变形逐渐增大。在两条标准纬线之间的长度变形是向负的方向增大,即投影后的纬线长度比原纬线长度缩短了;在两条标准纬线之外的长度变形朝正的方向增大,即投影后的纬线长度比原纬线长度伸长了。经线的长度变形规律也是如此,并且变形增长的速度也是北边快一些,南边慢一些。

三、投影区域的边缘纬线与中央纬线长度变形绝对值相等

图 6-6 中,设制图区域边缘纬线的纬度为 φ_N、φ_S,其长度比为 n_N、n_S,区域中央纬线的纬度 $\varphi_m = \dfrac{1}{2}(\varphi_N + \varphi_S)$,其长度比为 n_m。

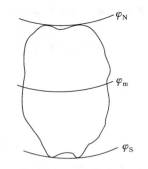

图 6-6　指定投影中边缘纬线与中央纬线变形绝对值相等

根据边缘纬线与中央纬线变形绝对值相等的条件,有

$$|n_N - 1| = |n_S - 1| = |n_m - 1|$$

由长度变形的定义得

$$\left. \begin{aligned} n_N &= 1 + v \\ n_S &= 1 + v \\ n_m &= 1 - v \end{aligned} \right\} \tag{6-22}$$

式中,v 为长度变形。

可见,$n_N = n_S$。另外,由于 v 值较小,所以 $n_N n_m = n_S n_m = 1 - v^2 = 1$。因此,可得

$$\left. \begin{aligned} \frac{\alpha K}{r_N U_N^\alpha} &= \frac{\alpha K}{r_S U_S^\alpha} \\ \frac{\alpha K}{r_m U_m^\alpha} \frac{\alpha K}{r_N U_N^\alpha} &= 1 \text{ 或 } \frac{\alpha K}{r_m U_m^\alpha} \frac{\alpha K}{r_S U_S^\alpha} = 1 \end{aligned} \right\} \tag{6-23}$$

由式(6-23)第一式,可知

$$r_S U_S^\alpha = r_N U_N^\alpha$$

取对数

$$\lg r_S + \alpha \lg U_S = \lg r_N + \alpha \lg U_N$$

得

$$\alpha = \frac{\lg r_S - \lg r_N}{\lg U_N - \lg U_S} \tag{6-24}$$

由式(6-23)第二式得

$$K = \frac{1}{\alpha} \sqrt{r_N r_m U_N^\alpha U_m^\alpha} \text{ 或 } K = \frac{1}{\alpha} \sqrt{r_S r_m U_S^\alpha U_m^\alpha} \tag{6-25}$$

这种投影属于等角割圆锥投影。利用这种方法得到的两条标准纬线一般不是整度(分)数。若要确定这两条标准纬线的纬度,通常可用图解法。具体做法是:由已知条件计算 α、K 和 ρ,并计算各条纬线的长度比 n,以纬度 φ 和长度比 n 为坐标轴画出长度比曲线,然后图解

两个长度比为 1 的纬度就是标准纬线。

例如,编制中国地图(南海诸岛作为插图),取 $\varphi_S=18°,\varphi_N=54°,\varphi_m=36°$,方法如下:

(1)计算投影常数 α、K (表 6-3)。按式(6-24)得 $\alpha=0.598\,150\,0$,K 为

$$K=\frac{K_1+K_2}{2}=12\,577\,273$$

表 6-3 投影常数 α、K 的计算

U_N	3.061 038 6	U_S	1.373 537 4
U_N^α	1.952 640 9	U_S^α	1.209 064 0
U_m	1.954 898 4	U_m	1.954 898 4
U_m^α	1.493 261 6	U_m^α	1.493 261 6
r_N	3 757 278	r_S	6 068 011
r_m	5 166 085	r_m	5 166 085
K_1	12 577 274.2	K_2	12 577 273.3

(2)计算沿经纬线的长度比 m、n,以及面积比 P 和最大角度变形值 w(表 6-4)。

表 6-4 沿经纬线的长度比、面积比和最大角度变形值一

$\varphi/(°)$	$m=n$	P	ω
54	1.025 3	1.051 3	0
50	1.003 5	1.007 0	0
46	0.988 5	0.977 1	0
42	0.979 3	0.959 0	0
38	0.975 2	0.951 0	0
34	0.976 1	0.952 9	0
30	0.981 6	0.963 6	0
26	0.991 6	0.983 3	0
22	1.006 1	1.012 2	0
18	1.025 3	1.051 3	0

(3)进行长度比变化曲线绘制及标准纬线图解(图 6-7)。

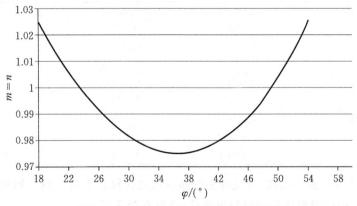

图 6-7 长度比变化曲线及标准纬线图解

根据表 6-4 中沿纬线长度比数值及图 6-7 的长度比变化曲线图解,求得两条标准纬线为 $\varphi_1=23°30',\varphi_2=49°00'$。

四、投影区域的边缘纬线长度比相等且变形与最小长度比纬线变形的绝对值相等

设已知制图区域边缘纬线为 φ_N、φ_S（图 6-8），其长度比为 n_N、n_S，中部最小长度比纬线的纬度为 φ_0，其长度比为 n_0。

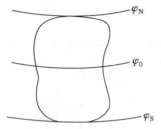

图 6-8　投影区域边缘纬线长度比相等且变形与最小长度比纬线变形的绝对值相等

根据条件 $|n_N-1|=|n_S-1|=|n_0-1|$，由长度变形定义有

$$n_N=1+v$$
$$n_S=1+v$$
$$n_0=1-v$$

式中，v 为长度变形。

按照式(6-23)得

$$\left.\begin{array}{l} \dfrac{\alpha K}{r_N U_N^\alpha}=\dfrac{\alpha K}{r_S U_S^\alpha} \\[2mm] \dfrac{\alpha K}{r_0 U_0^\alpha}\dfrac{\alpha K}{r_N U_N^\alpha}=1 \ 或 \ \dfrac{\alpha K}{r_0 U_0^\alpha}\dfrac{\alpha K}{r_S U_S^\alpha}=1 \end{array}\right\} \tag{6-26}$$

进而求得

$$\alpha=\frac{\lg r_S-\lg r_N}{\lg U_N-\lg U_S} \tag{6-27}$$

由式(6-14)中 $\alpha=\sin\varphi_0$，即可求得 φ_0。

按照式(6-25)，得

$$K=\frac{1}{\alpha}\sqrt{r_N r_0 U_N^\alpha U_0^\alpha} \ 或 \ K=\frac{1}{\alpha}\sqrt{r_S r_0 U_S^\alpha U_0^\alpha} \tag{6-28}$$

应用上例，$\varphi_N=54°$，$\varphi_S=18°$，按公式计算得 $\alpha=0.5\ 981\ 500$，$K=12\ 577\ 642$，$\varphi_0=36°44'55''$，该投影的长度比数值列于表 6-5。

表 6-5　沿经纬线的长度比、面积比和最大角度变形值二

$\varphi/(°)$	$m=n$	P	ω
54	1.025 4	1.051 4	0
50	1.003 6	1.007 2	0
46	0.988 6	0.977 3	0
42	0.979 4	0.959 2	0
38	0.975 4	0.951 4	0
34	0.976 2	0.953 0	0
30	0.981 7	0.963 7	0
26	0.991 7	0.983 5	0
22	1.006 2	1.012 4	0
18	1.025 4	1.051 4	0

对表 6-4 与表 6-5 进行比较，可发现沿经纬线长度比仅在小数点后第四位不同，可见这两种投影十分相近，但前者要比后者计算方便些，所以常被采用。

五、投影区域的长度均方变形最小

通常用 E^2 为最小的条件来决定常数 α、K。E^2 是制图区域内的长度均方变形，v 为一个

定点上的长度变形，F 为制图区域的整个面积（图 6-9），则 F 区域内长度均方变形为

$$E^2 = \frac{1}{F}\int v^2 \mathrm{d}F \qquad (6\text{-}29)$$

在实际作业中，可以用总和的形式来代替，则式（6-29）可以化为

$$E = \sqrt{\frac{\Delta F}{F}\sum v^2} \qquad (6\text{-}30)$$

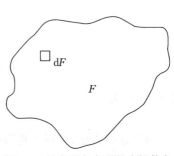

图 6-9　长度均方变形最小的等角圆锥投影示意

式中，ΔF 为一个定值的小面积。

在正轴圆锥投影中，长度比仅随纬度而变化，在同一条纬线上其大小固定。因此式（6-30）可写为

$$E = \sqrt{\frac{[Pvv]}{[P]}} \qquad (6\text{-}31)$$

式中，$[Pvv] = P_1 v_1^2 + P_2 v_2^2 + P_3 v_3^2 + \cdots + P_n v_n^2$，$P$ 称为"面积权"，其大小等于制图区域内纬差为 $1°$ 的两条纬线所包围的带状面积，即 $P = gl$，此处 $g = Mr(1° \times \pi \div 180°)^2$，即 g 为经差 $1°$、纬差 $1°$ 的单位球面梯形面积，l 为制图区域在该带上的经度差，如图 6-10 所示。

在等角投影中，长度比与方向无关，沿经纬线的长度比为

$$m = n = \frac{\alpha K}{rU^\alpha} = \alpha K r^{-1} U^{-\alpha} \qquad (6\text{-}32)$$

变为对数形式，即

$$\ln m = \ln n = \ln(\alpha K) - \ln r - \alpha \ln U \qquad (6\text{-}33)$$

用变形的近似式，取

$$\ln m = \ln n = v$$
$$\ln(\alpha K) = b\beta$$
$$-\ln U = a$$
$$b = 1$$
$$\ln r = h$$

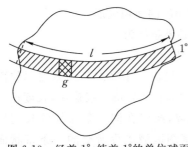

图 6-10　经差 $1°$、纬差 $1°$ 的单位球面梯形面积

得方程式

$$v = a\alpha + b\beta - h \qquad (6\text{-}34)$$

这样有几个纬度带，就有几个方程

$$\left.\begin{array}{l} v_1 = a_1\alpha + b_1\beta - h_1 \\ v_2 = a_2\alpha + b_2\beta - h_2 \\ v_3 = a_3\alpha + b_3\beta - h_3 \\ \quad\vdots \\ v_n = a_n\alpha + b_n\beta - h_n \end{array}\right\} \qquad (6\text{-}35)$$

考虑各纬度带的面积权，并根据 $[vv]$ 最小的条件解算这些方程，求出 α、β，然后再求常数 K。

根据最小二乘法得法方程式，即

$$[Paa]\alpha + [Pab]\beta = [Pah] \atop [Pab]\alpha + [Pbb]\beta = [Pbh]\Big\} \tag{6-36}$$

由此得

$$\alpha = \frac{[Pah][Pbb] - [Pbh][Pab]}{[Paa][Pbb] - [Pab]^2} \atop \beta = \frac{[Pbh][Paa] - [Pah][Pab]}{[Paa][Pbb] - [Pab]^2} \right\} \tag{6-37}$$

得 β，则 K 为

$$\ln K = \beta - \ln\alpha \tag{6-38}$$

采用这种方法，可得等角圆锥投影的两个常数 α、K。对于中国地图（南海诸岛作为插图）初步计算出适应于长度均方变形最小的两条标准纬线为 $\varphi_1 = 29°10'$，$\varphi_2 = 43°30'$。

六、定域等面积且南北边纬线变形相等

其条件是使制图区域总面积大小不变。这个条件之所以能成立是因为在等角割圆锥投影中，两条标准纬线以内的面积变形是负的，以外是正的。因此，有可能适当地选择两条标准纬线，使制图区域各部分面积变形的总和为零，如图 6-11 所示。

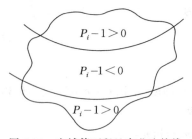

设 ΔF 为制图区域内微分面积，则投影区域的总面积变形 P 为

$$P = \sum (P_i - 1)\Delta F \tag{6-39}$$

式中，$P_i - 1$ 为微分面积 $\mathrm{d}F$ 的面积变形。

要求定域等面积，则必要条件为

$$P = 0$$

图 6-11　定域等面积且南北边纬线变形相等的等角圆锥投影

关于微分面积，实际上可由一定经差和纬差的单位面积来代替，用 ΔF 表示。因为在正轴圆锥投影中，长度比与经差无关，仅是纬度的函数，所以在同一条纬线的长度比相等。因此单位面积实际上可取为一定纬差的两条纬线与制图区域周界所交的一条带状面积，如图 6-12 所示。

$$\Delta F = \Delta\varphi \cdot l \tag{6-40}$$

对于一定纬度差，如 1°，有

$$\Delta F = gl = Mr\,\mathrm{arc}^2 1° \cdot l \tag{6-41}$$

式中，$g = Mr(1° \times \pi \div 180°)^2$ 为经差 1°、纬差 1°的球面梯形单位面积。

又因正轴等角圆锥投影中面积比为

$$P = m^2 = n^2 = \left(\frac{\alpha K}{rU^\alpha}\right)^2 \tag{6-42}$$

由此可将式（6-39）写成

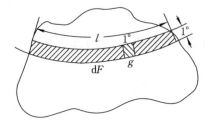

图 6-12　一定纬差的两条纬线与制图区域周界所交的一条带状面积

$$P = \sum_{i=1}^n (P_i^2 - 1)\Delta F_i = (P_1^2 - 1)\Delta F_1 + (P_2^2 - 1)\Delta F_2 + \cdots + (P_n^2 - 1)\Delta F_i \tag{6-43}$$

式中，$1,2,3,\cdots,n$ 为制图区域按一定纬差划分的带数。

要求 $P=0$，并将式(6-42)代入式(6-43)，得

$$\sum_{i=1}^{n}\left[\left(\frac{\alpha K}{r_i U_i^{\alpha}}\right)^2-1\right]\Delta F_i=0 \tag{6-44}$$

即

$$\alpha^2 K^2 \sum_{i=1}^{n}\left(\frac{\Delta F_i}{r_i^2 U_i^{2\alpha}}\right)=F$$

式中，F 为制图区域的总面积，为各细分纬度带面积 ΔF 的总和。式(6-44)可写成

$$K=\sqrt{\frac{F}{\alpha^2 \sum_{i=1}^{n}\frac{\Delta F_i}{r_i^2 U_i^{2\alpha}}}} \tag{6-45}$$

式中，α 是由已知制图区域边缘纬度 φ_N、φ_S 在 $n_N=n_S$ 的情况下求得的，即

$$\frac{\alpha K}{r_N U_N^{\alpha}}=\frac{\alpha K}{r_S U_S^{\alpha}}$$

进而求得

$$\alpha=\frac{\lg r_S-\lg r_N}{\lg U_N-\lg U_S} \tag{6-46}$$

根据定域等面积等角圆锥投影，计算我国两条标准纬线为 $\varphi_1=29°20'$，$\varphi_2=44°$，其长度变形在 18°N 及 54°N 处变形值为 4.3%，中纬 36°变形值小于 1%。总面积变形与区域总面积之比为 0.15‰，即总面积变形接近于零。

本投影的长度比曲线与长度均方变形最小的圆锥投影的长度比曲线非常接近。

七、正轴等角割圆锥投影算例

制图区域的范围为湖北省，经度为 $\lambda_W=+108°30'$、$\lambda_E=+116°20'$，纬度为 $\varphi_S=+29°00'$、$\varphi_N=+34°00'$，经纬网密度为 $\Delta\varphi=\Delta\lambda=1°$，标准纬线为 $\varphi_1=30°30'$、$\varphi_2=32°30'$，中央经线为 $\lambda_0=112°$，主比例尺为 1∶4 000 000，地球椭球体为克拉索夫斯基椭球体，要求计算的精度为 $\lg\alpha$、$\lg K$ 到对数小数点后七位，x、y 到 0.001 cm，m、P 到 0.000 1，δ 到 $1''$。

投影公式为

$$\alpha=\frac{\lg r_1-\lg r_2}{\lg U_2-\lg U_1}=\frac{A}{B}$$
$$\sin\varphi_0=\alpha$$
$$K_{cm}=\frac{100}{M_0}\cdot\frac{r_1 U_1^{\alpha}}{\alpha}=\frac{100}{M_0}\cdot\frac{r_2 U_2^{\alpha}}{\alpha}$$
$$\delta''=\alpha\cdot\lambda''$$
$$\rho=\frac{K}{U^{\alpha}}$$
$$x=\rho_S-\rho\cos\delta$$
$$y=\rho\sin\delta$$
$$\mu=m=n=\frac{\alpha K}{r U^{\alpha}}$$
$$P=m^2=n^2$$
$$\omega=0$$

式中，α、K 为投影常数，φ_0 为长度比最小纬线的纬度，r_1、r_2 为椭球面上标准纬线半径(可查

表),U_1、U_2 为符号(可查表),$U = \dfrac{\tan\left(45° + \dfrac{\varphi}{2}\right)}{\tan^e\left(45° + \dfrac{\psi}{2}\right)}$, $\sin\psi = e\sin\varphi$, $e = \sqrt{\dfrac{a^2 - b^2}{a^2}}$,$\delta$ 为以($''$)为单

位的极坐标角,λ'' 为某经线与中央经线经度之差,ρ 为纬线投影半径,ρ_S 为制图区域最低纬线投影半径,M_0 为制图主比例尺,m 为沿经线长度比,n 为沿纬线长度比,P 为面积比,ω 为最大角度变形。

　　按照顺序进行计算:投影常数 a、K,极坐标 ρ、δ,直角坐标 x、y,长度比 μ($m = n$)、面积比 P。 然后绘制长度比、面积比变化曲线,如图 6-13 所示。其经纬网如图 6-14 所示。

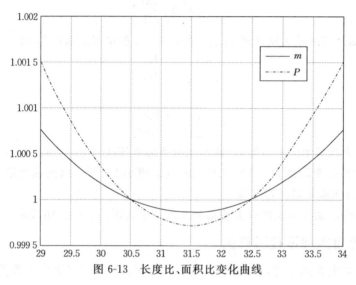

图 6-13 　长度比、面积比变化曲线

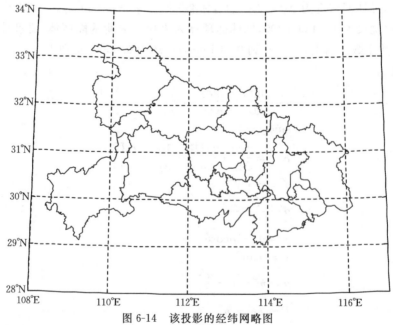

图 6-14 　该投影的经纬网略图

§6-3　等面积圆锥投影

在等面积圆锥投影中，制图区域的面积大小保持不变，即面积比等于1。因为在正轴圆锥投影中经纬线是正交的，沿经纬线的长度比就是极值长度比，故 $P=ab=mn=1$。

按式(6-3)可写出正轴等面积圆锥投影方程，即

$$mn=-\frac{\mathrm{d}\rho}{M\mathrm{d}\varphi}\cdot\frac{\alpha\rho}{r}=1 \tag{6-47}$$

移项处理，并取积分，得

$$-\rho\mathrm{d}\rho=\frac{1}{\alpha}Mr\mathrm{d}\varphi$$

$$-\int\rho\mathrm{d}\rho=\frac{1}{\alpha}\int Mr\mathrm{d}\varphi$$

$$\frac{\rho^2}{2}=-\frac{1}{\alpha}\int Mr\mathrm{d}\varphi=\frac{1}{\alpha}(C-\int MN\cos\varphi\mathrm{d}\varphi)$$

或

$$\rho^2=\frac{2}{\alpha}(C-S) \tag{6-48}$$

式中，C 为积分常数；$S=\int Mr\mathrm{d}\varphi=\int MN\cos\varphi\mathrm{d}\varphi$ 为经差1 rad，纬差为0°到纬度 φ 的椭球体上的梯形面积。

现将正轴等面积圆锥投影的一般公式汇集为

$$\left.\begin{array}{l}\delta=\alpha\lambda\\[4pt]\rho^2=\dfrac{2}{\alpha}(C-S)\\[4pt]x=\rho_s-\rho\cos\delta\\[4pt]y=\rho\sin\delta\\[4pt]n=\dfrac{\alpha\rho}{r}\\[4pt]m=\dfrac{1}{n}\\[4pt]P=1\\[4pt]\tan\left(45°+\dfrac{\omega}{4}\right)=a\end{array}\right\} \tag{6-49}$$

该投影中也有两个常数 α、C 需要确定。仍按前文的方法，先确定长度比最小的纬线，为此求 n^2 对 φ 的一阶导数，并使之等于零，按

$$n^2=\frac{\alpha^2\rho^2}{r^2}=\frac{2\alpha(C-S)}{r^2} \tag{6-50}$$

$$\frac{\mathrm{d}n^2}{\mathrm{d}\varphi}=\frac{2\alpha}{r^4}\left[r^2\frac{\mathrm{d}}{\mathrm{d}\varphi}(C-S)-(C-S)\frac{\mathrm{d}r^2}{\mathrm{d}\varphi}\right]$$

$$=\frac{2\alpha}{r^4}[-r^2Mr+(C-S)2rM\sin\varphi]$$

$$= \frac{2\alpha M}{r^3} \big[2(C-S)\sin\varphi - r^2 \big] \tag{6-51}$$

设在 φ_0 处有极值,则 $\dfrac{\mathrm{d}n^2}{\mathrm{d}\varphi}=0$,由于 $\dfrac{2\alpha M}{r^3}\neq 0$,故必有

$$2(C-S_0)\sin\varphi_0 - r_0^2 = 0$$

或

$$2(C-S_0) = \frac{r_0^2}{\sin\varphi_0}$$

代入式(6-50),得

$$n_0^2 = \frac{2\alpha(C-S_0)}{r_0^2} = \frac{\alpha}{r_0^2} \cdot \frac{r_0^2}{\sin\varphi_0} = \frac{\alpha}{\sin\varphi_0}$$

或写成

$$\alpha = n_0^2 \sin\varphi_0 \tag{6-52}$$

然后对式(6-51)取二阶导数,得

$$\frac{(\mathrm{d}n^2)^2}{\mathrm{d}\varphi^2} = \frac{\mathrm{d}}{\mathrm{d}\varphi}\left\{ \frac{2\alpha M}{r^3} \big[2(C-S)\sin\varphi - r^2 \big] \right\}$$

$$= \frac{2\alpha M}{r^3} \big[2(C-S)\cos\varphi - 2MN\cos\varphi\sin\varphi + 2Mr\sin\varphi \big]$$

令 $\varphi = \varphi_0$ 处有极值,则

$$\frac{(\mathrm{d}n^2)^2}{\mathrm{d}\varphi_0^2} = \left(\frac{2\alpha M_0}{r_0^3} \right) \big[2(C-S_0)\cos\varphi_0 \big] = 2\left[\frac{2\alpha(C-S_0)}{r_0^2} \right] \frac{M_0\cos\varphi_0}{N_0\cos\varphi_0}$$

$$= 2n_0^2 \frac{M_0}{N_0} = 2n_0^2 \frac{(1-e^2)}{1-e^2\sin^2\varphi_0} > 0 \tag{6-53}$$

由此证明 $\dfrac{(\mathrm{d}n^2)^2}{\mathrm{d}\varphi_0^2}$ 处大于零,就可说明 n_0 为极小值。故式(6-52)为常数 α 与最小长度比及其纬度的关系式。

下面介绍确定常数 α、C 的方法。

一、指定制图区域的一条纬线无长度变形

根据投影条件,可指定无长度变形纬线的纬度为 φ_0,其长度比为 $n_0 = 1$,且最小。由式(6-52)得

$$\alpha = \sin\varphi_0 \tag{6-54}$$

又因

$$n_0 = \frac{\alpha\rho_0}{r_0} = 1$$

将 α 代入,解出 ρ_0,得

$$\rho_0 = \frac{r_0}{\alpha} = \frac{N_0\cos\varphi_0}{\sin\varphi_0} = N_0\cot\varphi_0 \tag{6-55}$$

将式(6-55)代入式(6-49),得

$$C = \frac{\alpha\rho_0^2}{2} + S_0 \tag{6-56}$$

该投影中,指定的一条纬线没有长度变形,即为单标准纬线等面积圆锥投影,又可称为正轴等面积切圆锥投影。

如果中国地图(南海诸岛作为插图)应用单标准纬线等面积圆锥投影,该投影区域南北纬度分别为 18°N 和 54°N,当标准纬线为 38°10′43″N 时,由公式算出 $\alpha = 0.618\,115\,56$,$C = 45\,407\,690$。再按长度比公式,计算该投影下的纬线长度比,如表 6-6 所示。

表 6-6 中国地图(南海诸岛作为插图)应用单标准纬线等面积圆锥投影的纬线长度比

$\varphi/(°)$	m	n	P	ω
54	0.951	1.051	1	5°43′25″
50	0.975	1.026	1	2°56′45″
46	0.990	1.011	1	1°11′57″
42	0.998	1.002	1	0°16′06″
38	1.000	1.000	1	0°00′02″
34	0.998	1.003	1	0°17′15″
30	0.991	1.009	1	1°03′05″
26	0.981	1.020	1	2°14′11″
22	0.967	1.034	1	3°48′11″
18	0.951	1.051	1	5°43′25″

在实际应用中,为了减小投影区域的变形,通常是采用等面积割圆锥投影。

二、指定制图区域的两条纬线无长度变形

指定两条纬线 φ_1、φ_2 的长度比为 $n_1 = n_2 = 1$,则按条件可以写出

$$n_1^2 = n_2^2 = 1$$

按式(6-50)有

$$2\alpha(C - S_1) = r_1^2$$
$$2\alpha(C - S_2) = r_2^2$$

两式相减后可得

$$\alpha = \frac{r_1^2 - r_2^2}{2(S_2 - S_1)} \tag{6-57}$$

利用已得的 α 求出标准纬线 φ_1、φ_2 的投影半径为

$$\rho_1 = \frac{r_1}{\alpha}$$

$$\rho_2 = \frac{r_2}{\alpha}$$

又根据式(6-48),将已知的 ρ_1 和 ρ_2 代入,得

$$\rho_1^2 = \frac{2}{\alpha}(C - S_1)$$

$$\rho_2^2 = \frac{2}{\alpha}(C - S_2)$$

可解算得

$$C = \frac{\alpha\rho_1^2}{2} + S_1 = \frac{\alpha\rho_2^2}{2} + S_2 \tag{6-58}$$

再将式(6-58)代入式(6-48),可得纬线投影半径,即

$$\rho^2 = \rho_1^2 + \frac{2}{\alpha}(S_1 - S) = \rho_2^2 + \frac{2}{\alpha}(S_2 - S) \tag{6-59}$$

该投影在两条纬线上无长度变形,即为双标准纬线等面积圆锥投影,亦称为正轴等面积割圆锥投影,有的地图上所称的阿尔贝斯投影就是指这种投影。该投影在制图实践中应用较广,其公式为

$$\left.\begin{aligned} &\alpha = \frac{r_1^2 - r_2^2}{2(S_2 - S_1)} \\ &C = \frac{\alpha \rho_1^2}{2} + S_1 = \frac{\alpha \rho_2^2}{2} + S_2 \\ &\delta = \alpha\lambda \\ &\rho^2 = \rho_1^2 + \frac{2}{\alpha}(S_1 - S) = \rho_2^2 + \frac{2}{\alpha}(S_2 - S) \\ &x = \rho_s - \rho\cos\delta \\ &y = \rho\sin\delta \\ &m = \frac{1}{n} \\ &n = \frac{\alpha\rho}{r} \\ &P = 1 \\ &\tan\left(45° + \frac{\omega}{4}\right) = a \end{aligned}\right\} \tag{6-60}$$

如果中国地图(南海诸岛作为插图)应用双标准纬线等面积圆锥投影,当标准纬线纬度分别为 24°N 和 50°N 时,由公式算出 $\alpha = 0.586\,559\,88$,$C = 45\,421\,793$。再按长度比公式,计算该投影下的纬线长度比,如表 6-7 所示。

表 6-7　中国地图(南海诸岛作为插图)应用双标准纬线等面积圆锥投影的纬线长度比

$\varphi/(°)$	m	n	P	ω
54	0.976	1.025	1	2°47′14″
50	1.000	1.000	1	0°00′00″
46	1.015	0.985	1	1°45′12″
42	1.024	0.977	1	2°57′43″
38	1.026	0.975	1	2°40′45″
34	1.024	0.977	1	4°55′08″
30	1.017	0.983	1	1°55′08″
26	1.006	0.994	1	0°44′12″
22	0.993	1.007	1	0°49′42″
18	0.976	1.024	1	2°44′52″

由表 6-7 可以看出,在双标准纬线等面积圆锥投影中,除面积没有变形外,其他变形都存在(仅在标准纬线没有变形)。

三、投影区域的边缘纬线与中央纬线长度变形绝对值相等

已知制图区域南北边界纬线为 φ_S 和 φ_N,按要求 φ_S 和 φ_N 纬线的长度变形绝对值与中纬度 $\varphi_m = \frac{1}{2}(\varphi_S + \varphi_N)$ 纬线的长度变形绝对值相同。

根据边纬长度比相同的条件可写出

$$\frac{\alpha^2 \rho_N^2}{r_N^2} = \frac{\alpha^2 \rho_S^2}{r_S^2}$$

将式(6-48)代入,得

$$\frac{C - S_N}{r_N^2} = \frac{C - S_S}{r_S^2}$$

$$C = \frac{r_S^2 S_N - r_N^2 S_S}{r_S^2 - r_N^2} \tag{6-61}$$

按变形绝对值相等的条件可得

$$\left. \begin{array}{l} n_N = 1 + v \\ n_m = 1 - v \\ n_S = 1 + v \end{array} \right\} \tag{6-62}$$

将式(6-62)中 1、2 式相加,得

$$n_N + n_m = 2$$

或

$$\frac{\sqrt{2\alpha(C - S_N)}}{r_N} + \frac{\sqrt{2\alpha(C - S_m)}}{r_m} = 2$$

平方后,得

$$\frac{\alpha(C - S_N)}{r_N^2} + \frac{\alpha(C - S_m)}{r_m^2} + \frac{2\alpha\sqrt{(C - S_N)(C - S_m)}}{r_N r_m} = 2$$

由此解出

$$\alpha = \frac{2 r_N^2 r_m^2}{r_m^2(C - S_N) + r_N^2(C - S_m) + 2 r_N r_m \sqrt{(C - S_N)(C - S_m)}} \tag{6-63}$$

这种等面积割圆锥投影的两条标准纬线的纬度是根据所计算的各纬线长度比,用图解法或逐渐趋近法求得,一般不是整度数。

例如,在编制中国地图(南海诸岛作为插图)时,取 $\varphi_N = 54°$,$\varphi_S = 18°$,$\varphi_m = 36°$,则其长度比和最大角度变形如表 6-8 所示。

表 6-8　指定制图区域边纬和中纬长度变形绝对值相等条件下计算的变形值

$\varphi/(°)$	m	n	P	ω
54	0.976 3	1.024 3	1.000 0	$2°45'$
50	1.000 3	0.999 7	1.000 0	$0°02'$
46	1.015 6	0.984 6	1.000 0	$1°46'$
42	1.023 8	0.976 7	1.000 0	$2°42'$
38	1.026 3	0.974 4	1.000 0	$2°58'$
34	1.023 8	0.976 7	1.000 0	$2°42'$
30	1.016 9	0.983 4	1.000 0	$1°55'$
26	1.006 6	0.993 4	1.000 0	$0°45'$
22	0.992 8	1.007 3	1.000 0	$0°50'$
18	0.976 3	1.024 3	1.000 0	$2°45'$

由表 6-8 可见,该投影中标准纬线在 50°稍北和 26°以南,可取纬度及 n 的变化值用图解法近似求定,也可以采用牛顿迭代方法求得。

四、投影区域的长度均方变形最小

利用长度变形近似式得

$$v = \frac{1}{2}(n^2 - 1)$$

引用式(6-48),得

$$\rho^2 = \frac{2}{\alpha}(C - S)$$

故

$$n^2 = \frac{\alpha^2 \rho^2}{r^2} = \frac{2\alpha}{r^2}(C - S)$$

而

$$v = \frac{1}{2}\left[\frac{2\alpha}{r^2}(C - S) - 1\right] = \frac{\alpha(C - S)}{r^2} - \frac{1}{2} = -\frac{S}{r^2}\alpha + \frac{1}{r^2}\alpha C - \frac{1}{2}$$

令

$$-\frac{S}{r^2} = a$$

$$\frac{1}{r^2} = b$$

$$\alpha C = \beta$$

$$\frac{1}{2} = h$$

则长度变形公式变为

$$v = a\alpha + b\beta - h \tag{6-64}$$

之后的计算过程与前述等角圆锥投影中利用长度均方变形最小的条件一样,有几条纬度带便可列出几个方程,然后列出法方程式,再解求常数 α、C。

§6-4 等距离圆锥投影

等距离圆锥投影通常是指沿经线保持等距,即 $m = 1$,这样由式(6-4)得

$$m = -\frac{\mathrm{d}\rho}{M\mathrm{d}\varphi} = 1$$

或

$$-\mathrm{d}\rho = M\mathrm{d}\varphi$$

积分后,得

$$\rho = C - s \tag{6-65}$$

式中,C 为积分常数,s 为赤道到某纬度 φ 的经线弧长。当 $\varphi = 0$ 时,$s = 0$,故知 C 为赤道的投影半径。

等距离圆锥投影的公式为

$$
\left.
\begin{aligned}
\delta &= \alpha\lambda \\
\rho &= C - s \\
x &= \rho_s - \rho\cos\delta \\
y &= \rho\sin\delta \\
m &= 1 \\
P = n &= \frac{\alpha\rho}{r} = \frac{\alpha(C-s)}{r} \\
\sin\frac{\omega}{2} &= \frac{a-b}{a+b}
\end{aligned}
\right\}
\tag{6-66}
$$

由式(6-66)可知,等距离圆锥投影也有两个常数需要确定,为此同样需要求定长度比最小的纬线。

按纬线长度比可得

$$
n = \frac{\alpha\rho}{r} = \frac{\alpha(C-s)}{r}
$$

求 n 对 φ 的导数,将 $\dfrac{dr}{d\varphi} = -M\sin\varphi$ 代入并进行整理,得

$$
\frac{dn}{d\varphi} = \frac{\alpha M}{r^2}\big[(C-s)\sin\varphi - r\big]
$$

欲求极值,须令 $\dfrac{dn}{d\varphi}=0$,显然应使 $(C-s)\sin\varphi - r = 0$。

设 φ_0 处有极值,则

$$
(C-s_0)\sin\varphi_0 - r_0 = 0
$$

将式(6-65)代入,得

$$
\rho_0 = \frac{N_0\cos\varphi_0}{\sin\varphi_0} = N_0\cot\varphi_0
\tag{6-67}
$$

为证明在 φ_0 处 n_0 为极小,可求二阶导数,验证其是否大于零,即

$$
\frac{d^2 n}{d\varphi^2} = \alpha\left(\frac{M}{r^2}\right)\big[(C-s)\cos\varphi\big]
$$

设在 $\varphi=\varphi_0$ 处,n_0 有极值,于是

$$
\frac{d^2 n}{d\varphi_0^2} = \frac{\alpha(C-s_0)}{r_0}\cdot\frac{M_0}{r_0}\cos\varphi_0 = n_0\left(\frac{1-e^2}{1-e^2\sin^2\varphi_0}\right) > 0
$$

由此可证明 n_0 为极小值。

将 $\rho_0 = N_0\cot\varphi_0$ 代入长度比公式,有

$$
n_0 = \frac{\alpha\rho_0}{r_0} = \frac{\alpha}{\sin\varphi_0}
$$

或

$$
\alpha = n_0\sin\varphi_0
\tag{6-68}
$$

下面求投影常数 α、C。

一、指定制图区域某纬线长度比等于 1 且为最小

根据条件 $n_0 = 1$，按式(6-68)有

$$\alpha = n_0 \sin\varphi_0 = \sin\varphi_0 \tag{6-69}$$

又

$$\rho_0 = N_0 \cot\varphi_0 \tag{6-70}$$

按式(6-65)可得

$$C = s_0^{\varphi_0} + N_0 \cot\varphi_0 \tag{6-71}$$

式中，$s_0^{\varphi_0}$ 是自赤道到纬度 φ_0 的子午线弧长。

二、指定制图区域的边缘纬线变形相等且有一条标准纬线

根据条件 $n_N = n_S$，则

$$\frac{\alpha\rho_N}{r_N} = \frac{\alpha\rho_S}{r_S}$$

由此可以求得

$$C = \frac{s_N r_S - s_S r_N}{r_S - r_N} \tag{6-72}$$

为了确定最小长度比的纬线 φ_0，须解超越方程，即

$$C = s_0^{\varphi_0} + N_0 \cot\varphi_0$$

式中，C 为已知值，可通过内插制图区域中部向北若干纬度的 $s + N\cot\varphi$ 的数值确定。

求定 φ_0 后，α 即可按 $n_0 = 1$ 的条件，由式(6-68)得

$$\alpha = \sin\varphi_0 \tag{6-73}$$

这种投影仍属于等距离切圆锥投影，但这样一条标准纬线是由条件求出来的，通常不是整度数。

采用该方法近似地计算中国地图(南海诸岛作为插图)。当 $\varphi_0 = 38°$ 时，$n_0 = 1$，$\omega \approx 0°01'$；当 $\varphi_N = 54°$ 时，$n = P \approx 1.052$，$\omega \approx 2°54'$；当 $\varphi_S = 18°$ 时，$n = P \approx 1.052$，$\omega \approx 2°54'$。表 6-9 是该投影的投影变形值。

表 6-9　中国地图(南海诸岛作为插图)应用单标准纬线等距离圆锥投影的投影变形值

$\varphi/(°)$	m	n	P	ω
54	1	1.052	1.052	2°52'50″
50	1	1.026	1.028	1°33'56″
46	1	1.012	1.012	0°41'28″
42	1	1.003	1.003	0°11'13″
38	1	1.000	1.000	0°00'09″
34	1	1.002	1.002	0°06'04″
30	1	1.008	1.008	0°27'20″
26	1	1.018	1.018	1°02'45″
22	1	1.033	1.033	1°51'28″
18	1	1.052	1.052	2°52'50″

在实际应用中，为了减小投影区域的变形，通常采用等距离割圆锥投影。

三、指定制图区域的两条纬线无长度变形

在制图区域中,设 φ_1、φ_2 两条纬线无长度变形,要求 $n_1 = n_2 = 1$,根据条件有

$$\frac{\alpha\rho_1}{r_1} = \frac{\alpha\rho_2}{r_2} = 1$$

或

$$\frac{\alpha(C - s_1)}{r_1} = \frac{\alpha(C - s_2)}{r_2} = 1$$

得

$$C = \frac{s_2 r_1 - s_1 r_2}{r_1 - r_2} \tag{6-74}$$

$$\alpha = \frac{r_1}{C - s_1} = \frac{r_2}{C - s_2} \tag{6-75}$$

该投影中的两条标准纬线是指定的,通常称为等距离割圆锥投影,它是等距离圆锥投影中运用最广泛的一种投影,其公式为

$$\left.\begin{array}{l} \alpha = \dfrac{r_1}{C - s_1} = \dfrac{r_2}{C - s_2} \\[2mm] C = \dfrac{s_2 r_1 - s_1 r_2}{r_1 - r_2} \\[2mm] \delta = \alpha\lambda \\[1mm] \rho = C - s \\[1mm] x = \rho_s - \rho\cos\delta \\[1mm] y = \rho\sin\delta \\[1mm] m = 1 \\[2mm] n = P = \dfrac{\alpha(C - s)}{r} \\[3mm] \sin\dfrac{\omega}{2} = \dfrac{a - b}{a + b} \end{array}\right\} \tag{6-76}$$

如果中国地图(南海诸岛作为插图)应用此投影,取 24°N 和 49°30′N 作为标准纬线,则该投影的投影变形值如表 6-10 所示。

表 6-10　中国地图(南海诸岛作为插图)应用双标准纬线等距离圆锥投影的投影变形值

$\varphi/(°)$	m	n	P	ω
54	1	1.026	1.026	1°26′40″
50	1	1.002	1.002	0°07′53″
46	1	0.987	0.987	0°44′28″
42	1	0.979	0.979	1°14′37″
38	1	0.975	0.975	1°25′36″
34	1	0.977	0.977	1°19′36″
30	1	0.983	0.983	0°58′16″
26	1	0.993	0.993	0°22′46″
22	1	1.008	1.008	0°26′00″
18	1	1.026	1.026	1°27′26″

由表 6-10 可以看出,在双标准纬线等距离圆锥投影中,除经线保持长度不变形外,其他变形都存在(仅在标准纬线没有变形)。

四、投影区域的边缘纬线与中央纬线长度变形绝对值相等

设制图区域边纬为 φ_N、φ_S、中纬为 $\varphi_m = \dfrac{1}{2}(\varphi_N + \varphi_S)$,则根据条件可写出

$$\left. \begin{array}{l} n_N = 1 + v \\ n_m = 1 - v \\ n_S = 1 + v \end{array} \right\} \tag{6-77}$$

将式(6-66)中 $n = \dfrac{\alpha(C-s)}{r}$ 代入式(6-77),由式(6-77)1、3 两式得

$$\frac{\alpha(C-s_N)}{r_N} = \frac{\alpha(C-s_S)}{r_S}$$

故

$$C = \frac{s_N r_S - s_S r_N}{r_S - r_N} \tag{6-78}$$

将式(6-77)的其中两式分别相加,得

$$n_N + n_m = 2 = n_S + n_m$$

或

$$\frac{\alpha(C-s_N)}{r_N} + \frac{\alpha(C-s_m)}{r_m} = 2 = \frac{\alpha(C-s_S)}{r_S} + \frac{\alpha(C-s_m)}{r_m}$$

由此可得

$$\alpha = \frac{2r_N r_m}{(C-s_N)r_m + (C-s_m)r_N} = \frac{2r_S r_m}{(C-s_S)r_m + (C-s_m)r_S} \tag{6-79}$$

对于中国地图(南海诸岛作为插图)来说,在 $\varphi_m = 36°$、$\varphi_N = 54°$、$\varphi_S = 18°$时, $n = P = 1.0250$,$\omega = 1°26'$。

五、定域等面积且南北边缘纬线变形相等

定域等面积且南北边缘纬线变形相等的含义在等角圆锥投影中已进行了详细说明,这里根据指定制图区域边缘纬线变形相等的条件,即在边缘纬线 φ_N 和 φ_S 上长度比 $n_N = n_S$,求常数 C,即

$$C = \frac{s_N r_S - s_S r_N}{r_S - r_N} \tag{6-80}$$

对于等距离圆锥投影,$P = n$,并要求定域等面积,即 $P = 0$,故

$$\sum_{i=1}^{n}(P_i - 1)\Delta F_i = 0$$

或

$$\sum_{i=1}^{n}(n_i - 1)\Delta F_i = 0$$

而

$$n = \frac{\alpha(C - s)}{r}$$

故

$$\sum_{i=1}^{n} \left(\frac{\alpha(C - s_i)}{r_i} - 1 \right) \Delta F_i = 0$$

即

$$\alpha = \frac{F}{C \sum_{i=1}^{n} \frac{\Delta F_i}{r_i} - \sum_{i=1}^{n} \frac{s_i \Delta F_i}{r_i}}$$

将式(6-80)代入,得

$$\alpha = \frac{F}{\dfrac{s_{\mathrm{N}} r_{\mathrm{S}} - s_{\mathrm{S}} r_{\mathrm{N}}}{r_{\mathrm{S}} - r_{\mathrm{S}}} \sum_{i=1}^{n} \dfrac{\Delta F_i}{r_i} - \sum_{i=1}^{n} \dfrac{s_i \Delta F_i}{r_i}} \tag{6-81}$$

§6-5　斜轴、横轴圆锥投影

在正轴圆锥投影中,变形仅是纬度的函数,故等变形线与纬线一致,因此正轴圆锥投影适宜于沿纬线延伸的地区。当投影区域不是沿纬线而是沿着某一个小圆方向延伸时,则适宜采用斜轴或横轴圆锥投影。

在斜轴和横轴圆锥投影中,为符合某种条件下的半径为 R 的球面,采用球面极坐标——方位角 α 和天顶距 Z 表示点位。球面极坐标原点 $Q(\varphi_0、\lambda_0)$ 为通过制图区域最大延伸方向小圆的极,常称为"新极"。

在斜轴和横轴圆锥投影中,等高圈投影为一组同心圆弧,垂直圈投影为过圆心的一组射线,且两直线间的夹角与相应的两垂直圈间的夹角成正比,而经纬线则投影为曲线,只是经过新极点 Q 的经线 λ_0 投影为直线,且是其他经线的对称轴。因此,在斜轴和横轴圆锥投影中,主方向与垂直圈和等高圈相一致,沿垂直圈和等高圈的长度比 $\mu_1、\mu_2$ 即为极值长度比 $a、b$。

比较正轴圆锥投影的公式,不难写出斜轴圆锥投影的一般公式,即

$$\left. \begin{aligned} &\delta = \alpha(\pi - \alpha) \\ &\rho = f(Z) \\ &x = \rho\cos\delta \\ &y = \rho\sin\delta \\ &\mu_1 = \frac{\mathrm{d}\rho}{R\,\mathrm{d}Z} \\ &\mu_2 = \frac{\alpha\rho}{R\sin Z} \\ &P = \mu_1 \mu_2 \\ &\sin\frac{\omega}{2} = \frac{a - b}{a + b} \ \text{或} \ \tan\left(45° + \frac{\omega}{4}\right) = \sqrt{\frac{a}{b}} \end{aligned} \right\} \tag{6-82}$$

式中,α、Z 是地理坐标 φ、λ 的函数,ρ 是等高圈投影半径,f 取决于投影条件(等角、等面积)。

在等角圆锥投影中

$$\left.\begin{array}{l} \rho = \rho_S \tan^\alpha \dfrac{Z}{2} \\[2mm] \delta = \alpha(\pi - \alpha) \\[2mm] \rho_S = \rho_0 \cot^\alpha \dfrac{Z_0}{2} \\[2mm] \rho_0 = n_0 R \tan Z \\[2mm] \alpha = \cos Z \end{array}\right\} \tag{6-83}$$

式中，Z_0 是具有最小等高圈长度比的天顶距，n_0 是最小等高圈长度比。

在等面积圆锥投影中

$$\left.\begin{array}{l} \rho^2 = \dfrac{2}{\alpha}(\rho_S - F) \\[2mm] \delta = \alpha(\pi - \alpha) \\[2mm] \rho_S = F_0 + \dfrac{\alpha}{2}\rho_0^2 \\[2mm] \rho_0 = \dfrac{1}{n_0} R \tan Z_0 \\[2mm] \alpha = n_0^2 \cos Z_0 \\[2mm] F = R^2 \cos Z \end{array}\right\} \tag{6-84}$$

在等距离圆锥投影中

$$\left.\begin{array}{l} \rho = \rho_S - S \\[2mm] \delta = \alpha(\pi - \alpha) \\[2mm] \rho_S = \rho_0 + S_0 \\[2mm] \rho_0 = R \tan Z_0 \\[2mm] \alpha = n_0 \cos Z_0 \\[2mm] S = R\left(\dfrac{\pi}{2} - Z\right) \end{array}\right\} \tag{6-85}$$

斜轴圆锥投影的计算过程如下：

(1)依据某种条件确定球半径 R。

(2)确定通过投影区域延伸方向的小圆极点 Q 的地理坐标(φ_0, λ_0)。

(3)将投影区域内经纬网交点的地理坐标换算为以 Q 为极点的球面极坐标(α, Z)。

(4)仿正圆锥投影中的方法确定常数 α、ρ_S。

(5)计算投影直角坐标(x, y)和变形值 μ_1、μ_2、P、ω。

在横轴和斜轴圆锥投影中，除了过新极点的经线外(在横轴投影中赤道也过新极点)，其余经线均投影为对称于中央经线的曲线。

§6-6　圆锥投影的变形分析及应用

从圆锥投影长度比一般公式(6-4)可以看出，正轴圆锥投影的变形只与纬度有关，而与经差无关，因此同一条纬线的变形是相等的，即圆锥投影的等变形线与纬线一致。图 6-15 中 φ_0、φ_1、φ_2 代表切、割圆锥投影的标准纬线，虚线为等变形线，箭头所指为变形增加方向。

在圆锥投影中,变形的分布与变化随着标准纬线选择的不同而不同。

(1)在切圆锥投影中,由表 6-11 可以看出,标准纬线 φ_0 处的长度比 $n_0=1$,其余纬线长度比均大于 1,并向南、北方向增大。

(2)在割圆锥投影中,由表 6-11 亦可看出,在标准纬线 φ_1、φ_2 处长度比 $n_1=n_2=1$,变形自标准纬线 φ_1、φ_2 向内和向外增大,在 φ_1 与 φ_2 之间 $n<1$,在 φ_1、φ_2 之外 $n>1$。

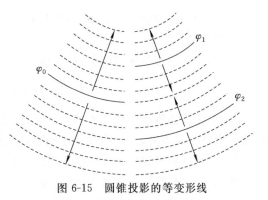

图 6-15 圆锥投影的等变形线

表 6-11 圆锥投影长度比

投影类型	等角圆锥投影		等面积圆锥投影		等距离圆锥投影	
	n	m	n	m	n	m
切于 φ_0	$n>1$	$m>1$	$n>1$	$m<1$	$n>1$	$m=1$
	$n_0=1$	$m_0=1$	$n_0=1$	$m_0=1$	$n_0=1$	$m_0=1$
	$n>1$	$m>1$	$n>1$	$m<1$	$n>1$	$m=1$
割于 φ_1、φ_2	$n>1$	$m>1$	$n>1$	$m<1$	$n>1$	$m=1$
	$n_2=1$	$m_2=1$	$n_2=1$	$m_2=1$	$n_2=1$	$m_2=1$
	$n<1$	$m<1$	$n<1$	$m>1$	$n<1$	$m=1$
	$n_1=1$	$m_1=1$	$n_1=1$	$m_1=1$	$n_1=1$	$m_1=1$
	$n>1$	$m>1$	$n>1$	$m<1$	$n>1$	$m=1$

在标准纬线相同的情况下,采用不同性质(等角、等距离和等面积)的投影,其变形是不同的。

由图 6-16 可以看出,在标准纬线相同的条件下,沿纬线长度比(n)的相差程度甚小,而沿经线长度比(m)的相差程度较大。圆锥投影在标准纬线上没有变形,离开标准纬线愈远则变形愈大,一般还有自标准纬线向北增长快,向南增长慢的规律。

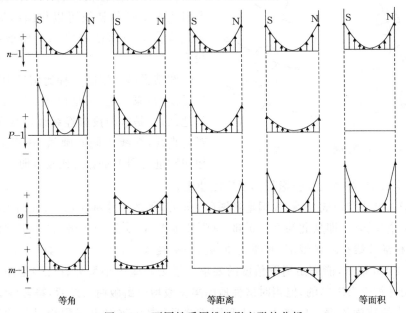

图 6-16 不同性质圆锥投影变形的分析

（1）等角圆锥投影变形的特点：角度没有变形，沿经、纬线的长度变形是一致的（$m=n$），面积比为长度比的平方。

（2）等面积圆锥投影变形的特点：保持了制图区域面积投影前后不变，（$P=1$），但角度变形较大，沿经线长度比与沿纬线长度比的变形互为倒数 $\left(n=\dfrac{1}{m}\right)$。

（3）等距离圆锥投影的变形特点：其变形大小介于等角投影与等面积投影之间，除沿经线长度比保持不变以外，沿纬线长度比与面积比相一致（$n=P$）。

（4）各种变形是以一定规律变化着的，沿纬线的长度比一般变化较缓。等角圆锥投影没有角度变形，图中其自左向右增大，到等面积圆锥投影时，角度变形最大。等面积圆锥投影没有面积变形，图中其自右向左增大，到等角圆锥投影时，面积变形为最大。沿经线的长度变形自等距离圆锥投影向等角圆锥投影方向正向增大，向等面积圆锥投影方向负向增大。在等角圆锥投影与等面积圆锥投影之间，根据变形的特点，可设计很多新的圆锥投影，称为任意圆锥投影，等距离圆锥投影属于任意圆锥投影。

在研究变形变化规律时，有时借助于变形椭圆进行表示，根据表 6-11 中 m、n 的变化规律，绘出等角圆锥投影的变形椭圆，如图 6-17 所示。在等角投影中，沿经、纬线的长度比相等，因此在标准纬线上的一个微分圆，投影后仍为一个圆。在等角切圆锥投影中（图 6-17 左）微分圆自标准纬线向南、北逐渐增大；在等角割圆锥投影中（图 6-17 右），微分圆在两条标准纬线之间逐渐减小，在两条标准纬线之外增大。同样根据表 6-11 中 m、n 的变化规律，可以绘出等面积和等距离圆锥投影的变形椭圆。

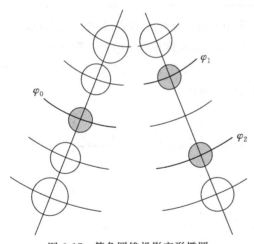

图 6-17　等角圆锥投影变形椭圆

对同一制图区域所选择的投影，割圆锥投影中变形增大的绝对值比切圆锥投影要小些，因此割圆锥投影在实际工作中得到广泛的使用。表 6-12 是中国地图（南海诸岛作为插图）采用不同性质的圆锥投影所计算的变形值。根据圆锥投影变形的特征可以得出结论：圆锥投影最适宜作为中纬度处沿纬线伸展制图区域的投影。

圆锥投影在编制各种比例尺地图中均得到广泛使用，原因是：一是地球上广大陆地位于中纬地区；二是这种投影经纬线形状简单，经线为辐射直线，纬线为同心圆弧，在编图，以及使用地图和进行图上量算时比较方便。

在制图实践中，等角圆锥投影得到了广泛使用。

（1）中华人民共和国成立前，我国地形图（1：5 万）曾采用这种投影，将我国大陆部分按纬度划分为 11 个投影区，即从北纬 21°40′起，每隔纬度差 3°30′划为 1 带，带与带之间重叠 30′。每带的 2 条标准纬线在距各带南、北纬线 30′处，中央经线为 $\lambda=105°$。这样分带，其长度变形最大约为 1/4 000 以下，能满足测图精度的要求。过去一些中小型分省（区）地图集的普通地图，也有采用这种投影编制的，但当时这种地图集一般均由出版商人经营，缺乏科学性，因此几乎找不出投影的数学依据。中华人民共和国成立后，党和政府重视测绘科学的发展。我国

1957 年出版的中华人民共和国地图集中的分省图采用统一编稿、套框分幅,采用的投影就是等角圆锥投影,两条标准纬线为 $\varphi_1=25°$, $\varphi_2=45°$。

表 6-12　中国地图(南海诸岛作为插图)采用不同性质的圆锥投影所计算的变形值

$\varphi/(°)$	等角圆锥投影 $\varphi_1=25°,\varphi_2=47°$			等距离圆锥投影 $\varphi_1=25°,\varphi_2=47°$			等面积圆锥投影 $\varphi_1=25°,\varphi_2=47°$		
	$m(n)$	P	ω	m	$n=P$	ω	$n=1/m$	P	ω
15	1.047 1	1.096 5	0	1.000 0	1.043 6	2°26′	1.040 4	1.000 0	4°39′
20	1.019 8	1.040 0	0	1.000 0	1.018 6	1°04′	1.017 5	1.000 0	1°59′
25	1.000 0	1.000 0	0	1.000 0	1.000 0	0°00′	1.000 0	1.000 0	0°00′
30	0.987 4	0.974 9	0	1.000 0	0.987 7	0°42′	0.988 0	1.000 0	1°23′
35	0.981 9	0.964 1	0	1.000 0	0.982 0	1°02′	0.982 2	1.000 0	2°03′
40	0.983 8	0.967 5	0	1.000 0	0.983 5	0°58′	0.983 3	1.000 0	1°52′
45	0.993 6	0.987 5	0	1.000 0	0.993 4	0°23′	0.983 1	1.000 0	0°48′
50	1.012 5	1.025 1	0	1.000 0	1.013 4	0°46′	1.014 3	1.000 0	1°38′
55	1.042 2	1.086 2	0	1.000 0	1.046 7	2°37′	1.051 4	1.000 0	5°44′

(2)正轴等面积圆锥投影应用在一些行政区划图、人口地图及社会经济地图等的编制中。例如,1934 年申报馆出版的《中华民国新地图》,其中的很多序图就是采用的正轴等面积圆锥投影(阿尔贝斯投影),其两条标准纬线为 $\varphi_1=25°$, $\varphi_2=48°$。中华人民共和国成立后,中国科学院地理研究所也采用该投影编制了 1∶400 万"中国地势图",两条标准纬线为 $\varphi_1=25°$, $\varphi_2=45°$。

(3)各国 1∶100 万、1∶200 万等比例尺航空图都采用等角圆锥投影进行编制,我国 1∶200 万航空图也采用等角圆锥投影进行编制。

(4)圆锥投影适宜于沿纬线延伸区域图的编制。例如,1∶600 万中国全图采用的是等面积圆锥投影;1∶250 万苏联全图采用的是等距离圆锥投影。等角圆锥投影更是省(区)图编制的数学基础。例如,《中华人民共和国普通地图集》《自然地图集》中的省(区)图采用的都是等角圆锥投影。另外,在《区域地图投影用表集》中,世界各区域图的投影方案和投影成果表部分对世界绝大多数国家采用分带投影方案,即将全球分为 11 个投影带,除赤道带和极区带外,均采用等角圆锥投影;任意制图区域的投影成果表部分提供了等角切圆锥投影坐标表,它既能满足较大比例尺区域图编制的需要,也能满足较小比例尺区域图编制的需要。

(5)正轴等距离圆锥投影在我国目前应用得较少,但有的图集亦有采用。

实际上,各种性质的圆锥投影都具有自己的特点,在编制各种类型的地图和地图集时,可以根据不同的要求选择合适的地图投影。

§6-7　地图投影实践

一、基于 Geocart 的圆锥投影

点击【File】→【New】,然后点击【Map】→【New】,再点击【Projection】→【Change Projections...】,选择圆锥投影中的等角圆锥投影(Lambert conformal),如图 6-18 所示。

运行得到正轴等角圆锥投影的投影表象,显示结果如图 6-19 所示。

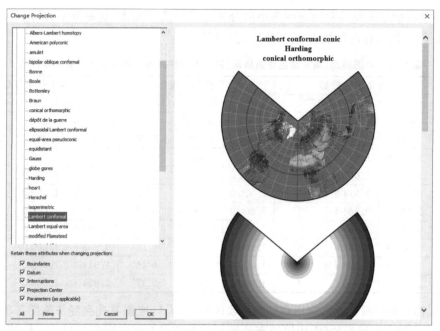

图 6-18　Change Projection 界面

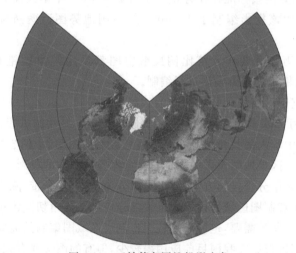

图 6-19　正轴等角圆锥投影表象

点击【Projection】→【Parameters…】,显示该投影的相关参数,包括投影中心、两条标准纬线,如图 6-20 所示。

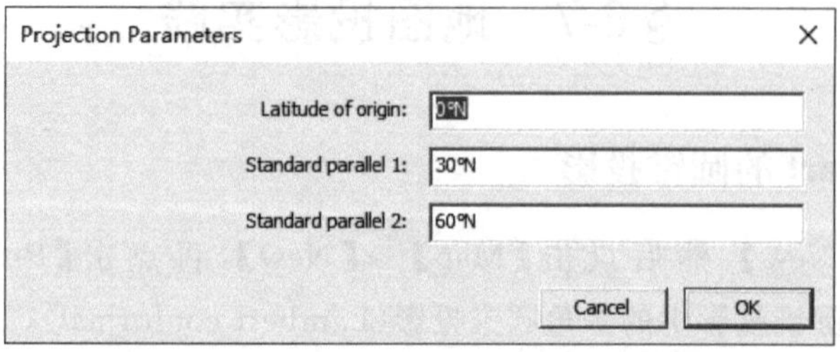

图 6-20　Projection Parameters 设置界面

点击【Map】→【Tissot Indicatrices】，显示变形椭圆，如图 6-21 所示。

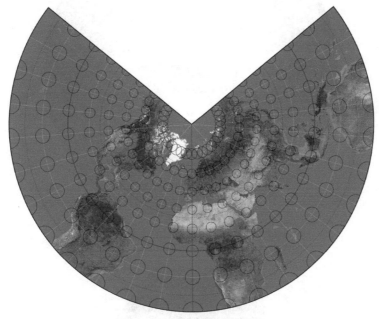

图 6-21　投影变形椭圆展示

点击【Map】→【Distortion Visualization...】，出现设置界面，如图 6-22 所示。

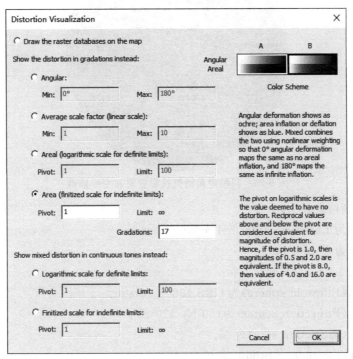

图 6-22　Distortion Visualization 设置界面

确定后，显示该投影的等变形线，如图 6-23 所示。

按照以上的步骤，还可以显示斜轴等角圆锥投影表象和变形椭圆，如图 6-24 所示。

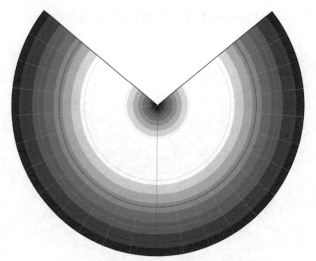

图 6-23　正轴等角圆锥投影的等变形线展示

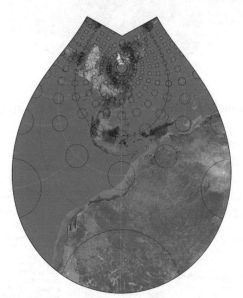

图 6-24　斜轴等角圆锥投影表象和变形椭圆

该投影的详细信息如下:

(1)投影名称为 Lambert conformal conic。

(2)投影性质为 Conformal。

(3)比例尺为 1∶168 756 809。

(4)参考椭球(Ellipsoid sphere)为 GRS 1980 authalic。

(5)投影中心(Projection center)为(50°N,120°E)。

(6)投影旋转(Projection spin)为 0°。

(7)原点纬度(Latitude of origin)为 0°。

(8)标准纬线 1(Standard parallel 1)为 30°。

(9)标准纬线 2(Standard parallel 2)为 60°。

二、基于 MATLAB 的圆锥投影

针对正轴等角圆锥投影,在 MATLAB 中建立 m 文件,然后键入如下代码:

```
figure
axesm ('lambert', 'Frame', 'on', 'Grid', 'on','Origin',[0,0,0],'ParallelLabel','on','MeridianLabel','on',
'MLabelParallel','equator');
    load coast;
    framem;
    plotm(lat,long,'g')
    tissot;
```

运行结果如图 6-25 所示。

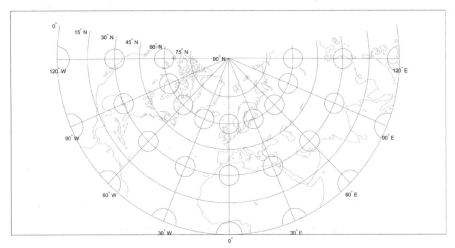

图 6-25 正轴等角圆锥投影表象和变形椭圆

右击该图面空白处,出现 Projection Control 界面,显示该投影的相关信息,如图 6-26 所示。

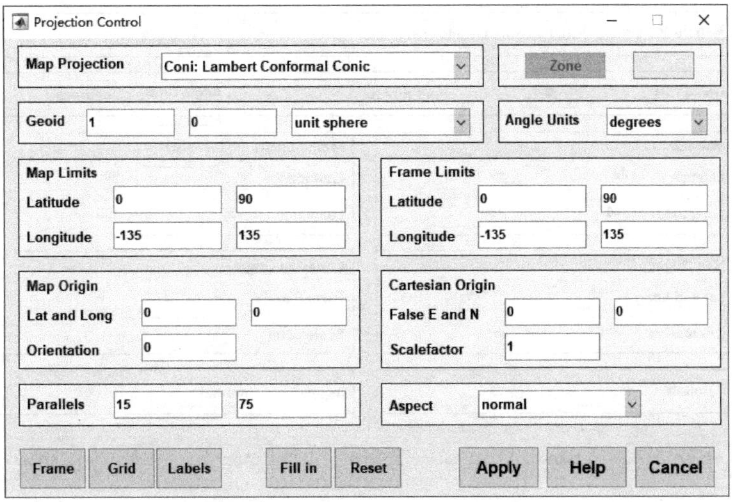

图 6-26 Projection Control 界面

　　为了得到斜轴等角圆锥投影，调整程序中 axesm 的'Origin'的参数为[60,120,0]，键入以下代码：

```
figure
axesm ('lambert', 'Frame', 'on', 'Grid',
'on','Origin',[60,120,0],'ParallelLabel','on','MeridianLabel','on','MLabelParallel','equator');
    load coast;
    % landareas = shaperead('landareas.shp','UseGeoCoords',true);
    framem;
    plotm(lat, long,'color',1 * [1 0.8 0.5])
```

运行结果如图 6-27 所示。

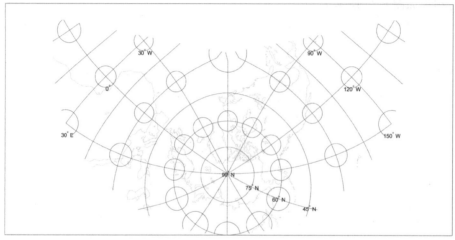

图 6-27　斜轴等角圆锥投影表象和变形椭圆

　　右击该图面空白处，出现 Projection Control 界面，显示该投影的相关信息，如图 6-28 所示。

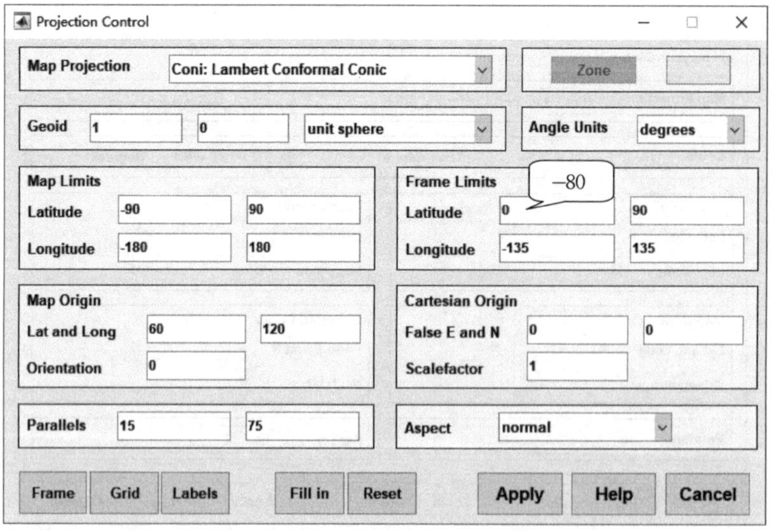

图 6-28　Projection Control 界面

调整 Frame Limits 中 Latitude 的起始纬度为 $-80°$。点击 Apply，运行结果如图 6-29 所示。

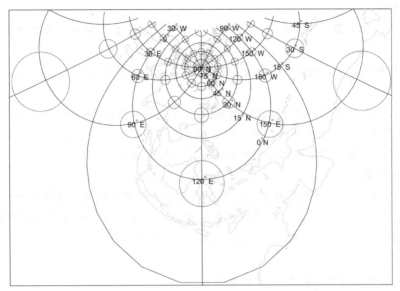

图 6-29　调整后的斜轴等角圆锥投影表象和变形椭圆

按照斜轴等角圆锥投影的制作步骤，可以制作横轴等角圆锥投影表象和变形椭圆，如图 6-30 所示。

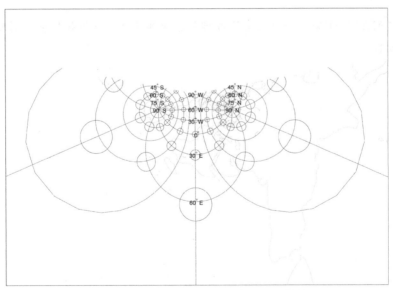

图 6-30　横轴等角圆锥投影表象和变形椭圆

本章习题

1. 叙述正轴、斜轴圆锥投影的经纬线形状。
2. 归纳正轴等角圆锥投影、等面积圆锥投影和等距离圆锥投影的一般公式。
3. 正轴等角圆锥投影常数 α、K 是依据什么条件确定的？主要有几种？

4. 为什么世界上多数国家和地区都采用圆锥投影来编制地图?

5. 在编制哪些类型地图时,采用等角圆锥投影、等距离圆锥投影、等面积圆锥投影比较合适? 试分别举例说明。

6. 为什么编制地图时通常选用割圆锥投影? 割圆锥投影与切圆锥投影的变形分布有什么规律?

7. 绘出正轴等角割圆锥投影、等面积割圆锥投影及等距离割圆锥投影变形椭圆的分布情况。

8. 编制我国大陆部分地图、省(区)地图及各种专题地图时,能否按投影区域确定标准纬线,按等角割圆锥投影公式计算成果并展绘经纬线网格?

9. 利用正轴等角割圆锥投影公式计算的直角坐标数据展出经纬线后,用什么方法检查展绘的经纬网的正确性?

10. 圆锥投影的等变形线是什么形状的? 它适合于编制什么样地区的地图?

11. 叙述等角圆锥投影、等面积圆锥投影及等距离圆锥投影的极点投影后的形状。

12. 叙述斜轴等角圆锥投影极点表象形式、等变形线形状,说明它适合于哪种形状的制图区域。

13. 叙述圆锥投影常数 α、K 的几何意义。

14. 根据指定制图区域中两条纬线无长度变形求投影常数的方法,归纳等角割圆锥投影、等距离割圆锥投影和等面积割圆锥投影公式。

15. 在边缘纬线长度变形相等的情况下,等角切圆锥投影与等角割圆锥投影之间有什么关系?

16. 请在 MATLAB 环境下实现等面积圆锥投影和等距离圆锥投影在不同轴向上的投影表象和变形分析。

第七章　圆柱投影

§7-1　圆柱投影的一般公式及其分类

圆柱投影是用一个圆柱面包围地球椭球体，使之相切或相割，再根据某种条件将椭球面上的经纬网点投影到圆柱面上，然后沿圆柱面的一条母线切开，将其展成平面而得。从几何意义上看，圆柱投影是圆锥投影的一个特殊情况，设想圆锥顶点延伸到无穷远时，即成为一个圆柱面。显然在圆柱面展开成平面以后，纬线圈成了平行直线，经线交角等于 $0°$，也是平行直线，如图 7-1 所示。

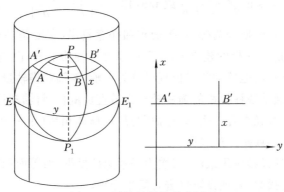

图 7-1　圆柱投影的基本原理

根据圆柱投影的几何原理及其经纬线表象特征，可以得出投影直角坐标 x、y 和 φ、λ 的函数。其中，x 坐标表达较复杂，是纬度 φ 的函数，y 坐标和 λ 成正比。由此可写出一般公式，即

$$\left.\begin{array}{l} x = f(\varphi) \\ y = \alpha\lambda \end{array}\right\} \tag{7-1}$$

式中，f 是关于 φ 的函数，需要根据投影变形性质求得 f 表达式；α 为常数，根据圆柱投影的几何原理得到，当圆柱面与地球相切（于赤道上）时，$\alpha = a$，相割时，$\alpha < a$。

投影坐标系通常采用投影区域的中央经线 λ_0 作为 x 轴，将赤道或投影区域最低纬线作为 y 轴。在正轴圆柱投影中，经纬线正交，因此沿经纬线长度比就是极值长度比，即 $m = a$、$n = b$ 或 $m = b$、$n = a$。

为求得圆柱投影的各种变形值，对式(7-1)求导，从而计算高斯系数，可得

$$E = \left(\frac{\mathrm{d}x}{\mathrm{d}\varphi}\right)^2$$

$$G = \alpha^2$$

将 E、G 代入长度比公式，可得圆柱投影沿经、纬线长度比 m、n 的一般公式，即

$$\left.\begin{array}{l} m = \dfrac{\mathrm{d}x}{M\mathrm{d}\varphi} \\ n = \dfrac{\alpha}{r} \end{array}\right\} \tag{7-2}$$

进而可以求得面积比与最大角度变形。圆柱投影的一般公式为

$$
\left.
\begin{aligned}
& E = \left(\frac{\mathrm{d}x}{\mathrm{d}\varphi}\right)^2 \\
& G = \alpha^2 \\
& x = f(\varphi) \\
& y = \alpha\lambda \\
& m = \frac{\mathrm{d}x}{M\mathrm{d}\varphi} \\
& n = \frac{\alpha}{r} \\
& P = ab = mn \\
& \sin\frac{\omega}{2} = \frac{a-b}{a+b} \text{ 或 } \tan\left(45° + \frac{\omega}{4}\right) = \sqrt{\frac{a}{b}}
\end{aligned}
\right\}
\tag{7-3}
$$

圆柱投影可以按变形性质分为等角、等面积和任意投影（主要是等距离投影）。此外还有透视圆柱投影，其特点是 x 坐标的建立方法不同，从变形性质上看，也属于任意投影。

圆柱投影按"圆柱面"与地球的相对位置可分为正轴、斜轴和横轴投影，其中正轴圆柱投影的圆柱轴与地轴重合，横轴圆柱投影的圆柱轴与赤道直径重合，斜轴圆柱投影的圆柱轴与地轴和赤道直径以外的任一直径重合。按"圆柱面"与地球球体相切（于一个大圆）或相割（于两个小圆），可分为切圆柱投影或割圆柱投影。

在应用上，等角圆柱投影应用最广，其次为任意圆柱投影，而等面积圆柱投影极少应用，故以下主要阐述等角圆柱投影，其他投影仅进行简单介绍。

§7-2　等角圆柱投影

通过圆柱投影的一般公式可知，无论等角、等距离、等面积或其他圆柱投影，当投影面与地球相对位置一定时，其差别仅是 x 的表达式，即 x 大小的差别。为此先提出等角、等距离、等面积投影的统一条件式（假定在正轴情况下），即

$$
m = n^N
\tag{7-4}
$$

显然，当 $N=1$ 时，构成等角条件 $m=n$；当 $N=0$ 时，构成等距离条件 $m=1$，当 $N=-1$ 时，构成等面积条件 $m=\frac{1}{n}$ 或 $mn=1$。

下面推导等角圆柱投影公式。

在等角圆柱投影中，微分圆的表象保持为圆形，即一点上任何方向的长度比均相等，公式为

$$
m = n
$$

按式（7-2）有

$$
\frac{\mathrm{d}x}{M\mathrm{d}\varphi} = \frac{\alpha}{r}
$$

为求 $x = f(\varphi)$，对上式进行移项积分，得

$$\int \mathrm{d}x = \alpha \int \frac{M\mathrm{d}\varphi}{r} = \alpha \int \frac{1-e^2}{1-e^2\sin^2\varphi} \cdot \frac{\mathrm{d}\varphi}{\cos\varphi}$$

上式中右边的积分形式已在§6-2中解决,故可得

$$x = \alpha\ln U + C \tag{7-5}$$

式中,$\ln U = \ln \dfrac{\tan\left(45° + \dfrac{\varphi}{2}\right)}{\tan^e\left(45° + \dfrac{\psi}{2}\right)}$;$C$ 为积分常数,当 $\varphi=0$ 时,$x=0$,故 $C=0$。

在式(7-5)中还有一个常数 α 需要确定,为此令纬度 φ_K 上长度比 $n_K=1$,则

$$n_K = \frac{\alpha}{r_K} = 1$$

故得

$$\alpha = r_K \tag{7-6}$$

这就是割圆柱投影常数,r_K 为所割纬线的半径。

特别当 $r_K=0$ 时,得

$$\alpha = a \tag{7-7}$$

这就是切圆柱投影常数,a 为赤道半径。

得到了 α,可得等角圆柱投影长度比公式,割圆柱投影和切圆柱投影分别为

$$\left.\begin{aligned} m = n = \frac{r_K}{r} \\ m = n = \frac{a}{r} \end{aligned}\right\} \tag{7-8}$$

这是一个重要的常用投影,是16世纪荷兰地图学家墨卡托(Mercator)所创造的,故又称为墨卡托投影,迄今仍然是广泛应用于航海、航空方面的重要投影之一。该投影公式汇集为

$$\left.\begin{aligned} & x = \alpha\ln U \\ & y = \alpha\lambda \\ & \alpha = r_K(\text{在切圆柱中 } \alpha = a) \\ & m = n = \frac{\alpha}{r} \\ & P = m^2 \\ & \omega = 0 \end{aligned}\right\} \tag{7-9}$$

等角圆柱投影的一个特点是等角航线的投影表象为直线,因此广泛用于航海图的编制,也用于航空图的编制。有关等角航线方面的论述,请参见§2-4的相关内容。

根据切、割等角圆柱投影的变形公式,算得变形值如表7-1所示。

表 7-1　切、割等角圆柱投影变形值

$\varphi/(°)$		0	10	20	30	40	50	60	70	80	90
μ	切	1.000	1.015	1.064	1.154	1.304	1.557	1.995	2.915	5.740	∞
	割	0.867	0.880	0.922	1.000	1.128	1.346	1.729	2.527	4.975	∞

由变形公式和表7-1可以看出:

(1)在切圆柱投影中,赤道没有变形,随着纬度的增加,变形迅速增大。

（2）在割圆柱投影中，两条标准纬线无变形，两条标准纬线间是负向变形，两条标准纬线以外是正向变形，距离标准纬线越远变形越大。

（3）无论是切圆柱投影还是割圆柱投影，赤道上的长度比为最小，两极的长度比均为无穷大。

（4）面积比是长度比的平方，所以面积变形很大。

§7-3　等面积圆柱投影

由式（7-4）可知，当 $N=-1$ 时，得等面积条件，即 $m=\dfrac{1}{n}$，或 $mn=l$，将式（7-2）中 m、n 表达式代入，可得

$$mn=\frac{\mathrm{d}x}{M\mathrm{d}\varphi}\cdot\frac{\alpha}{r}=1$$

移项化简，得

$$\mathrm{d}x=\frac{1}{\alpha}Mr\mathrm{d}\varphi$$

对上式进行积分，得

$$x=\frac{1}{\alpha}S+C$$

式中，$S=\displaystyle\int_{0}^{\varphi}Mr\mathrm{d}\varphi$，是经差 1 rad、纬差由赤道到纬线 φ 的椭球体上的梯形面积。当 $\varphi=0$ 时，$x=0$，故 $C=0$，可得

$$x=\frac{1}{\alpha}S \tag{7-10}$$

式中，α 及另一个坐标 y 的求法与等角圆柱投影相同，故不再赘述。

等面积圆柱投影的变形值如表 7-2（切投影情况）所示。

表 7-2　等面积圆柱投影变形值

$\varphi/(\degree)$	m	n	P	ω
0	1.000	1.000	1.000	$0\degree00'$
10	0.985	1.015	1.000	$1\degree45'$
20	0.940	1.064	1.000	$7\degree07'$
30	0.866	1.155	1.000	$16\degree26'$
40	0.766	1.305	1.000	$30\degree11'$
50	0.643	1.556	1.000	$49\degree04'$
60	0.500	2.000	1.000	$73\degree44'$
70	0.342	2.924	1.000	$104\degree28'$
80	0.174	5.579	1.000	$140\degree36'$
90	0.000	∞	1.000	$180\degree00'$

由变形公式和表 7-2 可以看出：

（1）在切圆柱投影中，赤道没有变形，随着纬度的增加，角度变形迅速增大，在两极附近变形很大。

（2）没有面积变形。

（3）在割圆柱投影中，两条标准纬线无变形，两条标准纬线间是负向变形，两条标准纬线以外是正向变形，距离标准纬线越远变形越大。

§7-4　等距离圆柱投影

由式(7-4)可知，当 $N=0$ 时，即得等距离条件，将式(7-2)中 m 表达式代入，可得

$$m = \frac{\mathrm{d}x}{M\mathrm{d}\varphi} = 1$$

移项积分后，得

$$x = \int M\mathrm{d}\varphi + C = s + C$$

式中，s 为由赤道到纬线 φ 的子午线弧长，C 为常数。当横坐标轴与赤道相合，即 $\varphi=0$ 时，$x=0$，故 $C=0$，即

$$x = s \tag{7-11}$$

至于另一个坐标 y 和变形表达式的推导，与等角圆柱投影相同，故不再赘述。但须指出，在切圆柱投影中，如把地球当作球体，则

$$\left.\begin{array}{l} x = R\varphi \\ y = R\lambda \end{array}\right\} \tag{7-12}$$

由式(7-12)可见，经纬网的表象为正方形的格子，故等距离圆柱投影又称为方格投影。其变形值如表 7-3 所示。

表 7-3　等距离圆柱投影变形值

$\varphi/(°)$	m	n	P	ω
0	1.000	1.000	1.000	0°00′
10	1.000	1.015	1.015	0°52′
20	1.000	1.064	1.064	3°33′
30	1.000	1.155	1.155	8°14′
40	1.000	1.304	1.304	15°10′
50	1.000	1.553	1.553	25°01′
60	1.000	2.000	2.000	38°57′
70	1.000	2.915	2.915	58°34′
80	1.000	5.740	5.740	89°23′
90	1.000	∞	∞	180°00′

由变形公式和表 7-3 可以看出：

（1）在切圆柱投影中，赤道没有变形，随着纬度的增加，各种变形逐渐增大。

（2）在割圆柱投影中，两条标准纬线无变形，两条标准纬线间是负向变形，两条标准纬线以外是正向变形，距离标准纬线越远变形越大。

（3）无论是切圆柱投影还是割圆柱投影，沿经线长度比为 $m=1$。

§7-5 斜轴与横轴圆柱投影

从正轴圆柱投影的变形公式可以看出,其最适宜用于低纬度沿纬线伸展的地区。这一情况使圆柱投影的应用有了局限性。如果制图区域是沿某一大圆方向伸展或沿经线方向伸展,就不宜采用正轴圆柱投影而应考虑斜轴或横轴圆柱投影,以使变形减小。

在斜轴或横轴圆柱投影中,通常把地球当作半径为 R 的球体,应用的是球面极坐标 α、Z,它的原点(称为新极)为 $Q(\varphi_0,\lambda_0)$,是通过制图区域延伸方向大圆的天顶。

在斜轴或横轴的情况下,垂直圈投影成为平行直线,间隔与方位角 α 成正比,等高圈也投影成为平行直线,且与垂直圈正交,这种情况相当于正轴投影中经纬线的投影;经纬线投影一般为曲线,仅通过 Q 点的经线投影为直线且为投影的对称轴(中央经线),在这种情况下主方向与垂直圈及等高圈相合,故沿垂直圈长度比 μ_1 与沿等高圈长度比 μ_2 即为极值长度比。

斜轴与横轴圆柱投影的一般公式为

$$x = f(Z) \atop y = a \cdot \alpha \} \tag{7-13}$$

式中,x、y 为投影后的直角坐标;第一个 a 为常数,第二个 α 为斜轴或横轴的球面极坐标系中方位角。x 轴与通过 Q 的经线(直线)重合,当为横轴投影时与投影区域中央经线重合,取赤道或制图区域最低纬线与 x 轴相交之点作为坐标原点。

式(7-13)中,函数 f 的形式是根据投影变形条件(如等角或等距离等)确定的。

斜轴或横轴圆柱投影的计算步骤如下:

(1)确定球体半径 R。

(2)对于斜轴,选定 Q 的 φ_0、λ_0;对于横轴,选定中央经线,即 λ_c。

(3)根据规定的经差与纬差(经纬网密度)把制图区域内经纬线交点的地理坐标 φ、λ 换算为 α、Z。

(4)计算投影坐标、长度比、面积比及最大角度变形。计算时,斜轴可应用正轴投影公式,仅以 α 换 λ、$90°-Z$ 换 φ。对于横轴可应用横轴圆柱投影公式。

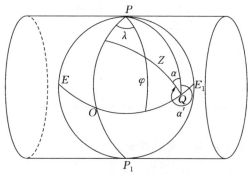

图 7-2 横轴切圆柱投影示意

在横轴切圆柱投影中,圆柱面切于制图区域的中央经线 (λ_c) 上,此经线长度比为 $\mu_c=1$,新极点 Q 的纬度为 $0°$,经度 $\lambda_0=\lambda_c+90°$。在图 7-2 中,POP_1 为所切的中央经线,将其作为投影的 x 轴,将赤道 EOE_1 作为 y 轴,令 $\lambda_c=0°$,即经度自中央经线起算,方位角自 PQ 起算。根据球面三角学,不难写出 (α,Z) 与 (φ,λ) 的关系,即

$$\cot\alpha = \tan\varphi\sec\lambda \atop \cos Z = \cos\varphi\sin\lambda \} \tag{7-14}$$

下面介绍两种横轴切圆柱投影。

一、等角横轴切圆柱投影

等角横轴切圆柱投影也就是横轴墨卡托投影,其圆柱面切于制图区域的中央经线,中央经

线长度比为 $\mu_c=1$，其余点上为 $\mu_1=\mu_2$，最大角度变形为 $\omega=0$。

比较式(7-9)可见，在进行横轴投影时，x、y 与正轴投影互相易位，而且 α 相当于 λ，$90°-Z$ 相当于 φ，因此很容易写出等角横轴切圆柱投影公式(把地球当作球体)，即

$$\left.\begin{aligned} x &= R(90°-\alpha) \\ y &= R\ln\cot\frac{Z}{2} \\ \mu_1 &= \mu_2 = \csc Z \\ P &= \csc^2 Z \\ \omega &= 0 \end{aligned}\right\} \quad (7\text{-}15)$$

如以地理坐标代入，则有

$$\left.\begin{aligned} x &= R\arctan(\tan\varphi\sec\lambda) \\ y &= \frac{1}{2}R\ln\left(\frac{1+\cos\varphi\sin\lambda}{1-\cos\varphi\sin\lambda}\right) \\ \mu_1 &= \mu_2 = \frac{1}{\sin Z} = \frac{1}{\sqrt{1-\cos^2\varphi\sin^2\lambda}} \\ P &= \frac{1}{1-\cos^2\varphi\sin^2\lambda} \\ \omega &= 0 \end{aligned}\right\} \quad (7\text{-}16)$$

注意，在式(7-15)和式(7-16)中，α 相当于制图用表中以 $90°-\lambda$ 和 φ 为引数查得的值，即由 PQ 起算的小于 $90°$ 的方位角(取正值)。

如将地球当作椭球体，则等角横轴切圆柱投影就是高斯-克吕格投影，将在后文进行介绍。

二、等距离横轴切圆柱投影

等距离横轴切圆柱投影中圆柱面切于制图区域中央经线，其长度比为 $\mu_c=1$，同时垂直于中央经线的大圆无长度变形。参考式(7-12)、式(7-1)，令 x、y 坐标互相易位，可写出投影公式，即

$$\left.\begin{aligned} x &= R(90°-\alpha) \\ y &= R(90°-Z) \\ \mu_1 &= 1 \\ \mu_2 &= \csc Z \\ P &= \mu_2 \\ \sin\frac{\omega}{2} &= \frac{a-b}{a+b} = \left|\frac{\mu_1-\mu_2}{\mu_1+\mu_2}\right| \end{aligned}\right\} \quad (7\text{-}17)$$

如以地理坐标代入，则有

$$\left.\begin{aligned} x &= R\arctan(\tan\varphi\sec\lambda) \\ y &= R\arcsin(\cos\varphi\sin\lambda) \\ \mu_2 &= \frac{1}{\sqrt{1-(\cos\varphi\sin\lambda)^2}} \end{aligned}\right\} \quad (7\text{-}18)$$

注意，在式(7-17)和式(7-18)中，Q 也是由 PQ 起算的小于 $90°$ 的方位角(取正值)。

三、关于斜轴、横轴割圆柱投影

在斜轴和横轴切圆柱投影中,除所切大圆无长度变形外,其他部分变形随远离所切大圆而增加。当制图区域较宽时,为减少变形,也可以采用割圆柱投影。在此情况下,圆柱面割于离大圆相等的两个小圆上。这时在此两小圆上无长度变形,而中间的大圆相对缩短,即其长度比 $\mu_c < 1$。

关于斜轴或横轴割圆柱投影公式,不难仿照正轴割圆柱投影,对比斜轴或横轴切圆柱投影推求得到。

§7-6   透视圆柱投影

透视圆柱投影是通过几何透视法将地球表面的经纬线投影到圆柱面上,再展成平面所获得的一种投影,就投影变形性质来说,属于任意性质投影。其正轴投影与一般正轴圆柱投影一样,经纬线是相互正交的两组直线。如图 7-3 所示,圆柱的轴与地轴重合,圆柱面与地球面相切或相割。在某一纬线平面上有一个视点 C(不固定),依次旋转,以透视方法把位于同一子午面上的经线段投影到圆柱面上,因此经线投影为一组平行直线,其间隔与经差成正比,同纬度各点的投影与赤道的距离相等,其连线为一组水平的平行直线。

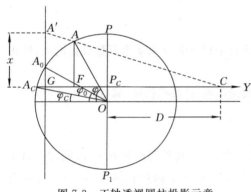

图 7-3   正轴透视圆柱投影示意

由于透视圆柱投影通常用于小比例尺地图绘制,故视地球为球体。设 φ_0 为圆柱面割于地球面所在纬线圈的纬度,视点 C 所在纬平面的纬度为 φ_C,C 至地轴的距离为 D,设 $D = KR$。现以 φ_C 纬线投影后的直线作为 Y 轴,中央经线投影作为 X 轴建立直角坐标系。设球面上任一点 A 的地理坐标为 (φ, λ),在相似三角形 $A'GC$ 与 AFC 中,有

$$\frac{AF}{A'G} = \frac{CF}{CG}$$

即

$$\frac{R\sin\varphi - R\sin\varphi_C}{x} = \frac{D + R\cos\varphi}{D + R\cos\varphi_0} = \frac{K + \cos\varphi}{K + \cos\varphi_0}$$

则正轴透视圆柱投影坐标公式为

$$\left. \begin{array}{l} x = \dfrac{R(\sin\varphi - \sin\varphi_C)(K + \cos\varphi_0)}{K + \cos\varphi} \\[3mm] y = r_0\lambda \end{array} \right\} \tag{7-19}$$

其变形公式为

$$\left. \begin{array}{l} m = \dfrac{\mathrm{d}x}{R\,\mathrm{d}\varphi} = \dfrac{(K + \cos\varphi_0)(1 + K\cos\varphi - \sin\varphi_C\sin\varphi)}{(K + \cos\varphi)^2} \\[3mm] n = \dfrac{r_0}{r} = \dfrac{\cos\varphi_0}{\cos\varphi} \\[3mm] P = mn \\[3mm] \sin\dfrac{\omega}{2} = \left| \dfrac{m - n}{m + n} \right| \end{array} \right\} \tag{7-20}$$

在正轴透视圆柱投影中,通过改变 φ_0、φ_C 和 K 值,可以改变投影区域的变形,调整纬线间隔,从而得到多种特殊且常用的投影类型。

一、视点位于不同纬线平面的透视圆柱投影

(一) 赤道投影

赤道投影是视点 C 位于赤道平面(即 $\varphi_C = 0°$)的透视圆柱投影。由式(7-19)、式(7-20)得

$$
\left.
\begin{aligned}
x &= \frac{R\sin\varphi\,(\cos\varphi_0 + K)}{K + \cos\varphi} \\
m &= \frac{(K + \cos\varphi_0)\,(1 + K\cos\varphi)}{(K + \cos\varphi)^2}
\end{aligned}
\right\}
\tag{7-21}
$$

在赤道投影中,可以根据 φ_0 和 K 的值进一步进行细分,其中比较著名的有威茨(Wetch)投影、布朗(Braun)投影和高尔(Gall)投影。

1. 威茨投影

威茨投影是视点位于球心的正轴切透视圆柱投影,即 $\varphi_C = 0°$、$\varphi_0 = 0°$、$K = 0$,其投影公式为

$$
\left.
\begin{aligned}
x &= R\tan\varphi \\
m &= \sec^2\varphi
\end{aligned}
\right\}
\tag{7-22}
$$

2. 布朗投影

布朗投影是视点位于赤道面的正轴切透视圆柱投影,即 $\varphi_C = 0°$、$\varphi_0 = 0°$、$K = 1$,其投影公式为

$$
\left.
\begin{aligned}
x &= 2R\tan\frac{\varphi}{2} \\
m &= \sec^2\frac{\varphi}{2}
\end{aligned}
\right\}
\tag{7-23}
$$

3. 高尔投影

高尔投影是高尔于 1855 年提出的球面正轴透视圆柱投影,如图 7-4 所示。该投影规定视点位于赤道面,圆柱面割在纬度为 45° 的纬线圈上,即 $\varphi_C = 0°$、$\varphi_0 = 45°$、$K = 1$,其投影公式为

$$
\left.
\begin{aligned}
x &= \frac{2 + \sqrt{2}}{2}R\tan\frac{\varphi}{2} \\
m &= \frac{2 + \sqrt{2}}{4}\sec^2\frac{\varphi}{2}
\end{aligned}
\right\}
\tag{7-24}
$$

(二) 极面投影

极面投影是视点 C 位于切于极点的平面(即 $\varphi_C = 90°$)的透视圆柱投影,其投影公式为

$$
\left.
\begin{aligned}
x &= \frac{R(\sin\varphi - 1)(K + \cos\varphi_0)}{K + \cos\varphi} \\
m &= \frac{(K + \cos\varphi_0)\,(1 + K\cos\varphi - \sin\varphi)}{(K + \cos\varphi)^2}
\end{aligned}
\right\}
\tag{7-25}
$$

(三) 中介投影

中介投影是视点 C 位于赤道面与极点之间的纬线圈平面(即 $0° < \varphi_C < 90°$)的透视圆柱投影。

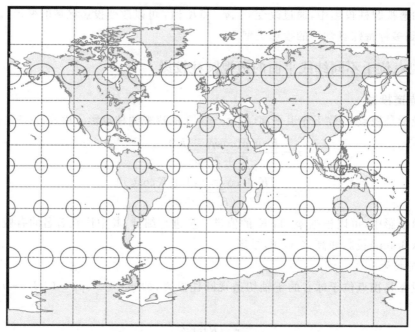

图 7-4　高尔投影表象

二、视点位于离地轴不同距离的透视圆柱投影

(一) 球心圆柱投影

球心圆柱投影的视点位于地轴上,即 $K=0$,其投影公式为

$$
\left.
\begin{aligned}
x &= \frac{R\cos\varphi_0\,(\sin\varphi - \sin\varphi_c)}{\cos\varphi} \\
m &= \frac{\cos\varphi_0\,(1 - \sin\varphi_c\sin\varphi)}{\cos^2\varphi}
\end{aligned}
\right\}
\tag{7-26}
$$

(二) 球面圆柱投影

球面圆柱投影的视点位于球面上,$D = R\cos\varphi_c$,即 $K = \cos\varphi_c$,其投影公式为

$$
\left.
\begin{aligned}
x &= \frac{R\,(\cos\varphi_0 + \cos\varphi_c)\,(\sin\varphi - \sin\varphi_c)}{\cos\varphi_c + \cos\varphi} \\
m &= \frac{(\cos\varphi_0 + \cos\varphi_c)\,[1 + \cos(\varphi_c + \varphi)]}{(\cos\varphi_c + \cos\varphi)^2}
\end{aligned}
\right\}
\tag{7-27}
$$

(三) 正射圆柱投影

正射圆柱投影的视点位于无穷远处,即 $K \to +\infty$,其投影公式为

$$
\left.
\begin{aligned}
x &= R\,(\sin\varphi - \sin\varphi_c) \\
m &= \cos\varphi
\end{aligned}
\right\}
\tag{7-28}
$$

(四) 外心圆柱投影及内部圆柱投影

外心圆柱投影的视点位于球面外,$D > R\cos\varphi_c$,即 $K > \cos\varphi_c$。内部圆柱投影的视点位于地轴与球面之间,即 $K < \cos\varphi_c$。

透视圆柱投影除正轴投影外,还有横轴、斜轴投影。此外,还有双重透视圆柱投影,其圆柱面与地球面之间会再加一个过渡圆柱面,先将地球面上的点按透视方法投影到过渡圆柱面上,再将过渡圆柱面上的点平行投影到圆柱面上,最后将圆柱面展开。这样,x 坐标不变,而 y 坐标发生了变化,即纬线投影后的长度较前者缩短了,从而改善了高纬度地区的长度变形。

§7-7 圆柱投影变形分析及应用

一、圆柱投影变形分析

研究圆柱投影长度比的公式(指正轴投影)可知,圆柱投影的变形也是仅随纬度的变化而变化。在同纬线上各点的变形相同,与经度无关。因此,在圆柱投影中,等变形线与纬线相重合,成为平行直线,如图 7-5 所示。

圆柱投影中变形的变化特征是以赤道为对称轴,南北同名纬线的变形大小相同。按标准纬线条数,可分成切(切于赤道)圆柱及割(割于南北同名纬线)圆柱投影。

在切圆柱投影中,赤道上没有变形,变形自赤道向两侧随着纬度的增加而增大。

在割圆柱投影中,在两条标准纬线($\pm\varphi_K$)上没有变形,变形自标准纬线向内(向赤道)及向外(向两极)增大。

二、圆柱投影应用

圆柱投影中经线的投影表象为平行直线,这种情况与低纬度处经线的近似平行相一致。因此,圆柱投影一般较适宜于低纬度沿纬线伸展的地区。

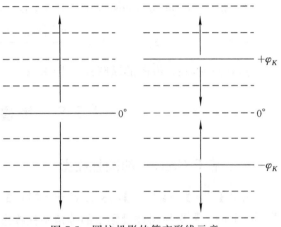

图 7-5 圆柱投影的等变形线示意

在斜轴或横轴圆柱投影中,变形沿着等高圈的增加而增大,在所切的大圆上(横轴在中央经线上)没有变形。因此,对于沿某大圆方向伸展的地区,为要求变形分布均匀且较小,可以选择一个斜轴圆柱切于该大圆上;对于沿经线伸展的地区,则可采用横轴圆柱投影。例如,为编制两点间长距离不着陆飞行用图,可以设计切在通过起止两点大圆上的斜轴专用墨卡托投影。

墨卡托投影除了编制海图外,也可用来编制赤道附近地区的各种比例尺地图。我国1958 年出版的《世界地图集》的爪哇岛图幅采用过该投影。因墨卡托投影的经线为平行直线,便于显示时区的划分,故也较多用于编制世界时区图。现代人造地球卫星运行轨道等宇航图也是在墨卡托投影图上反映的,在这种地图上可以表示经度大于 360°的范围。

三、墨卡托投影在海图编绘中的应用

为尽可能缩小图幅中的变形和使其分布均匀,要选定适当的基准纬线,即标准纬线。

为了满足航行定位与量距的需要,在每一幅海图的图廓线上,都要绘制经纬度的细分分划。对于墨卡托投影,上下图廓的细分显然与经差成正比,只需等分加密即可。但东西图廓因纬度增加纵坐标加速增大,即有"渐长"的特点,不能用一般平均细分的方法加密纬线,只能把纵图廓线分成若干小段,使每一小段误差较小。图上距离 0.1 mm 的范围内可以进行平均细分。根据这个条件确定的细分区间称为渐长区间。

渐长区间计算公式为

$$\Delta\varphi = 0.038\ 5' \sqrt{\frac{C_0 \cos\varphi \cot\varphi}{\cos\varphi_0}} \qquad (7\text{-}29)$$

式中,$\Delta\varphi$ 为渐长区间值,以"分"为单位;C_0 为主比例尺分母;φ_0 为基准纬度;φ 为海图上距基准纬度最远处的纬度。

当基准纬度在海图中央或细分区域在基准纬度附近时,可以用 φ_0 代替 φ,则式(7-29)简化为

$$\Delta\varphi = 0.038\ 5' \sqrt{C_0 \cot\varphi_0} \qquad (7\text{-}30)$$

例:一幅海图北图廓纬度为 $45°27'$,基准纬度为 $40°$,主比例尺为 1∶50 万,求渐长区间值。

解:有 $C_0 = 500\ 000$,$\cos\varphi = 0.701\ 5$,$\cos\varphi_0 = 0.766\ 0$,$\cot\varphi = 0.984\ 4$,代入式(7-29)得

$$\Delta\varphi = 0.038\ 5' \sqrt{\frac{500\ 000 \times 0.701\ 5 \times 0.984\ 4}{0.766\ 0}} \approx 26'$$

这就是说,在该海图的纵图廓线上,每 $26'$ 的小段内可以进行等分。

§7-8 地图投影实践

一、基于 Geocart 的圆柱投影

点击【File】→【New】,然后点击【Map】→【New】,再点击【Projection】→【Change Projections…】,选择圆柱投影中的等角圆柱投影(Mercator),如图 7-6 所示。

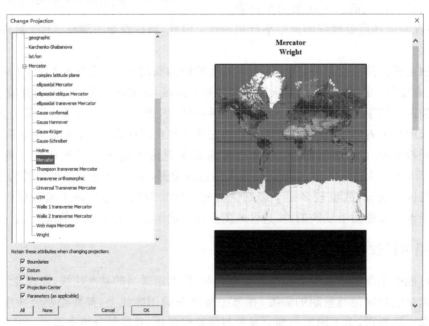

图 7-6 Change Projection 界面

运行得到正轴等角圆柱投影的投影表象,显示结果如图 7-7 所示。

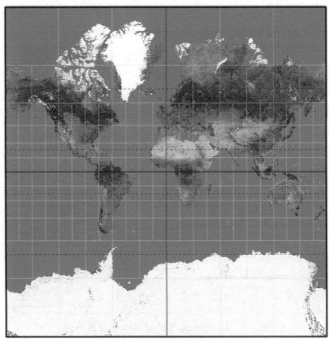

图 7-7　正轴等角圆柱投影表象

点击【Map】→【Tissot Indicatrices】,显示变形椭圆,如图 7-8 所示。

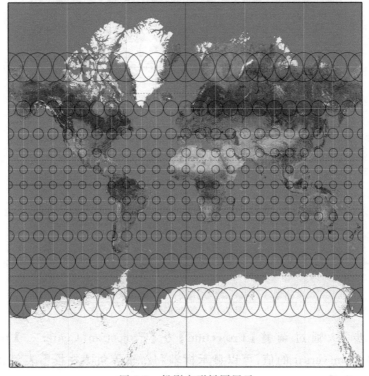

图 7-8　投影变形椭圆展示

点击【Map】→【Distortion Visualization…】，出现设置界面，如图 7-9 所示。

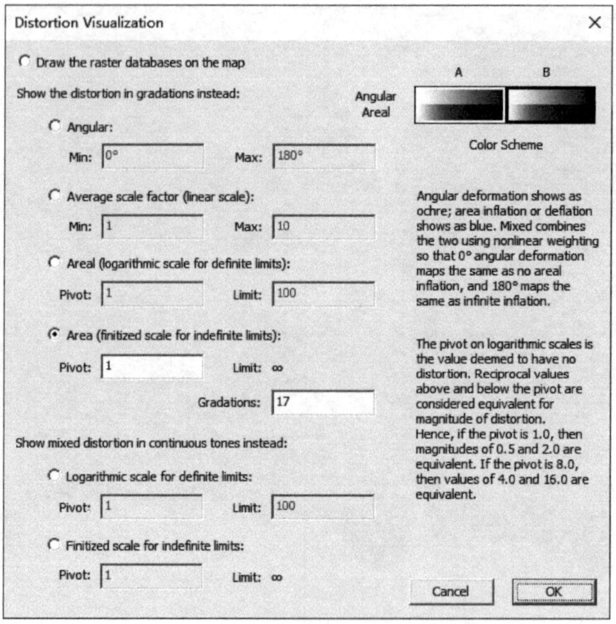

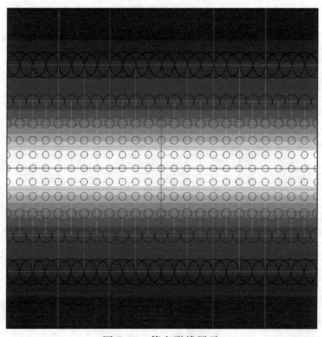

图 7-9　Distortion Visualization 设置界面

确定后，在变形椭圆的基础上叠加显示该投影的等变形线，如图 7-10 所示。

图 7-10　等变形线展示

按照以上步骤，通过调整【Projection】→【Projection Center …】中 Latidudinal、Longitudinal 和 Transversal 的值，可以显示横轴和斜轴等角圆柱投影表象和变形椭圆，如图 7-11 和图 7-12 所示。

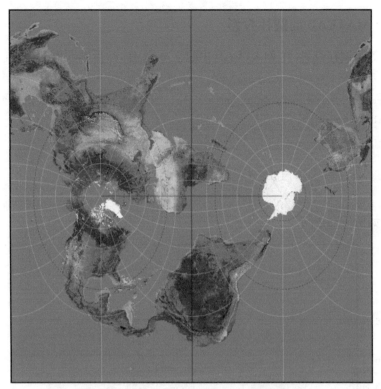

图 7-11　横轴等角圆柱投影表象和变形椭圆

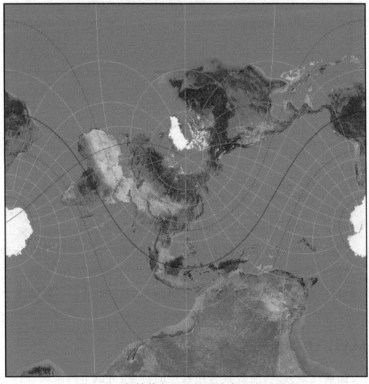

图 7-12　斜轴等角圆柱投影表象和变形椭圆

二、基于 MATLAB 的圆柱投影

针对正轴等角圆柱投影,在 MATLAB 中建立 m 文件,然后键入如下代码:

```
figure
axesm ('mercator', 'Frame', 'on', 'Grid', 'on','Origin',[ 0, 0,0],'ParallelLabel','on','MeridianLabel',
'on','MLabelParallel','equator');
load coast;
framem;
plotm(lat, long,'color',1 * [1 0.8 0.5]);
tissot;
```

运行结果如图 7-13 所示。

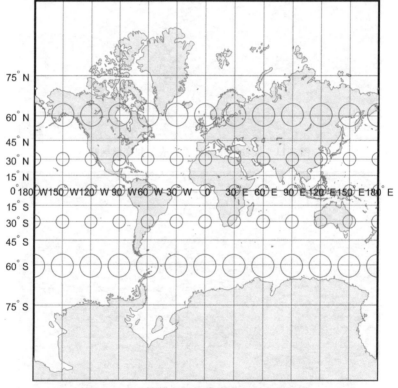

图 7-13　正轴等角圆柱投影表象和变形椭圆

调整程序中 axesm 的'Origin'的参数为[0, 0,90]和[60, 120,0],可以分别得到横轴等角圆柱投影、斜轴等角圆柱投影的表象和变形椭圆,如图 7-14 和图 7-15 所示。

按照以上步骤,可以绘制等面积圆柱投影和等距离圆柱投影在不同轴向上的投影表象和变形规律。

三、基于 MATLAB 的航线设计

球心投影的大圆航线是直线,航线具有路程短的特点,可以节约距离、时间和航运成本,广泛应用于航线设计,但是这种航线很难实现,需要实时调整航向。本章墨卡托投影中等角航线

是直线,对于航线设计而言,也是非常好的一种形式,起终点的航向确定后,可以自动巡航到目的地,中间不需要调整航向。但是这种路线相对距离较长,因此航运的时间和有关成本会增加。是否可以将二者有机结合设计航线呢?下面就该问题展开讨论。

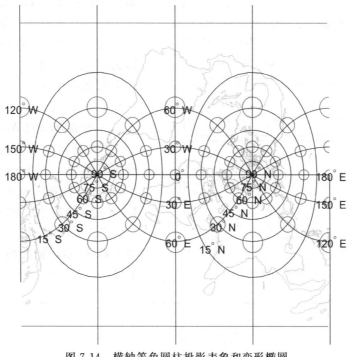

图 7-14　横轴等角圆柱投影表象和变形椭圆

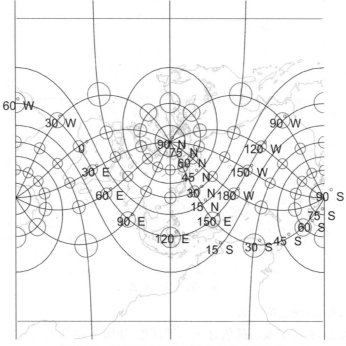

图 7-15　斜轴等角圆柱投影表象和变形椭圆

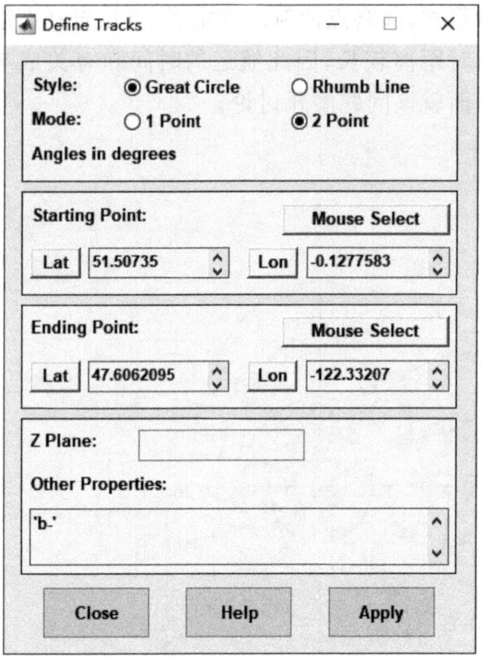

本次实验的目的是基于 MATLAB 软件绘制伦敦到西雅图的大圆航线、等角航线及其折中方案,并计算这三种方案的航行距离,进行对比分析。

1. 确定起终点坐标

根据谷歌地图,确定起点伦敦坐标为(51.507 35,−0.127 758 3),终点西雅图坐标为 (47.606 209 5,−122.332 07)。

2. 使用 MATLAB 绘制大圆航线

首先通过前面的程序,实现墨卡托投影。然后,在 Command line 输入 trackui,如图 7-16 所示。输入起终点坐标,并定义线的颜色为'b-',即蓝色。

点击【Apply】,运行后的结果如图 7-17 所示,蓝色的弧线表示大圆航线。

图 7-16 Define Tracks 界面

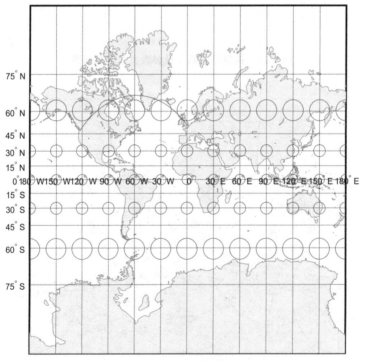

图 7-17 大圆航线

3. 使用 MATLAB 绘制等角航线

输入起终点坐标,并定义线的颜色为'r-',即红色,如图 7-18 所示。

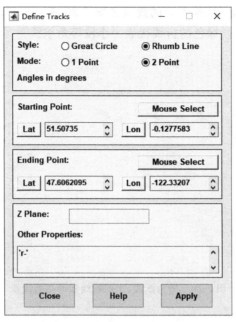

图 7-18　Define Tracks 界面

点击【Apply】,运行后的结果如图 7-19 所示,蓝色的弧线表示大圆航线,红色的直线表示等角航线。

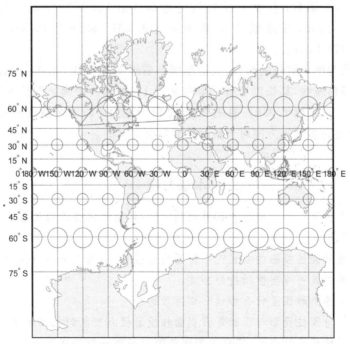

图 7-19　等角航线和大圆航线

4. 使用 MATLAB 绘制多线段等角方案

通过"Define Tracks"对话框中对于终点的"Mouse Select"功能,在地图上沿着大圆航线选择 3 个点,分别为(64. 44,−27. 62)、(67. 86,−60. 65)和(62. 75,−96. 65),依次绘制分为

4 段的等角航线。为突出显示,放大后的效果如图 7-20 所示。蓝色的弧线表示大圆航线,红色的直线表示等角航线,每段绿色的折线代表一小段等角航线。

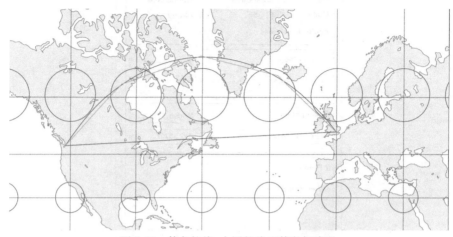

图 7-20　等角航线、大圆航线和等角折线段

5. 分析比较

使用 MATLAB 计算出大圆航线、等角航线、折中方案的航行距离,通过 MATLAB"帮助"得知 distance('gc',[lat1,lon1],[lat2,lon2])和 distance('rh',[lat1,lon1],[lat2,lon2]) 函数可直接通过起终点计算大圆航线与等角航线的距离(单位为度),再通过度与千米之间的单位转换(deg 2 km 函数,不加半径默认为地球半径)计算出距离。大圆航线距离为 7 699.565 013 968 41 km,等角航线距离为 8 819.061 589 942 42 km,4 段折线距离为 7 769.521 945 171 42 km。

对比大圆航线与等角航线的航程,大圆航线节省了等角航线 12.69% 的距离。对比 4 段折线距离方案与等角航线,其长度节省了等角航线 11.90% 的距离。对比大圆航线与 4 段折线距离方案,其长度仅多出了 0.9% 的距离,但是由于其为 4 段等角航线构成,为航行带来了极大的便利,可见这种多线段方案对于航行是非常有意义的。

本章习题

1. 圆柱投影中当圆柱面与地球相切或相割时,一条经线的变形椭圆在不同性质的投影条件下会呈现哪些形状?

2. 如何理解横轴圆柱投影的公式?不需要重新推导,只要以 α、Z 代换经纬度(注意如何代换),并将 x、y 易位就可写出横轴投影公式。

3. 横轴投影中等变形线呈什么形状?如何表达?

4. 解释正轴等角圆柱投影与正轴等面积圆柱投影极点表象的几何原理。

5. 参照等角圆柱投影的步骤,实现等面积和等距离圆柱投影在不同轴向时的投影表象和变形分析。

6. 请在 MATLAB 环境下编写代码,实现大圆航线、等角航线和多线段等角方案的比较与分析。

第八章　高斯-克吕格投影

§8-1　高斯-克吕格投影的条件和公式

高斯-克吕格投影是由德国数学家、物理学家、天文学家高斯于 19 世纪 20 年代拟定,后经德国大地测量学家克吕格于 1912 年对投影公式加以补充,故称为高斯-克吕格(Gauss-Krüger)投影,又名等角横切椭圆柱投影。

高斯-克吕格投影的几何原理如图 8-1 所示,假想用一个椭圆柱面横套在地球椭球体外面,并与某一条子午线(此子午线称为中央子午线或轴子午线)相切,椭圆柱的中心轴通过椭球体中心,然后用一定投影方法,将中央子午线两侧各一定经差范围内的地区投影到椭圆柱面上,并将此椭圆柱面展开即可得到高斯-克吕格投影。

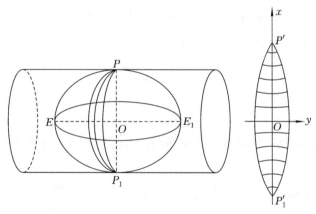

图 8-1　高斯-克吕格投影示意

高斯-克吕格投影的三个条件:①对称性,中央经线和赤道投影后为互相垂直的直线,且为投影的对称轴;②等角性,投影具有等角性质;③等长性,中央经线投影后保持长度不变。下面根据上述条件推导其数学表达式。

第一个对称性条件如图 8-2 所示,投影具有"对称性",在数学上即函数的奇偶性。图 8-2 左图中 $A(\varphi,\lambda)$ 与 $B(\varphi,-\lambda)$ 是椭球面上对称于中央轴子午线的两点,图 8-2 右图中 A'、B' 分别是 A 与 B 的投影。根据对称条件,A' 与 B' 也应对称于 x 轴,即它们的坐标为 $A'(x,y)$、$B'(x,-y)$。

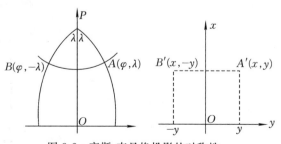

图 8-2　高斯-克吕格投影的对称性

由投影基本公式得

$$\left.\begin{array}{l} x = f_1(\varphi,\lambda) \\ y = f_2(\varphi,\lambda) \end{array}\right\} \qquad (8\text{-}1)$$

则有

$$
\left.\begin{array}{l}
x = f_1(\varphi,\lambda) = f_1(\varphi, -\lambda) \\
y = f_2(\varphi,\lambda) = -f_2(\varphi, -\lambda)
\end{array}\right\} \tag{8-2}
$$

具有这种"对称性"的函数,在数学上 f_1 称为 λ 的偶函数,f_2 称为 λ 的奇函数。如将投影函数展开为幂级数,可将式(8-2)写为

$$
\left.\begin{array}{l}
x = a_0 + a_2\lambda^2 + a_4\lambda^4 + a_6\lambda^6 + \cdots \\
y = a_1\lambda + a_3\lambda^3 + a_5\lambda^5 + a_7\lambda^7 + \cdots
\end{array}\right\} \tag{8-3}
$$

式中,$a_0,a_1,a_2,a_3,a_4,\cdots$ 为一些待定的纬度函数。

对式(8-3)求导,得

$$
\left.\begin{array}{l}
\dfrac{\partial x}{\partial \varphi} = \dfrac{\mathrm{d}a_0}{\mathrm{d}\varphi} + \lambda^2 \dfrac{\mathrm{d}a_2}{\mathrm{d}\varphi} + \lambda^4 \dfrac{\mathrm{d}a_4}{\mathrm{d}\varphi} + \lambda^6 \dfrac{\mathrm{d}a_6}{\mathrm{d}\varphi} + \cdots \\[2mm]
\dfrac{\partial x}{\partial \lambda} = 2a_2\lambda + 4a_4\lambda^3 + 6a_6\lambda^5 + \cdots \\[2mm]
\dfrac{\partial y}{\partial \varphi} = \lambda \dfrac{\mathrm{d}a_1}{\mathrm{d}\varphi} + \lambda^3 \dfrac{\mathrm{d}a_3}{\mathrm{d}\varphi} + \lambda^5 \dfrac{\mathrm{d}a_5}{\mathrm{d}\varphi} + \lambda^7 \dfrac{\mathrm{d}a_7}{\mathrm{d}\varphi} + \cdots \\[2mm]
\dfrac{\partial y}{\partial \lambda} = a_1 + 3a_3\lambda^2 + 5a_5\lambda^4 + 7a_7\lambda^6 + \cdots
\end{array}\right\} \tag{8-4}
$$

第二个条件要求必须满足等角条件,即

$$
\frac{\partial x}{\partial \lambda} = -\frac{r}{M}\frac{\partial y}{\partial \varphi}
$$

$$
\frac{\partial y}{\partial \lambda} = \frac{r}{M}\frac{\partial x}{\partial \varphi}
$$

现在利用等角条件,逐一推导各系数 a_i 的值,为此将式(8-4)中的偏导数代入等角条件,则有

$$
\left.\begin{array}{l}
2a_2\lambda + 4a_4\lambda^3 + 6a_6\lambda^5 + \cdots = -\dfrac{r}{M}\left(\lambda \dfrac{\mathrm{d}a_1}{\mathrm{d}\varphi} + \lambda^3 \dfrac{\mathrm{d}a_3}{\mathrm{d}\varphi} + \lambda^5 \dfrac{\mathrm{d}a_5}{\mathrm{d}\varphi} + \cdots\right) \\[2mm]
a_1 + 3a_3\lambda^2 + 5a_5\lambda^4 + 7a_7\lambda^6 + \cdots = \dfrac{r}{M}\left(\dfrac{\mathrm{d}a_0}{\mathrm{d}\varphi} + \lambda^2 \dfrac{\mathrm{d}a_2}{\mathrm{d}\varphi} + \lambda^4 \dfrac{\mathrm{d}a_4}{\mathrm{d}\varphi} + \lambda^6 \dfrac{\mathrm{d}a_6}{\mathrm{d}\varphi} + \cdots\right)
\end{array}\right\} \tag{8-5}
$$

因为等角条件在 λ 为任何值时都应满足,故比较每一个方程内同次幂的系数可得

$$
\left.\begin{array}{l}
a_1 = \dfrac{r}{M}\dfrac{\mathrm{d}a_0}{\mathrm{d}\varphi} \\[2mm]
a_2 = -\dfrac{1}{2}\dfrac{r}{M}\dfrac{\mathrm{d}a_1}{\mathrm{d}\varphi} \\[2mm]
a_3 = \dfrac{1}{3}\dfrac{r}{M}\dfrac{\mathrm{d}a_2}{\mathrm{d}\varphi} \\[2mm]
a_4 = -\dfrac{1}{4}\dfrac{r}{M}\dfrac{\mathrm{d}a_3}{\mathrm{d}\varphi} \\[2mm]
a_5 = \dfrac{1}{5}\dfrac{r}{M}\dfrac{\mathrm{d}a_4}{\mathrm{d}\varphi} \\[2mm]
a_6 = -\dfrac{1}{6}\dfrac{r}{M}\dfrac{\mathrm{d}a_5}{\mathrm{d}\varphi} \\[2mm]
\vdots
\end{array}\right\} \tag{8-6}
$$

式(8-6)可概括为

$$a_{K+1} = (-1)^K \frac{1}{1+K} \frac{r}{M} \frac{\mathrm{d}a_K}{\mathrm{d}\varphi} \tag{8-7}$$

式中，$K = 0, 1, 2, \cdots$。

由第三个条件，当 $\lambda = 0$ 时，$x = s$，由式(8-3)得 $x = a_0$，则

$$a_0 = x = s = \int_0^{\varphi} M \mathrm{d}\varphi \tag{8-8}$$

式中，s 是由赤道到纬度 φ 的经线弧长。

有了 a_0，将式(8-8)代入式(8-6)，用微分方法分别求得各系数 a_i，则

$$a_1 = \frac{r}{M} \frac{\mathrm{d}a_0}{\mathrm{d}\varphi} = \frac{r}{M} \frac{\mathrm{d}s}{\mathrm{d}\varphi} = r \tag{8-9}$$

为了求 a_2，可求导数 $\dfrac{\mathrm{d}a_1}{\mathrm{d}\varphi}$，应求 $\dfrac{\mathrm{d}r}{\mathrm{d}\varphi}$，即

$$\begin{aligned}
\frac{\mathrm{d}r}{\mathrm{d}\varphi} &= \frac{\mathrm{d}(N\cos\varphi)}{\mathrm{d}\varphi} = \frac{\mathrm{d}}{\mathrm{d}\varphi}\left[\frac{a\cos\varphi}{(1-e^2\sin^2\varphi)^{1/2}}\right] \\
&= -\frac{a\sin\varphi(1-e^2\sin^2\varphi - e^2\cos^2\varphi)}{(1-e^2\sin^2\varphi)^{3/2}} = -M\sin\varphi
\end{aligned} \tag{8-10}$$

故

$$a_2 = -\frac{r}{2M} \frac{\mathrm{d}a_1}{\mathrm{d}\varphi} = \frac{1}{2} N\cos\varphi\sin\varphi \tag{8-11}$$

对 a_2 求导数可得 a_3，即

$$\begin{aligned}
a_3 &= \frac{1}{3} \frac{r}{M} \frac{\mathrm{d}a_2}{\mathrm{d}\varphi} = \frac{r}{3M} \frac{\mathrm{d}}{\mathrm{d}\varphi}\left(\frac{1}{2}r\sin\varphi\right) = \frac{N\cos\varphi}{6M}(N\cos^2\varphi - M\sin^2\varphi) \\
&= \frac{N\cos^3\varphi}{6}\left(\frac{N}{M} - \tan^2\varphi\right)
\end{aligned}$$

因为

$$\frac{N}{M} = \frac{1-e^2\sin^2\varphi}{1-e^2} = \frac{1}{1-e^2} - \frac{e^2}{1-e^2}\sin^2\varphi$$

所以按下列公式引用第二偏心率 e'，这样方便进行计算。

因 $e'^2 = \dfrac{e^2}{1-e^2}$，故 $1 + e'^2 = \dfrac{1}{1-e^2}$，所以有

$$\frac{N}{M} = 1 + e'^2 - e'^2\sin^2\varphi = 1 + e'^2\cos^2\varphi$$

如令

$$e'^2\cos^2\varphi = \eta^2 \tag{8-12}$$

则

$$\frac{N}{M} = 1 + \eta^2$$

故 a_3 可以写为

$$a_3 = \frac{N\cos^3\varphi}{6}(1 - \tan^2\varphi + \eta^2) \tag{8-13}$$

对 a_3 求导数可得 a_4，以此类推可得

$$a_4 = \frac{N\sin\varphi\cos^3\varphi}{24}(5 - \tan^2\varphi + 9\eta^2 + 4\eta^4) \tag{8-14}$$

$$a_5 = \frac{N\cos^5\varphi}{120}(5 - 18\tan^2\varphi + \tan^4\varphi + 14\eta^2 - 58\tan^2\varphi\eta^2) \tag{8-15}$$

$$a_6 = \frac{N\sin\varphi\cos^5\varphi}{720}(61 - 58\tan^2\varphi + \tan^4\varphi + 270\eta^2 - 330\tan^2\varphi\eta^2) \tag{8-16}$$

将以上所得的系数 $a_0, a_1, a_2, a_3, \cdots$ 代回式(8-3)中，经整理得高斯-克吕格投影的直角坐标公式，即

$$\left.\begin{aligned}
x &= s + \frac{\lambda^2 N}{2}\sin\varphi\cos\varphi + \frac{\lambda^4 N}{24}\sin\varphi\cos^3\varphi(5 - \tan^2\varphi + 9\eta^2 + 4\eta^4) + \\
&\quad \frac{\lambda^6 N\sin\varphi\cos^5\varphi}{720}(61 - 58\tan^2\varphi + \tan^4\varphi + 270\eta^2 - 330\tan^2\varphi\eta^2) + \cdots \\
y &= \lambda N\cos\varphi + \frac{\lambda^3 N}{6}\cos^3\varphi(1 - \tan^2\varphi + \eta^2) + \\
&\quad \frac{\lambda^5 N\cos^5\varphi}{120}(5 - 18\tan^2\varphi + \tan^4\varphi + 14\eta^2 - 58\tan^2\varphi\eta^2) + \cdots
\end{aligned}\right\} \tag{8-17}$$

式(8-17)中通常可以略去 λ 六次方，因为这些值不超过 0.005 m，略去后在制图上也是能满足精度要求的。

现在推算长度比公式。因为该投影具有等角性质，故将式(8-4)代入 G 的表达式，得

$$\begin{aligned}
\left(\frac{\partial x}{\partial \lambda}\right)^2 + \left(\frac{\partial y}{\partial \lambda}\right)^2 &= (a_1 + 3a_3\lambda^2 + 5a_5\lambda^4)^2 + (2a_2\lambda + 4a_4\lambda^3)^2 \\
&= a_1^2 + (6a_1 a_3 + 4a_2^2)\lambda^2 + (9a_3^2 + 10a_1 a_5 + 16a_2 a_4)\lambda^4
\end{aligned} \tag{8-18}$$

将以上所得 $a_1, a_2, a_3, \cdots$ 代入式(8-18)，则得

$$\begin{aligned}
\left(\frac{\partial x}{\partial \lambda}\right)^2 + \left(\frac{\partial y}{\partial \lambda}\right)^2 &= N^2\cos^2\varphi + [N^2\cos^4\varphi(1 - \tan^2\varphi + \eta^2) + N^2\sin^2\varphi\cos^2\varphi]\lambda^2 + \\
&\quad \Big[\frac{1}{4}N^2\cos^6\varphi(1 - \tan^2\varphi + \eta^2)^2 + \frac{1}{12}N^2\cos^6\varphi(5 - 18\tan^2\varphi + \tan^4\varphi) + \\
&\quad \frac{1}{3}N^2\sin^2\varphi\cos^4\varphi(5 - \tan^2\varphi)\Big]\lambda^4
\end{aligned} \tag{8-19}$$

略去式(8-19)右边第三项中的 η^2，将其代入长度比公式，得

$$\begin{aligned}
\mu^2 = \frac{1}{r^2}\left[\left(\frac{\partial x}{\partial \lambda}\right)^2 + \left(\frac{\partial y}{\partial \lambda}\right)^2\right] &= 1 + (\cos^2\varphi - \sin^2\varphi + \cos^2\varphi\eta^2 + \sin^2\varphi)\lambda^2 + \\
&\quad \frac{\cos^4\varphi}{12}(3 - 6\tan^2\varphi + 3\tan^4\varphi + 5 - 18\tan^2\varphi + \tan^4\varphi + 20\tan^2\varphi - 4\tan^4\varphi)\lambda^4 \\
&= 1 + \cos^2\varphi(1 + \eta^2)\lambda^2 + \frac{1}{3}\cos^4\varphi(2 - \tan^2\varphi)\lambda^4
\end{aligned} \tag{8-20}$$

将式(8-20)开方，按已知公式

$$\sqrt{1 + x} = 1 + \frac{1}{2}x - \frac{1}{8}x^2 + \cdots$$

展开,得

$$\mu = 1 + \frac{1}{2}\cos^2\varphi(1+\eta^2)\lambda^2 + \frac{1}{6}\cos^4\varphi(2-\tan^2\varphi)\lambda^4 - \frac{1}{8}\cos^4\varphi\lambda^4 \tag{8-21}$$

下面推导子午线收敛角 γ 的公式。现代地形图,除了表示图幅的经纬线之外,还要表示图幅的方里网线。方里网线就是在投影平面上按一定的距离绘出平行于中央经线和赤道的两组平行的直线。由于图幅的经线是向两极收敛的曲线,而方里网线是平行于中央经线的直线,这样方里网纵线和图幅的经线在图内相交成一个角度,这个角度称为该点的平面子午线收敛角,简称子午线收敛角(γ),如图 8-3 所示。

设 A' 点为椭球体上 A 点在平面上的表象,NS 是通过 A' 点的经线在平面上的表象,$A'W$ 是通过同一点的纬线在平面上的表象,$A'B'$ 是平行于纵轴的直线,$A'F$ 是平行于横轴的直线,γ 为子午线的收敛角,等于直线 $A'B'$ 与经线 $A'N$ 所组成的角。

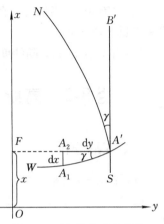

图 8-3 子午线收敛角示意

可以看出,γ 角亦等于纬线 $A'W$ 与直线 $A'F$ 所夹的角。设在纬线 $A'W$ 上有 A_1 点,它与 A' 十分靠近,A' 与 A_1 两点坐标差为 $\mathrm{d}x$、$\mathrm{d}y$,它构成微小的三角形 $A'A_2A_1$,有

$$\tan\gamma = \frac{-\mathrm{d}x}{-\mathrm{d}y} = \frac{\mathrm{d}x}{\mathrm{d}y} \tag{8-22}$$

式中,负号是因为高斯-克吕格投影中 γ 角是反方向计算的。为了便于微分,将式(8-22)改写为

$$\tan\gamma = \frac{\mathrm{d}x}{\mathrm{d}y} = \frac{\dfrac{\partial x}{\partial \lambda}}{\dfrac{\partial y}{\partial \lambda}} \tag{8-23}$$

将式(8-4)中的偏导数代入,并限于三次项,则有

$$\tan\gamma = \frac{2a_2\lambda + 4a_4\lambda^3}{a_1 + 3a_3\lambda^2} = \left(\frac{2a_2}{a_1}\lambda + \frac{4a_4}{a_1}\lambda^3\right)\left(1 + \frac{3a_3}{a_1}\lambda^2\right)^{-1}$$

$$= \frac{2a_2\lambda}{a_1} + \frac{4a_4\lambda^3}{a_1} - \frac{6a_2a_3\lambda^3}{a_1^2}$$

将各 a 值代入上式,得

$$\tan\gamma = \lambda\sin\varphi + \frac{\lambda^3}{6}\sin\varphi\cos^2\varphi(5-\tan^2\varphi+9\eta^2+4\eta^4) - \frac{\lambda^3}{2}\sin\varphi\cos^2\varphi(1-\tan^2\varphi+\eta^2) + \cdots$$

或

$$\tan\gamma = \lambda\sin\varphi + \frac{\lambda^3}{3}\sin\varphi\cos^2\varphi(1+\tan^2\varphi+3\eta^2+2\eta^4) + \cdots \tag{8-24}$$

因为 γ 角甚小,为便于计算,可将式(8-24)进行简化。

设 $\tan\gamma = x$,$|x| < 1$,则

$$\gamma = \arctan x = x - \frac{x^3}{3} + \frac{x^5}{5} + \cdots$$

即

$$\gamma = \tan\gamma - \frac{1}{3}\tan^3\gamma + \frac{1}{5}\tan^5\gamma - \cdots$$

展开并略去 η^4 项,最后得

$$\gamma = \lambda\sin\varphi + \frac{\lambda^3}{3}\sin\varphi\cos^2\varphi(1 + 3\eta^2) + \cdots \tag{8-25}$$

式中,λ 以弧度表示。

由子午线收敛角公式可见:

(1)γ 为 λ 的奇函数,而且 λ 越大,γ 也越大。

(2)γ 有正负,当描写点在中央经线以东时,γ 为正;在中央经线以西时,γ 为负;在中央经线和赤道上,$\gamma = 0$。

(3)当 λ 不变时,γ 随纬度增加而增大,在 $\varphi = 90°$ 时,$\gamma = 1$。

§8-2　高斯-克吕格投影的变形分析及相关应用

一、变形分析

分析高斯-克吕格投影可从长度比公式(8-21)进行。

(1)当 $\lambda = 0$ 时,$\mu = 1$,即中央经线没有任何变形,满足中央经线投影后保持长度不变的条件。

(2)λ 均以偶次方出现,且各项均为正号,所以在高斯-克吕格投影中,除中央经线长度比为 1 以外,其他任何点上长度比均大于 1。

(3)在同一条纬线上,离中央经线愈远,变形愈大,最大值位于投影带的边缘。

(4)在同一条经线上,纬度愈低,变形愈大,最大值位于赤道上。

(5)高斯-克吕格投影属于等角性质,故没有角度变形,面积比为长度比的平方。

(6)长度比的等变形线平行于中央轴子午线。

表 8-1 为高斯-克吕格投影长度变形值。

表 8-1　高斯-克吕格投影长度变形值

$\varphi/(°)$	经差 $\lambda/(°)$			
	0	1	2	3
90	0.000 00	0.000 00	0.000 00	0.000 00
80	0.000 00	0.000 00	0.000 02	0.000 04
70	0.000 00	0.000 02	0.000 07	0.000 16
60	0.000 00	0.000 04	0.000 15	0.000 34
50	0.000 00	0.000 06	0.000 25	0.000 57
40	0.000 00	0.000 09	0.000 36	0.000 81
30	0.000 00	0.000 12	0.000 46	0.001 03
20	0.000 00	0.000 13	0.000 54	0.001 21
10	0.000 00	0.000 14	0.000 59	0.001 34
0	0.000 00	0.000 15	0.000 61	0.001 38

中华人民共和国成立后,确定高斯-克吕格投影为我国地形图系列中 1：50 万、1：20 万、

1∶10 万、1∶5 万、1∶2.5 万、1∶1 万及更大比例尺的地图数学基础,朝鲜、蒙古、苏联等也将它作为地形图的数学基础。美国、英国、加拿大、法国等国家也有局部地区采用该投影作为大比例尺地图的数学基础。

二、分带的规定

高斯-克吕格投影的最大变形在赤道上,并随经差的增大而增大。影响变形的主要因素是经差,故限制了投影的经度范围就能将变形的大小控制在所需要的范围内,以满足地形图的精度要求。限制经差就是限制高斯-克吕格投影的东西宽度。因此,高斯-克吕格投影采用分带的方法,将全球分为若干条带进行投影,每个条带单独按高斯-克吕格投影进行计算。为了控制变形,我国的 1∶2.5 万～1∶50 万地形图均采用 6°分带投影;考虑 1∶1 万和更大比例尺地形图对制图精度有更高的要求,均采用 3°分带投影。

(一) 6°分带法

6°分带法是从格林尼治 0°经线起,每 6°为 1 个投影带,全球共分 60 个投影带。东半球的 30 个投影带,从 0°起算往东划分,用 1～30 予以标记。西半球的 30 个投影带,从 180°起算,回到 0°,用 31～60 予以标记。凡是 6°的整数倍的经线皆为分带子午线,如图 8-4 所示。每带的中央子午线经度 L_0 和代号 n 为

$$\left.\begin{array}{l} L_0 = 6° \times n - 3° \\ n = \left[\dfrac{L}{6°}\right] + 1 \end{array}\right\} \tag{8-26}$$

式中,[ ]表示商取整,L 为某地点的经度。

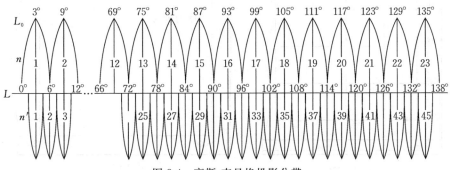

图 8-4　高斯-克吕格投影分带

我国领土位于东经 72°～136°之间,共含 11 个 6°投影带,即 13～23 带。各带的中央经线的经度分别为 75°,81°,87°,…,135°。

(二) 3°分带法

3°分带法是从东经 1°30′起算,每 3°为 1 带,全球共分 120 个投影带。这样分带使 6°带的中央经线均为 3°带的中央经线(图 8-4)。从 3°带转换成 6°带时,有一半带不需进行任何计算。带号 n 与相应的中央子午线经度 L_0 为

$$\left.\begin{array}{l} L_0 = 3° \times n \\ n = \left[\dfrac{L + 1°30′}{3°}\right] \end{array}\right\} \tag{8-27}$$

式中,[ ]表示商取整,L 为某地点的经度。

我国领土共含 22 个 3°投影带,即 24~45 带。

由于高斯-克吕格投影每一个投影带的坐标都是针对本带坐标原点的相对值,所以各带的坐标完全相同。只需要计算各带的 1/4 各经纬线交点的坐标值,通过坐标值变负和冠以相应的带号,就可以得到全球每个投影带的经纬网坐标值。

三、坐标网

为了在地形图上迅速而准确地确定方向、距离、面积等,即为了制作地形图和使用地形图方便,在地形图上都绘有一种或两种坐标网,即经纬网(地理坐标网)和方里网(直角坐标网)。

(一) 经纬网

经纬网在制作地形图时不仅起到控制作用,确定地球表面上各点和整个地形的实地位置,还是计算和分析投影变形、确定比例尺,以及量测距离、角度和面积所不可缺少的。

在我国的 1:5 000~1:10 万的地形图上,经纬线以图廓的形式直接表示,为了在用图时加密成网,在内外图廓间还绘有加密经纬网的加密分划短线(图 8-5)。1:5 万地形图上,除内图廓上绘有经纬网的分划外,图内还有加密用的十字线。1:50 万~1:100 万地形图的图面是直接绘出经纬网的,在内图廓间也绘有加密经纬网的加密分划短线(图 8-5)。

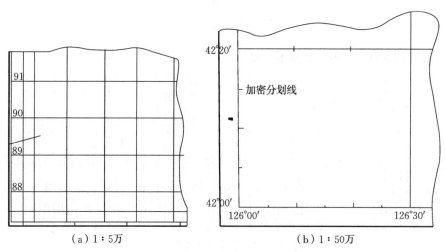

(a) 1:5万   (b) 1:50万

图 8-5 地形图的经纬网

(二) 方里网

方里网是由平行于投影坐标轴的两组平行线构成的方格网。因为平行线的间隔是整公里,所以称为方里网,也叫公里网。由于平行线同时又是直角坐标轴的坐标网线,故又称为直角坐标网。

高斯-克吕格投影是以中央经线的投影为纵轴 x、赤道投影为横轴 y、其交点为原点而建立平面直角坐标系的。因此,x 坐标在赤道以北为正,以南为负;y 坐标在中央经线以东为正,以西为负。我国位于北半球,故 x 坐标恒为正,但 y 坐标有正有负。为了使用坐标的方便,避免 y 坐标出现负值,规定将投影带的坐标纵轴西移 500 km(半个投影带的最大宽度小于 500 km),如图 8-6 所示。

由于是按经差 6° 进行分带投影的,故各带内具有相同纬度和经差的点的投影坐标值 x、y 完全相同,这样对于一组 (x,y) 值,能找到 60 个对应点。为区别某点所属的投影带,规定在已加 500 km 的 y 值前面再冠以投影带号,构成通用坐标。

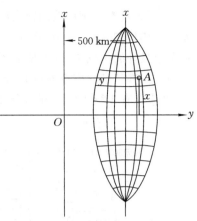

图 8-6　纵坐标轴向西平移

设点 P_1 的原始坐标为 $(0,200\,000)$、P_2 的原始坐标为 $(0,-200\,000)$,单位为 m,纵坐标轴西移 500 km 后,其坐标值分别为 $P_1(0,700\,000)$ 和 $P_2(0,300\,000)$。由于是沿着经线进行分带投影的,各带的投影完全相同,这样一组 (x,y) 值不能分辨在哪个带内,所以规定在已加 500 km 的 y 值前再加上投影带号,即 $n\times1\,000\,000+y$,这样,P_1、P_2 如果在 20 带,则其统一坐标为 $P_1(0,20\,700\,000)$、$P_2(0,20\,300\,000)$。

为了便于在图上指示目标、量测距离和方位,我国规定在 1:5 000、1:1 万、1:2.5 万、1:5 万、1:10 万和 1:25 万比例尺地形图上,按一定的整公里数绘出方里网(表 8-2)。

表 8-2　各种比例尺地形图的方里网间隔

地形图比例尺	方里网图上间隔/cm	相应实地距离/km
1:5 000	10	0.5
1:1 万	10	1
1:2.5 万	4	1
1:5 万	2	1
1:10 万	2	2
1:25 万	4	10

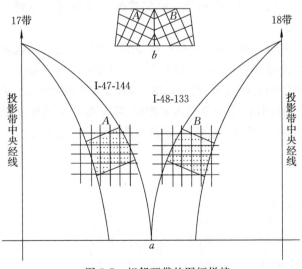

图 8-7　相邻两带的图幅拼接

(三) 邻带方里网

由于高斯-克吕格投影在地形图中采用分带投影方法,相对独立,所以相邻图幅方里网是互不联系的。又由于高斯-克吕格投影的经线是向投影带的中央经线收敛的,它和坐标纵线有一定的夹角(图 8-7),所以当处于相邻两带的相邻图幅进行拼接时,图面上绘出的直角坐标网就不能统一,会形成一个折角,这就给拼接使用地图带来很大困难。例如,欲量算位于不同图幅上 A、B 两点的距离和方向,在坐标网不一致时,其量测精度会受到影响。

为了解决相邻带图幅拼接使用的问题,规定在一定的范围内把邻带的坐标延伸到本带的图幅上,这就使某些图幅上有两个方里网,一个是本带的,一个是邻带的。为了区别,图面上都以本带方里网为主,邻带方里网只在图廓线以外绘出一小段,需使用时才连绘出来。

《国家基本比例尺地图图式》规定,每个投影带西边最外 1 幅 1∶10 万地形图的范围(即经差 30′)内所包含的 1∶10 万、1∶5 万、1∶2.5 万地形图均需加绘西部邻带的方里网;每个投影带东边最外的 1 幅 1∶5 万地形图(经差 15′)和 1 幅 1∶2.5 万地形图(经差 7.5′)的图面上也需加绘东部邻带的方里网(图 8-8)。这样,每 2 个投影带的相接部分(共 45′或 37.5′的范围内)都应该有 1 行 1∶10 万、3 行 1∶5 万、5 行 1∶2.5 万地形图的图面上需绘出邻带方里网。

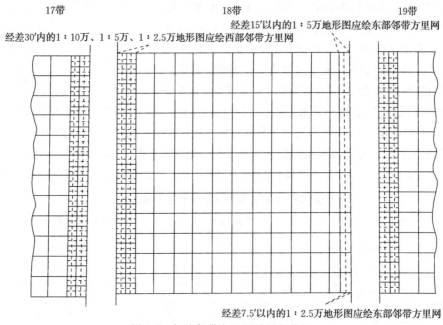

图 8-8 加绘邻带方里网的图幅范围

邻带图幅拼接使用时,可将邻带方里网连绘出来,就相当于把邻带的坐标系统延伸到本带,使相邻两幅图具有统一的直角坐标系(图 8-9)。

绘有邻带方里网的区域范围是沿经线带状分布的,称为投影的重叠带。重叠带的实质就是将投影带的范围扩大,即西带向东带延伸 30′投影,东带向西带延伸 15′(7.5′)投影。这样每个投影带计算的范围不是 6°,而是 6°45′。这时东带中最西边 30′范围内的图幅,既有东带的坐标,又有西带的坐标(图 8-10)。在制作地形图的坐标网时,这个范围内的图幅,除了按东带坐标制作图廓和方里网之外,还需要按西带坐标制作邻带方里网。同样,东带向西带的延伸也是如此。

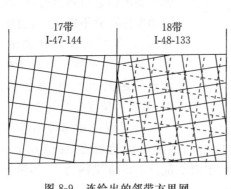

图 8-9 连绘出的邻带方里网

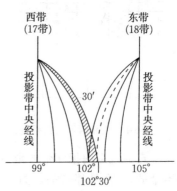

图 8-10 两带坐标的相互延伸

§8-3　通用横轴墨卡托投影

高斯-克吕格投影也称为横轴墨卡托投影,简称 TM 投影,几何上也称为等角横切椭圆柱投影。通用横轴墨卡托投影(universal transverse mercator projection,UTM)与高斯-克吕格投影相比,仅存在很少的差别。从几何意义看,通用横轴墨卡托投影属于横轴等角割圆柱投影,圆柱割地球于两条等高圈(对球体而言),投影后两条割线上没有变形,中央经线长度比小于 1(假定 $\mu = 0.9996$),如图 8-11 所示。

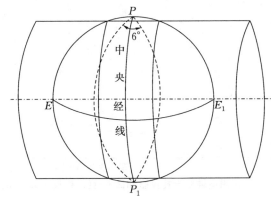

图 8-11　通用横轴墨卡托投影示意

由此通用横轴墨卡托投影的直角坐标 (x, y) 公式、长度比计算公式及子午线收敛角计算公式,可依照高斯-克吕格投影得到,即

$$x = 0.9996\left[s + \frac{\lambda^2 N}{2}\sin\varphi\cos\varphi + \frac{\lambda^4}{24}N\sin\varphi\cos^3\varphi(5 - \tan^2\varphi + 9\eta^2 + 4\eta^4) + \cdots\right]$$

$$y = 0.9996\left[\lambda N\cos\varphi + \frac{\lambda^3 N}{6}\cos^3\varphi(1 - \tan^2\varphi + \eta^2) + \frac{\lambda^5 N}{120}\cos^5\varphi(5 - 18\tan^2\varphi + \right.$$
$$\left. \tan^4\varphi + 14\eta^2 - 58\tan^2\varphi\eta^2) + \cdots\right] \qquad (8\text{-}28)$$

$$\mu = 0.9996\left[1 + \frac{1}{2}\cos^2\varphi(1 + \eta^2)\lambda^2 + \frac{1}{6}\cos^4\varphi(2 - \tan^2\varphi)\lambda^4 - \frac{1}{8}\cos^4\varphi\lambda^4 + \cdots\right]$$
$$(8\text{-}29)$$

$$\gamma = \lambda\sin\varphi + \frac{\lambda^3}{3}\sin\varphi\cos^2\varphi(1 + 3\eta^2) + \cdots \qquad (8\text{-}30)$$

式中所用的符号与高斯-克吕格投影的公式相同。

通用横轴墨卡托投影虽然在一些国家和地区的地形图上得到了使用,但采用的椭球体不一致。目前已出版的几种椭球体编算出的通用横轴墨卡托投影坐标值有:埃佛勒斯(Everest)1830 年椭球、贝塞尔(Bessel)1841 年椭球、克拉克(Clarke)1866 年椭球、克拉克 1880 年椭球、海福德(Hayford)1910 年椭球、GRS80 椭球等。

通用横轴墨卡托投影和高斯-克吕格投影都是采用了分带方式,但是起算位置不同,通用横轴墨卡托投影起始位置为西经 180°,高斯-克吕格投影起始位置为本初子午线。因此,同样6°带划分,二者的带号相差 30,如图 8-12 所示。

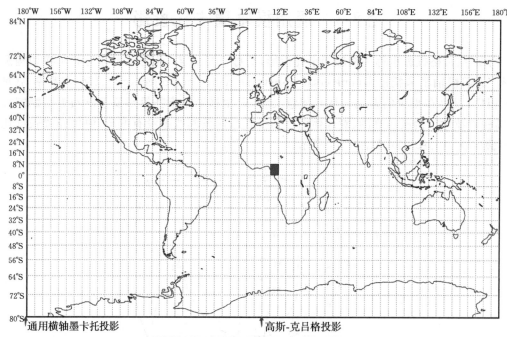

图 8-12　通用横轴墨卡托投影和高斯-克吕格投影分带示意

§8-4　双标准经线等角横圆柱投影

双标准经线等角横圆柱投影在几何上可以理解为椭圆柱面割在对称于中央经线的两条经线上的一种等角投影。

双标准经线等角横圆柱投影要求经差 $\pm l_1$ 的两条经线无变形,因此中央经线投影后要做相应的缩短而不能保持等长。同时,还要求各点的缩短比率不一样,在低纬度地区要缩短得多些,则中央经线长度比小些,即负向变形大些,随着纬度的增加中央经线长度比逐渐增大,在纬度 $90°$ 的极点长度比为1。因此,中央经线长度比 m_0 是纬度的函数,即

$$m_0 = f(\varphi) \tag{8-31}$$

若以 $\mu_{双}$ 表示双标准经线等角横圆柱投影的长度比,以 $\mu_{高}$ 表示高斯-克吕格投影的长度比,则这两种等角投影长度比应满足

$$\mu_{双} = m_0 \cdot \mu_{高}$$

然后将高斯-克吕格投影长度比公式代入上式,则有

$$\mu_{双} = m_0 \left[1 + \frac{\lambda^2}{2}\cos^2\varphi \left(1 + \frac{e^2}{1-e^2}\cos^2\varphi \right) + \frac{\lambda^4}{24}\cos^4\varphi (5 - 4\tan^2\varphi) + \cdots \right]$$

因为

$$\eta^2 = e'^2\cos^2\varphi = \frac{e^2}{1-e^2}\cos^2\varphi$$

所以

$$\mu_{双} = m_0 \left[1 + \frac{\lambda^2}{2}\cos^2\varphi(1+\eta^2) + \frac{\lambda^4}{24}\cos^4\varphi(5-4\tan^2\varphi) + \cdots \right]$$

在标准经线 $\lambda = \lambda_1$ 上，$\mu_{双} = 1$，于是有

$$m_0 = 1 - \frac{\lambda_1^2}{2}\cos^2\varphi(1+\eta^2) \tag{8-32}$$

由等角投影一般公式(8-3)和式(8-7)可知，只要确定了中央经线投影长度 $x_0 = a_0$，则系统也就唯一确定了。

由式(8-32)有

$$x_0 = \int_0^\varphi m_0 M \mathrm{d}\varphi = \int_0^\varphi M \left[1 - \frac{\lambda_1^2}{2}\cos^2\varphi(1+\eta^2) \right] \mathrm{d}\varphi \tag{8-33}$$

对式(8-33)进行积分，得

$$x_0 = s - \frac{a\lambda_1^2}{2}\left(A'\varphi + \frac{B'}{2}\sin2\varphi + \frac{C'}{2}\sin4\varphi + \frac{D'}{6}\sin6\varphi + \frac{E'}{8}\sin8\varphi \right) \tag{8-34}$$

式中，a 为地球椭球长半径，s 为经线弧长，系数为

$$\left. \begin{aligned}
A' &= \frac{1}{2} + \frac{1}{16}e^2 + \frac{3}{128}e^4 + \frac{25}{2\,048}e^6 + \frac{245}{3\,276}e^8 \\
B' &= \frac{1}{2} - \frac{3}{256}e^4 - \frac{5}{512}e^6 - \frac{245}{32\,768}e^8 \\
C' &= -\frac{1}{16}e^2 - \frac{3}{128}e^4 - \frac{5}{512}e^6 - \frac{35}{8\,192}e^8 \\
D' &= \frac{3}{256}e^4 + \frac{5}{512}e^6 + \frac{455}{65\,536}e^8 \\
E' &= -\frac{5}{2\,048}e^6 - \frac{105}{32\,768}e^8
\end{aligned} \right\} \tag{8-35}$$

仿照高斯-克吕格投影，求各系数 a_i 的导数，并代入式(8-3)中，便可得到双标准经线等角横圆柱投影公式，即

$$\left. \begin{aligned}
x &= x_0 + \frac{1}{2}N\tan\varphi\cos^2\varphi\left[1 - \frac{\lambda_1^2}{2}\cos^2\varphi(3+7\eta^2) \right]\lambda^2 + \frac{1}{24}N\tan\varphi\cos^4\varphi\big[(5- \\
&\quad \tan^2\varphi + 9\eta^2 + 4\eta^4) - \frac{\lambda_1^2}{2}\cos^2\varphi(33-27\tan^2\varphi+182\eta^2)\big]\lambda^4 + \\
&\quad \frac{1}{720}N\tan\varphi\cos^6\varphi(61-58\tan^2\varphi+\tan^4\varphi)\lambda^6 \\
y &= N\cos\varphi\left[1 - \frac{\lambda_1^2}{2}\cos^2\varphi(1+\eta^2) \right]\lambda + \frac{1}{6}N\cos^3\varphi\Big[(1-\tan^2\varphi+\eta^2) - \\
&\quad \frac{\lambda_1^2}{2}\cos^2\varphi(3-9\tan^2\varphi+10\eta^2-41\tan^2\varphi\eta^2) \Big]\lambda^3 + \frac{1}{120}N\cos^5\varphi\Big[(5- \\
&\quad 18\tan^2\varphi + \tan^4\varphi + 14\eta^2 - 58\tan^2\varphi\eta^2) - \frac{\lambda_1^2}{2}\cos^2\varphi(33-246\tan^2\varphi) \Big]\lambda^5
\end{aligned} \right\} \tag{8-36}$$

双标准经线等角横圆柱投影长度比公式为

$$\mu = 1 + \frac{1}{2}\cos^2\varphi(1+\eta^2)(\lambda^2 - \lambda_1^2) \tag{8-37}$$

双标准经线等角横圆柱投影长度比值如表 8-3($\lambda_1 = \pm 2°$) 所示。

表 8-3 双标准经线等角横圆柱投影长度比

$\varphi/(°)$	经差 $\lambda/(°)$			
	0	1	2	3
90	1.000 00	1.000 00	1.000 00	1.000 00
80	0.999 98	0.999 99	1.000 00	1.000 02
70	0.999 97	0.999 95	1.000 00	1.000 09
60	0.999 83	0.999 89	1.000 00	1.000 19
50	0.999 75	0.999 81	1.000 00	1.000 32
40	0.999 64	0.999 73	1.000 00	1.000 45
30	0.999 54	0.999 66	1.000 00	1.000 57
20	0.999 46	0.999 59	1.000 00	1.000 68
10	0.999 41	0.999 56	1.000 00	1.000 74
0	0.999 39	0.999 54	1.000 00	1.000 76

由表 8-3 可见,双标准经线的长度不变形,同一纬线的长度变形随远离标准经线而增大;同一经线的长度变形随纬度增加而减小。在标准经线以内为负向变形,以外为正向变形。该投影使低纬度地区的长度变形进一步得到改善,高纬度地区的长度变形也比高斯-克吕格投影小。

双标准经线等角横圆柱投影的子午线收敛角计算公式为

$$\gamma = \sin\varphi \left[1 - \frac{\lambda_1^2}{2}\cos^2\varphi(2 + 6\eta^2)\right]\lambda + \frac{1}{3}\sin\varphi\cos^2\varphi\left[1 + 3\eta^2 - \frac{\lambda_1^2}{4}\cos^2\varphi(16 - 8\tan^2\varphi)\right]\lambda^3$$

$$(8-38)$$

§8-5 高斯-克吕格投影族

高斯-克吕格投影族是概括沿经线分带的等角投影,它应满足的投影条件如下:

(1)中央经线和赤道投影后为相互垂直的直线,且为投影的对称轴。

(2)投影具有等角的性质。

(3)中央经线长度比为 $m_0 = f(\varphi)$。

根据投影的前两个条件,仿照前面公式,可以得到该投影族坐标一般公式和系数的概括式。根据投影第三个条件,有

$$m_0 = \frac{\mathrm{d}a_0}{\mathrm{d}s}$$

即

$$a_0 = \int_0^\varphi m_0 \mathrm{d}s = \int_0^\varphi m_0 M \mathrm{d}\varphi \tag{8-39}$$

式中,s 是由赤道到纬度 φ 的经线弧长。

令 $F = \dfrac{r}{M} = \cos\varphi(1 + \eta^2)$,$\eta^2 = e'^2\cos^2\varphi$,经推导得各系数,即

$$a_0 = \int_0^\varphi m_0 \, \mathrm{d}s = \int_0^\varphi m_0 M \mathrm{d}\varphi$$

$$a_1 = m_0 r$$

$$a_2 = -\frac{1}{2} F (m_0 r)'$$

$$a_3 = \frac{1}{3} F' a_2 - \frac{1}{6} F^2 (m_0 r)''$$

$$a_4 = -\frac{1}{4} F' K_3 + \frac{1}{24} F^2 \left[F'' (m_0 r)' + 2 F' (m_0 r)'' + F (m_0 r)''' \right]$$

$$a_5 = \frac{1}{5} F' a_4 + \frac{1}{120} F^2 \left[(3F'F'' + FF''')(m_0 r)' + (4F'^2 + 4FF'')(m_0 r)'' + \right.$$

$$\left. 5 F F' (m_0 r)''' + F^2 (m_0 r)'''' \right]$$

$$\vdots$$

$$\hspace{11cm} (8\text{-}40)$$

式中

$$F = \cos\varphi (1 + \eta^2)$$

$$F' = -\sin\varphi (1 + 3\eta^2)$$

$$F'' = -\cos\varphi (1 - 6e'^2 + 9\eta^2)$$

$$F''' = \sin\varphi (1 - 6e'^2 + 27\eta^2)$$

$$\vdots$$

$$(m_0 r)' = m_0 r' + m_0' r$$

$$(m_0 r)'' = m_0 r'' + 2 m_0' r' + m_0'' r$$

$$(m_0 r)''' = m_0 r''' + 3 m_0' r'' + 3 m_0'' r' + m_0''' r$$

$$(m_0 r)'''' = m_0 r'''' + 4 m_0' r''' + 6 m_0'' r'' + 4 m_0''' r' + m_0'''' r$$

$$\vdots$$

$$r = \frac{a \cos\varphi}{\sqrt{1 - e^2 \sin^2\varphi}}$$

$$r' = -\sin\varphi \cdot M = -a(1 - e^2)\sin\varphi \cdot G$$

$$r'' = -a(1 - e^2)(\cos\varphi \cdot G + \sin\varphi \cdot G')$$

$$r''' = -a(1 - e^2)(-\sin\varphi \cdot G + 2\cos\varphi \cdot G' + \sin\varphi \cdot G'')$$

$$r'''' = -a(1 - e^2)(-\cos\varphi \cdot G - 3\sin\varphi \cdot G' + 3\cos\varphi \cdot G'' + \sin\varphi \cdot G''')$$

$$\vdots$$

$$G = A' - B'\cos2\varphi + C'\cos4\varphi - D'\cos6\varphi + E'\cos8\varphi$$

$$G' = 2B'\sin2\varphi - 4C'\sin4\varphi + 6D'\sin6\varphi - 8E'\sin8\varphi$$

$$G'' = 4B'\cos2\varphi - 16C'\cos4\varphi + 36D'\cos6\varphi - 64E'\cos8\varphi$$

$$G''' = -8B'\sin2\varphi + 64C'\sin4\varphi - 216D'\sin6\varphi + 512E'\sin8\varphi$$

$$\vdots$$

$$A' = 1 + \frac{3}{4}e^2 + \frac{45}{64}e^4 + \frac{175}{256}e^6 + \frac{11\,025}{16\,384}e^8 + \cdots$$

$$B' = \frac{3}{4}e^2 + \frac{15}{16}e^4 + \frac{525}{512}e^6 + \frac{2\,205}{2\,048}e^8 + \cdots$$

$$C' = \frac{15}{16}e^4 + \frac{105}{256}e^6 + \frac{2\,205}{4\,096}e^8 + \cdots$$

$$D' = \frac{35}{512}e^6 + \frac{315}{2\,048}e^8 + \cdots$$

$$E' = \frac{315}{16\,384}e^8 + \cdots$$

式(8-40)给出了高斯-克吕格投影族中系数的一般计算公式。

当根据要求给定中央经线长度比 $m_0 = f(\varphi)$ 后,便可求得 a_0 项,以及 $m_0', m_0'', m_0''', \cdots$ 各值。由此代入式(8-3)就可以进行直角坐标值的计算了。

现在推导高斯-克吕格投影族的长度比公式。因为该投影具有等角的性质,因此将式(8-4)代入一阶基本量 G 的表达式,再按照长度比一般公式可得

$$\mu = \frac{1}{r}\sqrt{\left[\left(\frac{\partial x}{\partial \lambda}\right)^2 + \left(\frac{\partial y}{\partial \lambda}\right)^2\right]} = a_1^2 + (6a_1a_3 + 4a_2^2)\lambda^2 + (9a_3^2 + 10a_1a_5 + 16a_2a_4)\lambda^4 + \cdots$$

$$(8\text{-}41)$$

式中,$a_1, a_2, a_3, \cdots$ 由式(8-40)求得。

高斯-克吕格投影族子午线收敛角计算公式也可以通过将式(8-4)代入式(8-23)求得,即

$$\tan\gamma = \frac{2a_2\lambda}{a_1} + \frac{4a_4\lambda^3}{a_1} - \frac{6a_2a_3\lambda^3}{a_1^2}$$

从高斯-克吕格投影族第三个投影条件可知,它们之间的区别在于 $m_0 = f(\varphi)$ 的不同,即当给定 m_0 为某个具体的函数形式时,便可以得到某个具体的等角投影。

首先研究 $m_0 = 1 - q\cos^2 K\varphi$ 的情况,式中,q、K 为参数。

从高斯-克吕格投影族平面直角坐标、长度比和子午线收敛角公式可以看出,只要求出 a_0 及 $m_0', m_0'', m_0''', \cdots$ 各值,便可以进行实际计算。

由式(8-39)引进 $m_0 = 1 - q\cos^2 K\varphi$,整理后得

$$a_0 = \int_0^\varphi m_0 M \mathrm{d}\varphi = \left(1 - \frac{q}{2}\right)s - \frac{q}{8}a(1-e^2)\left\{A'\left[\frac{1}{K}\sin 2K\varphi + \frac{1}{K}\sin 2K\varphi\right] - \right.$$

$$B'\left[\frac{1}{1+K}\sin 2(1+K)\varphi + \frac{1}{1-K}\sin 2(1-K)\varphi\right] +$$

$$C'\left[\frac{1}{2+K}\sin 2(2+K)\varphi + \frac{1}{2-K}\sin 2(2-K)\varphi\right] -$$

$$D'\left[\frac{1}{3+K}\sin 2(3+K)\varphi + \frac{1}{3-K}\sin 2(3-K)\varphi\right] +$$

$$\left. E'\left[\frac{1}{4+K}\sin 2(4+K)\varphi + \frac{1}{4-K}\sin 2(4-K)\varphi\right]\right\} \qquad (8\text{-}42)$$

式中

$$s = a(1-e^2)\left(A'\varphi - \frac{B'}{2}\sin 2\varphi + \frac{C'}{4}\sin 4\varphi - \frac{D'}{6}\sin 6\varphi + \frac{E'}{8}\sin 8\varphi\right)$$

由 $m_0 = 1 - q\cos^2 K\varphi$ 可得

$$\left.\begin{array}{l} m_0' = 2Kq\cos K\varphi\sin K\varphi = Kq\sin 2K\varphi \\ m_0'' = 2K^2q\cos 2K\varphi \\ m_0''' = -4K^3q\sin 2K\varphi \\ m_0'''' = -8K^4q\cos 2K\varphi \end{array}\right\} \qquad (8\text{-}43)$$

将式(8-42)、式(8-43)代入式(8-40),便可得到该投影方案。于是适当地选择参数 q、K 便可以得到各种不同等角投影的方案。

(1)设 $q = 0, m_0 = 1$,该投影就是著名的高斯-克吕格投影。在 6°范围内,赤道和边缘经线交点最大长度变形达 0.138%,随着纬度的增加变形逐渐减小(表 8-1)。

(2)设 $q = 0.0004, K = 0$,得 $m_0 = 0.9996$,该投影就是通用横轴墨卡托投影。在 6°范围

内,赤道和边缘经线交点处最大长度变形达 0.098%,中央经线长度变形为－0.004%。

(3)设 $q = 0.000\,609$,$K = 1$,得 $m_0 = 1 - 0.000\,609\cos^2\varphi$,这就是双标准经线等角横圆柱投影。该投影从几何意义上来说,仍可用椭圆柱面作为投影面,使椭圆柱面割在地球两条经线上,以等角条件将地球投影到平面上,再展开成平面。在 6° 范围内,设双标准经线选在距离中央经线 $\pm 2°$ 的 2 条经线为相割的标准经线,其上没有长度变形。同一条纬线的长度变形随远离标准经线而增大;同一经线的长度变形随纬度增加而减小。赤道和边缘经线的长度变形最大,其值为 $+0.077\%$,中央经线的长度变形最大值为 -0.061%。等变形线形状与投影带形状大致一致。

(4)设 $q = 0.000\,609$,$K = 1.5$,得 $m_0 = 1 - 0.000\,609\cos^2 1.5\varphi$。该投影在边缘经线和赤道交点处变形最大,其值为 0.077%,随纬度增加变形逐渐减小;中央经线最大长度变形为 -0.061%,纬度 60° 处长度变形为 0,而在纬度 90° 处,长度变形为 -0.030%。其等变形线为对称于中央经线的曲线。

指定不同 q 和 K 值可设计不同的等角投影方案,q 是中央经线的最大长度变形值,K 取决于投影变形分布的情况。

另外,设 $m_0 = \sum_{i=0}^{n} a_{2i}\varphi^{2i}$,可采用指定中央经线变形分布的方法来确定其系数 a_{2i}。还可设 $m_0 = 1 - q\sin^2 K\varphi$ 来决定 m_0。高斯-克吕格投影族中也可以衍生出无穷多个投影方案。

§8-6　地图投影实践

一、基于 Geocart 的高斯投影

点击【File】→【New】,然后点击【Map】→【New】,再点击【Projection】→【Change Projections…】,选择圆柱投影中的高斯-克吕格投影(Gauss-Krüger),如图 8-13 所示。

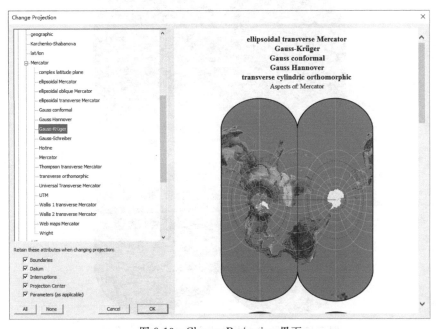

图 8-13　Change Projection 界面

运行得到高斯-克吕格投影的投影表象,显示结果如图 8-14 所示。

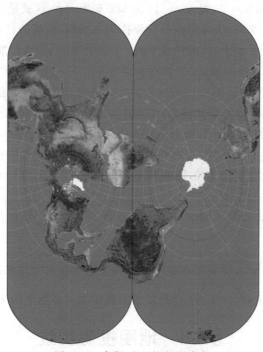

图 8-14　高斯-克吕格投影表象

点击【Map】→【Tissot Indicatrices】,显示变形椭圆,点击【Map】→【Distortion Visualization...】,显示等变形线,叠加显示的效果如图 8-15 所示。

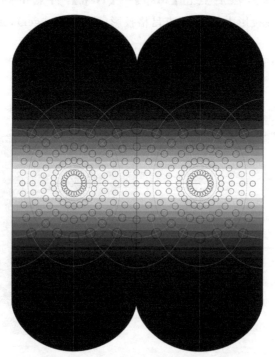

图 8-15　高斯-克吕格投影变形椭圆和等变形线

点击【File】→【New】，然后点击【Map】→【New】，然后点击【Projection】→【Change Projections...】，选择圆柱投影中的通用横轴墨卡托投影(UTM)，如图 8-16 所示。

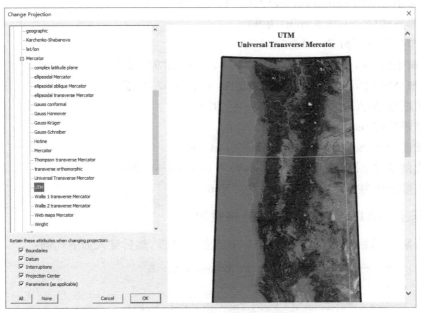

图 8-16　通用横轴墨卡托投影表象

点击【Map】→【Tissot Indicatrices】，显示其变形椭圆，如图 8-17 所示。

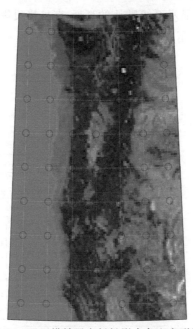

图 8-17　通用横轴墨卡托投影表象和变形椭圆

投影信息如下：

(1)投影名称为 UTM。

(2)投影性质为 Conformal。

（3）比例尺为 1：2 251 795。

（4）参考椭球（Ellipsoid）为 WGS-84。

（5）投影中心（Projection center）为（0°N，123°W）。

（6）投影旋转（Projection spin）为 90°。

（7）投影分带（UTM Zone）为"10T"。

（8）平面坐标（x，y）为（＋500 064.317 8，＋5 093 983.222）m。

（9）地理坐标（φ，λ）为（45°59′57.918″N，122°59′57.01″W）。

（10）角度变形（Angular deformation）为 0.000 00°。

（11）面积比（Areal inflation）为 0.999 2。

（12）长度变形（Scalar distortion）为－0.040 00％。

（13）比例系数范围（Scale factor range）为 0.999 6～0.999 6。

（14）长度比值为 h ＝0.999 6、k ＝0.999 6。

二、基于 MATLAB 的高斯-克吕格投影

针对高斯-克吕格投影，在 MATLAB 中建立 m 文件，然后键入如下代码：

```
landareas = shaperead('landareas.shp','UseGeoCoords',true);
axesm ('tranmerc','Frame', 'on','Grid', 'on');
geoshow(landareas,'FaceColor',[1 1 .5],'EdgeColor',[.6 .6 .6]);
tissot;
mdistort;
```

运行结果如图 8-18 所示，显示系统默认的高斯-克吕格投影的投影表象和变形规律。

投影的范围为南北纬 80°、东西经 20°，如图 8-19 所示。

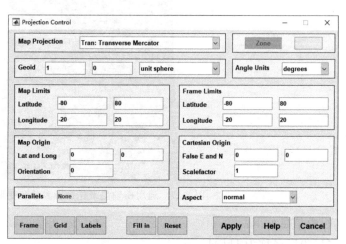

图 8-18　高斯-克吕格投影表象　　　　　　　　图 8-19　高斯-克吕格投影参数

为了显示 6°带的投影情况，可以修改 Map Limits 的范围，增加 axesm 函数参数的定义，即 axesm ('tranmerc', 'Frame', 'on', 'Grid', 'on','MapLonLimit',[−3,3],'FLonLimit',[−3, 3])，显示的投影表象如图 8-20 所示。

在图 8-20 中无法清晰地看到变形和表象，所以按照分幅的方法，改写投影的范围，即 axesm ('tranmerc', 'Frame', 'on', 'Grid', 'on','MLineLocation',[1],'MapLonLimit',[−3,3], 'MapLatLimit',[0,8])，显示的投影表象如图 8-21 所示。

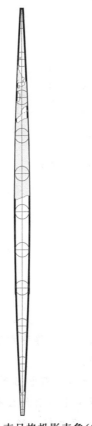 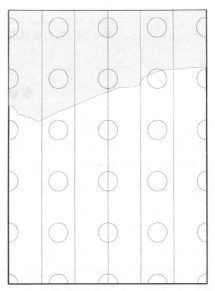

图 8-20　高斯-克吕格投影表象(6°带)　　　图 8-21　高斯-克吕格投影表象(6°×8°)

针对通用横轴墨卡托投影，在 MATLAB 中建立 m 文件，然后键入如下代码：

```
landareas = shaperead('landareas.shp','UseGeoCoords',true);
axesm ('utm', 'Frame', 'on', 'Grid', 'on','MapLonLimit',[−3,3],'FLonLimit',[−3,3]);
geoshow(landareas,'FaceColor',[1 1 .5],'EdgeColor',[.6 .6 .6]);
mdistort;
```

运行结果如图 8-22 所示，显示系统默认的通用横轴墨卡托投影的投影表象和变形规律。

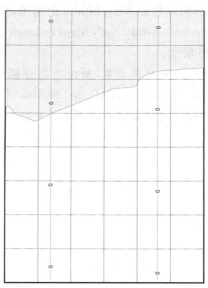

图 8-22　通用横轴墨卡托投影表象(6°×8°)

本章习题

1. 高斯-克吕格投影是根据哪几个条件建立的？

2. 简述高斯-克吕格投影公式的推导过程。

3. 高斯-克吕格投影经纬线是什么形状的？

4. 根据高斯-克吕格投影变形公式分析其变形特征。

5. 高斯-克吕格投影变形特征如何？最大变形在什么地方？等变形线呈现什么形状？

6. 简述我国目前地形图采用高斯-克吕格投影的优缺点。

7. 从使用的观点来看，为什么将高斯-克吕格投影划分为 3°带和 6°带？

8. 通用横轴墨卡托投影和高斯-克吕格投影从几何意义上看有什么不同？

9. 高斯-克吕格投影族满足的条件是什么？它与高斯-克吕格投影条件有什么区别？

10. 我国地形图上最大的子午线收敛角位于什么地方？它对地形图上经纬线和方里网有什么影响？

11. 利用 MATLAB 绘制高斯-克吕格投影和通用横轴墨卡托投影的投影表象，并分析其变形规律。

第九章　伪几何投影

伪几何投影是在简单正轴几何投影的基础上,附加一定的约束条件,保持纬线的形状不变,将经线的形状变为对称曲线而成。伪几何投影又分为伪方位投影、伪圆锥投影、伪圆柱投影。

§9-1　伪方位投影

一、伪方位投影的一般公式

伪方位投影是在方位投影基础上修改而成。在正轴方位投影中,纬线仍为同心圆,中央经线为直线,其他经线为对称于中央经线的曲线,并相交于极点。在横轴和斜轴方位投影中,等高圈表现为同心圆,垂直圈表现为交于等高圈圆心的对称曲线,而经纬线均为较复杂的曲线。

不同于方位投影中等变形线为圆的特点,伪方位投影中等变形线可能为椭圆形或卵形,或有规律的其他几何图形,这一规律使投影结果能满足对变形分布的特殊要求,即等变形线与制图区域轮廓近似一致。由于这一特点,伪方位投影的应用以非正常位置为多,因此其公式的推导要从任意位置的球面极坐标出发。其一般公式为

$$\left. \begin{array}{l} x = \rho\cos\delta \\ y = \rho\sin\delta \\ \rho = f_1(Z) \\ \delta = f_2(Z,\alpha) \end{array} \right\} \tag{9-1}$$

式中,Z 为天顶距;α 为方位角;δ 为投影中的极角,即

$$\delta = \alpha - C\left(\frac{Z}{Z_n}\right)^q \sin K\alpha \tag{9-2}$$

其中,C、q、K、Z_n 为参数,根据具体情况设定一定的数值。

(1) Z_n 是制图区域中心到最远边界的天顶距。

(2) K 是决定投影网对称轴的参数,如制图区域为椭圆形或卵形,可取 K 为1(投影有1个对称轴)或2(有2个互相垂直的对称轴)。若制图区域为三角形,可令 K 为3。若制图区域为方形,可令 $K=4$ 等。

(3) 参数 q 和 C 可在使等变形线与区域轮廓近似一致的条件下计算决定。

式(9-1)中 ρ 的形式,可以取方位投影中等面积、等距离或等角投影的 ρ 的形式,即 $\rho = 2\sin\dfrac{Z}{2}$,

或 $\rho = Z$、$\rho = 2\tan\dfrac{Z}{2}$(这里令地球球体半径 $R=1$)。根据伪方位经纬线形状的定义可知,不可能有等角或等面积投影,而只有任意投影,因此即便选取等面积、等角、等距离方位投影中 ρ 的表达形式,投影也并不具有单纯的等面积、等角或等距离性质。

为了得到伪方位投影的变形表达式,需要求得高斯系数 E、G、F、H,即

$$
\left.
\begin{aligned}
E &= \left(\frac{\partial x}{\partial Z}\right)^2 + \left(\frac{\partial y}{\partial Z}\right)^2 \\
G &= \left(\frac{\partial x}{\partial \alpha}\right)^2 + \left(\frac{\partial y}{\partial \alpha}\right)^2 \\
F &= \frac{\partial x}{\partial Z} \cdot \frac{\partial x}{\partial \alpha} + \frac{\partial y}{\partial Z} \cdot \frac{\partial y}{\partial \alpha} \\
H &= \frac{\partial x}{\partial Z} \cdot \frac{\partial y}{\partial \alpha} - \frac{\partial x}{\partial \alpha} \cdot \frac{\partial y}{\partial Z}
\end{aligned}
\right\}
\tag{9-3}
$$

再应用极坐标表示的投影的变形公式可求得

$$
\left.
\begin{aligned}
\tan\varepsilon &= -\frac{F}{H} = -\rho \frac{\dfrac{\partial \delta}{\partial Z}}{\dfrac{\mathrm{d}\rho}{\mathrm{d}Z}} \\
\mu_1 &= \sqrt{E} = \sqrt{\rho^2 \left(\frac{\partial \delta}{\partial Z}\right)^2 + \left(\frac{\mathrm{d}\rho}{\mathrm{d}Z}\right)^2} = \frac{\mathrm{d}\rho}{\mathrm{d}Z}\sec\varepsilon \\
\mu_2 &= \frac{\sqrt{G}}{\sin Z} = \rho \frac{\partial \delta}{\partial \alpha}\csc Z \\
P &= \mu_1 \cdot \mu_2 \cdot \cos\varepsilon = \rho \frac{\mathrm{d}\rho}{\mathrm{d}Z} \frac{\partial \delta}{\partial \alpha}\csc Z \\
\tan\frac{\omega}{2} &= \frac{1}{2}\sqrt{\frac{\mu_1^2 + \mu_2^2}{P} - 2}
\end{aligned}
\right\}
\tag{9-4}
$$

式中,μ_1、μ_2 具有不同于前面章节所说的含义,在伪方位投影中,其方向不是主方向,而是变形椭圆的一组共轭半径方向。

由式(9-4)及投影后图形可知,伪方位投影垂直圈与等高圈投影后不正交,不可能存在等角投影;等高圈投影后其弧长不等分,不可能存在等面积投影。因此,伪方位投影只有任意性质的投影。

二、伪方位投影应用

在上述伪方位投影的一般公式中,δ 函数中几个系数的确定是此函数解算的关键,也是一个复杂的过程,下面将通过实例来说明求解过程。至于 ρ 的形式,可以取方位投影中 ρ 的条件,如 $\rho = Z$,当然必要时也可以取别的形式。

以中国地图的伪方位投影设计为例。首先观察中国疆域的外廓,西北、东北和南中国海是三个向外突出的方向,它们之间则是三个凹进去的方向,每两突出方向(或凹入方向)之间的夹角近似为 $120°$。

ρ 的形式选取近似于等距离方位投影的 $\rho = RZ$,但在伪方位投影中并不保持等距离。将其代入式(9-1)和式(9-2),于是有

$$
\left.
\begin{aligned}
x &= \rho\cos\delta \\
y &= \rho\sin\delta \\
\rho &= RZ \\
\delta &= \alpha - C\left(\frac{Z}{Z_n}\right)^q \sin K\alpha
\end{aligned}
\right\}
\tag{9-5}
$$

令 $R=1$，则有

$$\mathrm{d}\rho = \mathrm{d}Z$$

$$\frac{\partial\delta}{\partial\alpha} = 1 - KC\left(\frac{Z}{Z_n}\right)^q \cos K\alpha$$

代入式(9-4)，得

$$\left.\begin{array}{l} \mu_1 = \sec\varepsilon \\[2mm] \mu_2 = \dfrac{Z}{\sin Z}\left[1 - KC\left(\dfrac{Z}{Z_n}\right)^q \cos K\alpha\right] \\[3mm] P = \mu_2 \\[2mm] \tan\dfrac{\omega}{2} = \dfrac{1}{2}\sqrt{\dfrac{\mu_1^2 + \mu_2^2}{P} - 2} \\[4mm] \tan\varepsilon = \rho\,\dfrac{\dfrac{\partial\delta}{\partial Z}}{\dfrac{\mathrm{d}\rho}{\mathrm{d}Z}} \end{array}\right\} \tag{9-6}$$

下面介绍 δ 函数中几个系数的确定过程。设投影中心点为 $\lambda_0 = 105°$、$\varphi_0 = 35°$ 时，估算 $Z_n \approx 26°$（即从中心点到最突出之点），由上节可知 K 应为 3。为使边缘角度变形不致过大，选定 $q=1$，故需求定的参数为 C。因突出和凹入方向夹角近似为 $60°$，设凹入处 $\alpha=0°$，则突出处 $\alpha=60°$。对凹入处之 Z_n 近似为 $14°$。令区域轮廓凸出凹入点的面积变形相等，则由式(9-6)有

$$\frac{14°}{\sin 14°}\left(1 - 3C\,\frac{14°}{26°}\cos 0°\right) = \frac{26°}{\sin 26°}\left(1 - 3C\,\frac{26°}{26°}\cos 180°\right)$$

由此可解出 $C = -0.005\,308$。

为使中国领域的等变形线与区域轮廓更接近，在计算 δ 时，宜将由球面坐标变换所得的方向角加上 $15°$，即把方位角的起算方向逆时针旋转 $15°$。

由此得适用于中国地图的近似等距离的伪方位投影，具体公式为

$$\left.\begin{array}{l} x = \rho\cos\delta \\[2mm] y = \rho\sin\delta \\[2mm] \rho = Z \\[2mm] \delta = \alpha + \dfrac{0.005\,308}{0.453\,786}Z\cdot\sin\left[3(15°+\alpha)\right] \\[3mm] \mu_1 = \sec\varepsilon \\[2mm] \mu_2 = \dfrac{Z}{\sin Z}\left\{1 + 3\,\dfrac{0.005\,308}{0.453\,786}Z\cdot\cos\left[3(15°+\alpha)\right]\right\} \\[3mm] P = \mu_2 \\[2mm] \tan\dfrac{\omega}{2} = \dfrac{1}{2}\sqrt{\dfrac{\mu_1^2 + \mu_2^2}{P} - 2} \\[4mm] \tan\varepsilon = \dfrac{0.005\,308}{0.453\,786}Z\cdot\sin\left[3(15°+\alpha)\right] \end{array}\right\} \tag{9-7}$$

由式(9-7)可以生成图 9-1。

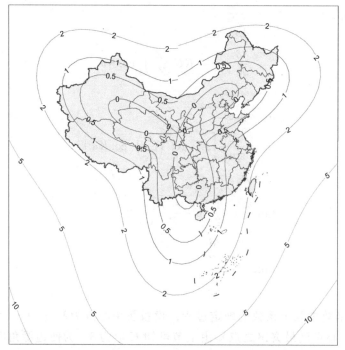

图 9-1　伪方位投影表示的我国经纬网略图及角度等变形线

由图 9-1 可见,等变形线形状能与中国疆域形状较好地贴合,而且最大角度变形较小,全域能达到小比例尺地图中等量测精度要求。

图 9-2 为适用于"大西洋图"的一个比较成功的伪方位投影方案。其有关数据为 $K=2$, $Z_n=\dfrac{2}{3}\pi, q=1, C=0.1, \rho=3R\sin\dfrac{Z}{3}, \varphi_0=+20°, \lambda_0=-25°$。

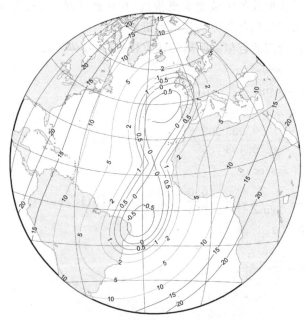

图 9-2　适用于"大西洋图"的伪方位投影示意图

§9-2 伪圆柱投影

一、伪圆柱投影的一般公式

伪圆柱投影是按一定的条件修改圆柱投影而得。该投影的纬线是一组平行的直线，两极则表现为点或线的形式；除中央经线为一条直线外，其余经线均为对称于中央经线的曲线。由于经纬线不是垂直相交，因此不存在等角投影，常用的是等面积伪圆柱投影。伪圆柱投影主要用于绘制世界图、大洋图和分洲图。

在伪圆柱投影中，根据其投影表象可知，纬线的投影仅为纬度 φ 的函数，而经线的投影是经、纬度的函数，故可写出

$$\left. \begin{array}{l} x=f_1(\varphi) \\ y=f_2(\varphi,\lambda) \end{array} \right\} \tag{9-8}$$

伪圆柱投影的直角坐标系通常以中央经线为 x 轴，以赤道为 y 轴。

由第四章中投影变形公式，可得

$$\left. \begin{array}{l} m=\dfrac{\dfrac{dx}{d\varphi}}{M}\sec\varepsilon \\[3mm] n=\dfrac{\dfrac{\partial y}{\partial\lambda}}{N}\sec\varphi \\[3mm] P=\dfrac{\dfrac{dx}{d\varphi}\cdot\dfrac{\partial y}{\partial\lambda}}{Mr} \\[3mm] \tan\varepsilon=-\dfrac{\dfrac{\partial y}{\partial\varphi}}{\dfrac{dx}{d\varphi}} \\[3mm] \tan\dfrac{\omega}{2}=\dfrac{1}{2}\sqrt{\dfrac{m^2+n^2-2mn\cos\varepsilon}{mn\cos\varepsilon}} \end{array} \right\} \tag{9-9}$$

伪圆柱投影通常用于编制小比例尺地图，地球可视为正球体。这时，式(9-9)中的 m、n 的值等于地球半径 R。

(一) 等面积伪圆柱投影的一般公式

伪圆柱投影常用的是等面积伪圆柱投影，即 $P=1$。据此条件，先推导等面积伪圆柱投影的一般公式，然后再探求具体的投影公式。

由式(9-9)中 P 的表达式，利用等面积条件 $P=1$，可得

$$\frac{dx}{d\varphi}\cdot\frac{\partial y}{\partial\lambda}=R^2\cos\varphi$$

移项积分后，得

$$y=\frac{R^2\cos\varphi}{\dfrac{dx}{d\varphi}}\lambda+C$$

式中，C 为积分常数。因中央经线为直线，故 λ 由中央经线起算，当 $\lambda=0$ 时，$y=0$，故 $C=0$。等面积伪圆柱投影的一般公式为

$$\left.\begin{aligned} y &= \frac{R^2\cos\varphi}{\dfrac{\mathrm{d}x}{\mathrm{d}\varphi}}\lambda \\[2mm] \tan\varepsilon &= -\frac{\dfrac{\partial y}{\partial\varphi}}{\dfrac{\mathrm{d}x}{\mathrm{d}\varphi}} \\[2mm] \tan\frac{\omega}{2} &= \frac{1}{2}\sqrt{m^2+n^2-2} \\[2mm] m &= \frac{\sec\varepsilon}{n} \\[2mm] n &= \frac{R}{\dfrac{\mathrm{d}x}{\mathrm{d}\varphi}} \end{aligned}\right\} \tag{9-10}$$

（二）规定伪圆柱投影经线形式的一般公式

伪圆柱投影中经线为对称于中央经线（直线）的曲线，通常可规定这些曲线的形状，实践中应用较多的经线为正弦曲线与椭圆曲线。

设要求经线投影为正弦曲线，正弦曲线方程的一般公式为

$$y=(A\cos\alpha+B)\lambda \tag{9-11}$$

式中，A、B 为固定的系数，取决于投影的特定条件；α 为纬度的函数，设它与 x 坐标关系为

$$x=C\cdot\alpha \tag{9-12}$$

其中，C 是另一个固定系数。当 $\varphi=0$ 时，α 亦为零。

现在求经线形状为正弦曲线的等面积伪圆柱投影方程。比较式(9-10)、式(9-11)，得

$$(A\cos\alpha+B)=\frac{R^2\cos\varphi}{\dfrac{\mathrm{d}x}{\mathrm{d}\varphi}}$$

将式(9-12)代入上式，移项后，得

$$C(A\cos\alpha+B)\,\mathrm{d}\alpha=R^2\cos\varphi\mathrm{d}\varphi$$

注意，上式中 $\mathrm{d}x=C\mathrm{d}\alpha$，经积分后，得

$$R^2\sin\varphi=C(A\sin\alpha+B\alpha)$$

式中，当 $\varphi=0$ 时，$\alpha=0$，故积分常数也为零。

这样就得到经线为正弦曲线的等面积伪圆柱投影方程式，即

$$\left.\begin{aligned} y &= (A\cos\alpha+B)\lambda \\ x &= C\alpha \\ R^2\sin\varphi &= C(A\sin\alpha+B\alpha) \end{aligned}\right\} \tag{9-13}$$

设图 9-3 中 $P_P P_E$ 为离中央经线 $\lambda=\pi$ 的经线，按式(9-13)有

$$\left.\begin{aligned} x_E &= 0 \\ y_E &= (A+B)\pi \end{aligned}\right\} \tag{9-14a}$$

设 P_P 点纬度为 $\dfrac{\pi}{2}$，则

$$\left.\begin{array}{l} x_P = C\alpha_P \\ y_P = (A\cos\alpha_P + B)\,\pi \end{array}\right\} \tag{9-14b}$$

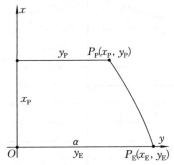

图 9-3　经线为正弦曲线的等面积伪圆柱投影示意

按 A、B、C 的确定条件，可得到不同的投影。设要求经线为椭圆，则一般方程式应为

$$\left.\begin{array}{l} x = C\sin\alpha \\ y = (A\cos\alpha + B)\lambda \end{array}\right\} \tag{9-15}$$

当要求符合等面积条件时，将 x 微分后代入式（9-10），得

$$y = \frac{R^2\cos\varphi\,\mathrm{d}\varphi}{C\cos\alpha\,\mathrm{d}\alpha}\lambda$$

代入式（9-15），积分后得

$$R^2\sin\varphi = \frac{1}{4}C(2A\alpha + 4B\sin\alpha + A\sin2\alpha) \tag{9-16}$$

式中，当 $\varphi = 0$ 时，$\alpha = 0$，故积分常数为零；A、B、C 可视不同条件而求得。

二、伪圆柱投影应用

（一）正弦曲线等面积伪圆柱投影

正弦曲线等面积伪圆柱投影也称为桑松（Sanson，曾译为"桑逊""桑生"）投影。纬线投影后为间隔相等且互相平行的直线，中央经线为垂直于各纬线的直线，其他经线投影后为正弦曲线，并对称于中央经线。

该投影为等面积，即 $P = 1$；所有纬线无长度变形，即 $n = 1$；中央经线保持等长，即 $m_0 = 1$。根据以上条件，可由一般公式推导投影公式，得

$$\left.\begin{array}{l} x = R\varphi \\ y = R\lambda\cos\varphi \\ n = 1 \\ m = \sec\varepsilon \\ P = 1 \\ \tan\varepsilon = \lambda\sin\varphi \\ \tan\dfrac{\omega}{2} = \dfrac{1}{2}\tan\varepsilon = \dfrac{1}{2}\lambda\sin\varphi \end{array}\right\} \tag{9-17}$$

图 9-4 是正弦曲线等面积伪圆柱投影的经纬网,可见赤道与中央经线没有变形。在该投影中,离中央经线愈远和纬度愈高之处变形愈大。该投影是最早用于编制世界地图的投影之一,适用于沿赤道和中央经线延伸的地区,如非洲、拉丁美洲等。

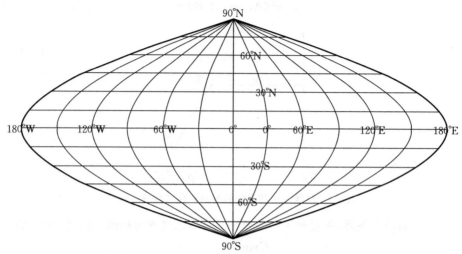

图 9-4   正弦曲线等面积伪圆柱投影的经纬网

（二）极点投影成线的等面积伪圆柱投影

极点投影成线的等面积伪圆柱投影又称埃克特(Eckert)投影。桑松投影在高纬度处角度变形甚大,为使角度变形改善一些,有一种设想是:使各条经线不是交于一点而是终止于两条线,称为极线。这就是埃克特投影的特点,显然它不能保持 $n=1$ 的条件。

埃克特投影中 $P=1$,规定 $x_P = y_P \dfrac{1}{2} y_E$（图 9-3）,即两极点投影成极线,极线的长度等于赤道长度的 $1/2$。

根据以上条件,可由一般公式推导投影公式,得

$$
\left.
\begin{aligned}
&\sin\alpha + \alpha = \frac{\pi+2}{2}\sin\varphi \\[4pt]
&x = \frac{2R}{\sqrt{\pi+2}}\alpha \\[4pt]
&y = \frac{2R\lambda}{\sqrt{\pi+2}}\cos^2\frac{\alpha}{2} \\[4pt]
&n = \frac{2}{\sqrt{\pi+2}}\sec\varphi\cos^2\frac{\alpha}{2} \\[4pt]
&m = \frac{\sqrt{\pi+2}}{2}\cos\varphi\sec^2\frac{\alpha}{2}\sec\varepsilon \\[4pt]
&P = 1 \\[4pt]
&\tan\frac{\omega}{2} = \frac{1}{2}\sqrt{m^2+n^2-2}
\end{aligned}
\right\}
\tag{9-18}
$$

当解算式(9-18)中的 α 时,需用逐渐趋近法。

埃克特投影在高纬度处的变形较桑松投影小,其极点投影不成点而成线,主要应用于小比

例尺世界图的编制。图 9-5 是该投影的经纬网。

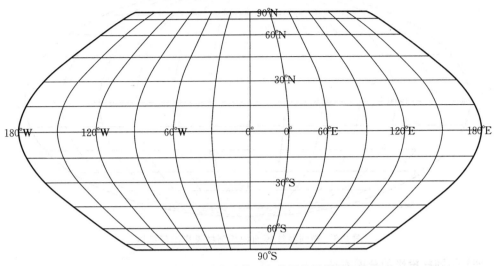

图 9-5　极点投影成线的等面积伪圆柱投影的经纬网

(三) 椭圆经线等面积伪圆柱投影

椭圆经线等面积伪圆柱投影又称莫尔韦德(Mollweide,过去也译为摩尔威德、摩尔魏特等)投影。该投影中经线投影为对称于中央经线(直线)的椭圆,与中央经线的经差为±90°的经线投影后合成一个圆,其面积等于地球的半球面积;纬线是平行于赤道的一组平行直线。

由一般公式推导投影公式,得

$$
\left.
\begin{aligned}
x &= R\sqrt{2}\sin\alpha \\
y &= 2\sqrt{2}R\,\frac{\lambda}{\pi}\cos\alpha \\
2\alpha &+ \sin2\alpha = \pi\sin\varphi \\
\tan\varepsilon &= \frac{2\lambda}{\pi}\tan\alpha \\
P &= 1 \\
n &= \frac{2\sqrt{2}\cos\alpha}{\pi\cos\varphi} \\
m &= \frac{\pi\cos\varphi}{2\sqrt{2}\cos\alpha}\sec\varepsilon \\
\tan\frac{\omega}{2} &= \frac{1}{2}\sqrt{m^{2}+n^{2}-2}
\end{aligned}
\right\}
\qquad (9\text{-}19)
$$

式中,α 值是用逐渐趋近法求解的。

图 9-6 是该投影的经纬网。该投影常用于小比例世界地图的编制。近年来国外许多地图书刊,特别是通俗读物,都用该投影制作世界地图。该投影具有椭球形感、等面积性质和纬线为平行于赤道的直线等特点,因此适宜于表示具有纬度地带性的各种自然地理现象的世界分布图。

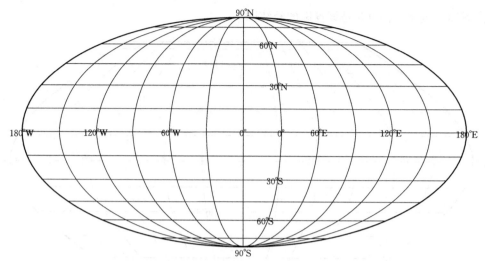

图 9-6　椭圆经线等面积伪圆柱投影的经纬网

（四）伪圆柱投影的分瓣方法

从几种伪圆柱投影的变形情况看来，在高纬度特别是远离中央经线的地区都有变形较大的缺点，为了弥补这一缺点，美国地图学家古德（Goode）于 1923 年提出了对莫尔韦德投影进行分瓣的改良方法，以减小变形，称为古德投影。例如，对于世界地图的编制，要求保持大陆部分完整，变形较小，则在分瓣时将海洋部分分裂，而在赤道上统一起来。因此，对于不同的大陆采用不同的中央经线：北美洲的中央经线为 −100°；南美洲的中央经线为 −60°；欧洲、亚洲的中央经线为 +70°；非洲的中央经线为 +20°；大洋洲的中央经线为 +150°。

伪圆柱投影分瓣后的经纬网如图 9-7 所示。

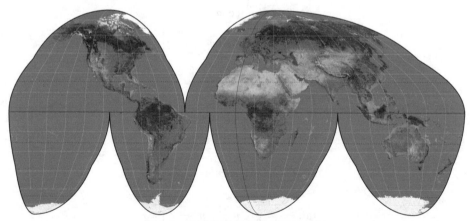

图 9-7　伪圆柱投影分瓣后的经纬网

当编制各大洋地图时，要求海洋部分保持完整，为此将大陆分裂，其各部分的中央经线为：北大西洋的中央经线为 −30°；南大西洋的中央经线为 −20°；太平洋北部的中央经线为 −170°；太平洋南部的中央经线为 −140°；印度洋北部的中央经线为 +60°；印度洋南部的中央经线为 +90°。

分瓣方法对于伪圆柱投影显然都适用，在国外地图集中常可看到不同用法的例子。

（五）任意伪圆柱投影

从变形变化规律可知，等面积投影中有较大的角度变形。对于等面积伪圆柱投影，为减小角度变形，可以相应地允许某些面积变形，这就是任意伪圆柱投影。

例如，有一种任意伪圆柱投影的特点为除中央经线为直线外，其余经线为对称于中央经线的椭圆，其中一条特定 λ 的经线为圆。苏联卡夫拉伊斯基研究认为，取 $\varphi_0 = 35°31'34''$（其上 $n_0 = 1$）及 $\lambda = \pm 120°$ 的经线合成一个圆是一个良好的方案。

(六) 乌尔马耶夫任意伪圆柱投影

乌尔马耶夫任意伪圆柱投影的中央经线为直线，其他经线为对称于中央经线的曲线，两极投影成极线。该投影的特点是可以根据所提出的对制图区域的要求而控制变形分布。其在赤道上面积比等于1，其他地方面积比均大于1。

其投影公式为

$$x = R\left(\frac{\psi}{ab} + \frac{K\psi^3}{3ab}\right)$$
$$y = Ra\lambda\cos\varphi \tag{9-20}$$

式中，a、b、K 为适当选定的常数，$\sin\psi = b\sin\varphi$，$P = 1 + K\psi^2$。

例如，取 $b = 0.8$，$a = \frac{2}{3}\sqrt[4]{3} = 0.877\,382\,7$，指定纬度70°处 $P = 1.3$，求得 $\varphi = 70°$ 的 $\psi = 0.850\,718$，$K = 0.414\,524$。

图9-8为乌尔马耶夫任意伪圆柱投影的经纬网。

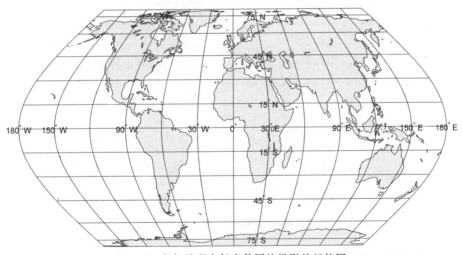

图9-8　乌尔马耶夫任意伪圆柱投影的经纬网

(七) 可调节经纬线间隔的一种伪圆柱投影概括公式

可调节经纬线间隔的伪圆柱投影能使纬线间的间隔向两极增大，而经线间的间隔自中央经线向地图边缘减少。

其投影方程为

$$x = f_1(\varphi) = R(\varphi + \alpha\varphi^3)$$
$$y = f_2(\varphi)f_3(\lambda) = R(1 - b\varphi^2)(c - d\lambda^3)\lambda \tag{9-21}$$

式中，φ、λ 以弧度表示，λ 自中央经线起算。由表达式可知，x 的式子中有 φ 的三次项，因此纬线间隔随纬度增加而扩大。y 的式子中有 λ 的四次项，因此各条经线并不等分诸条纬线，而是离中央经线愈远间隔愈小。

根据一般公式推导各变形公式,得

$$
\left.\begin{aligned}
m &= \left(1 + \frac{\varphi^2}{4}\right) \sec\varepsilon \\
n &= (1 - b\varphi^2)(c - 4\mathrm{d}\lambda^3)\sec\varphi \\
\tan\varepsilon &= (c - \mathrm{d}\lambda^4)\frac{2b\varphi}{\left(1 + \dfrac{\varphi^2}{4}\right)} \\
P &= \left(1 + \frac{\varphi^2}{4}\right)n \\
\tan\frac{\omega}{2} &= \frac{1}{2}\sqrt{\frac{m^2 + n^2}{P} - 2}
\end{aligned}\right\}
\tag{9-22}
$$

该投影的特点是可以调节系数 a、b、c、d 的大小,从而改变经纬线间隔。例如,定义各系数为 $a = \dfrac{1}{12}$、$b = 0.162\,338$、$c = 0.87$、$d = 0.000\,952\,426$,得到的其经纬网如图 9-9 所示。

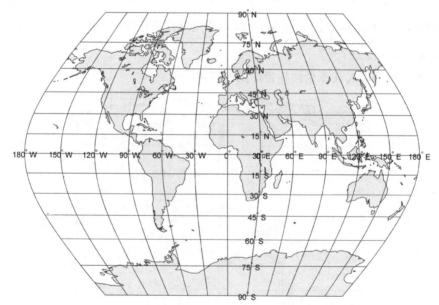

图 9-9　可调节经纬线间隔的一种伪圆柱投影的经纬网

三、哈默-艾托夫投影

哈默-艾托夫(Hammer-Aitoff)投影是一种表示整个世界的等面积投影,由横轴等面积方位投影派生。其经纬网交点的坐标是由等面积方位投影的每一个横坐标乘以 2 获得的,并重新注记经线,使中央经线两侧经线代表 180°,而不是原来的 90°。

等面积方位投影公式在第五章中已经求得,即

$$
\left.\begin{aligned}
\rho &= 2R\sin\frac{Z}{2} \\
\delta &= \alpha \\
x &= \rho\cos\alpha \\
y &= \rho\sin\alpha
\end{aligned}\right\}
\tag{9-23}
$$

今有

$$\left. \begin{array}{l} \rho = 2R\sin\dfrac{Z}{2} = R\left(\dfrac{2}{1+\cos Z}\right)^{\frac{1}{2}}\sin Z \\[3mm] x = R\left(\dfrac{2}{1+\cos Z}\right)^{\frac{1}{2}}\sin Z\cos\alpha \\[3mm] y = R\left(\dfrac{2}{1+\cos Z}\right)^{\frac{1}{2}}\sin Z\sin\alpha \end{array} \right\} \qquad (9\text{-}24)$$

在横轴情况下（$\varphi_0 = 0$），球面坐标公式为

$$\left. \begin{array}{l} \cos Z = \cos\varphi\cos\lambda \\ \sin Z\sin\alpha = \cos\varphi\sin\lambda \\ \sin Z\cos\alpha = \sin\varphi \end{array} \right\} \qquad (9\text{-}25)$$

式中，λ 表示与中央经线的经差。于是得到

$$\left. \begin{array}{l} x = \dfrac{\sqrt{2}\,R\sin\varphi}{\sqrt{1+\cos\varphi\cos\lambda}} \\[4mm] y = \dfrac{\sqrt{2}\,R\cos\varphi\sin\lambda}{\sqrt{1+\cos\varphi\cos\lambda}} \end{array} \right\} \qquad (9\text{-}26)$$

式（9-26）就是以地理坐标（φ,λ）表示的横轴等面积方位投影的公式。

哈默-艾托夫投影公式是将横轴等面积方位投影 y 坐标乘以 2，再将所有 λ 改为 $\lambda/2$，即

$$\left. \begin{array}{l} x = \dfrac{\sqrt{2}\,R\sin\varphi}{\sqrt{1+\cos\varphi\cos\dfrac{\lambda}{2}}} \\[6mm] y = \dfrac{2\sqrt{2}\,R\cos\varphi\sin\dfrac{\lambda}{2}}{\sqrt{1+\cos\varphi\cos\dfrac{\lambda}{2}}} \end{array} \right\} \qquad (9\text{-}27)$$

该投影将整个地球绘制在一个椭圆内，如图 9-10 所示，椭圆长半径为短半径的 2 倍，即 $a = 2\sqrt{2}\,R$，$b = \sqrt{2}\,R$。在制图实践中，也有不使 $a = 2b$，并保持总面积不变的，即 $ab = 4R^2$。解此两式，得

$$a = 2\sqrt{h}\,R$$
$$b = \dfrac{2}{\sqrt{h}}R$$

所以

$$\left. \begin{array}{l} x = \dfrac{2R}{\sqrt{h}}\cdot\dfrac{\sin\varphi}{\sqrt{1+\cos\varphi\cos\dfrac{\lambda}{2}}} \\[6mm] y = 2\sqrt{h}\,R\cdot\dfrac{\cos\varphi\sin\dfrac{\lambda}{2}}{\sqrt{1+\cos\varphi\cos\dfrac{\lambda}{2}}} \end{array} \right\} \qquad (9\text{-}28)$$

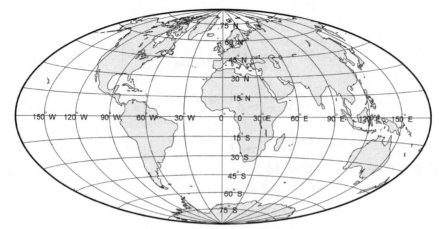

图 9-10　哈默-艾托夫投影示意

对式(9-28)取导数，得

$$\frac{\partial x}{\partial \varphi}=\frac{R}{\sqrt{h}}\left[\frac{\cos\varphi}{\sqrt{1+\cos\varphi\cos\frac{\lambda}{2}}}+\frac{\cos\varphi+\cos\frac{\lambda}{2}}{\left(1+\cos\varphi\cos\frac{\lambda}{2}\right)^{\frac{3}{2}}}\right]$$

$$\frac{\partial y}{\partial \varphi}=-\sqrt{h}R\left[\frac{\sin\varphi\sin\frac{\lambda}{2}}{\sqrt{1+\cos\varphi\cos\frac{\lambda}{2}}}+\frac{\sin\varphi\sin\frac{\lambda}{2}}{\left(1+\cos\varphi\cos\frac{\lambda}{2}\right)^{\frac{3}{2}}}\right]$$

$$\frac{\partial x}{\partial \lambda}=\frac{R\cos\varphi\sin\varphi\sin\frac{\lambda}{2}}{2\sqrt{h}\left(1+\cos\varphi\cos\frac{\lambda}{2}\right)^{\frac{3}{2}}}$$

$$\frac{\partial y}{\partial \lambda}=\frac{\sqrt{h}R\cos\varphi}{2}\left[\frac{\cos\frac{\lambda}{2}}{\sqrt{1+\cos\varphi\cos\frac{\lambda}{2}}}+\frac{\cos\varphi+\cos\frac{\lambda}{2}}{\left(1+\cos\varphi\cos\frac{\lambda}{2}\right)^{\frac{3}{2}}}\right]$$

(9-29)

其投影变形公式为

$$\tan\varepsilon=-\frac{\dfrac{\partial x}{\partial \varphi}\dfrac{\partial x}{\partial \lambda}+\dfrac{\partial y}{\partial \varphi}\dfrac{\partial y}{\partial \lambda}}{\dfrac{\partial x}{\partial \varphi}\dfrac{\partial y}{\partial \lambda}-\dfrac{\partial y}{\partial \varphi}\dfrac{\partial x}{\partial \lambda}}$$

$$m=\frac{\sqrt{\left(\dfrac{\partial x}{\partial \varphi}\right)^2+\left(\dfrac{\partial y}{\partial \varphi}\right)^2}}{R}$$

$$n=\frac{\sqrt{\left(\dfrac{\partial x}{\partial \lambda}\right)^2+\left(\dfrac{\partial y}{\partial \lambda}\right)^2}}{R\cos\varphi}$$

$$\tan\frac{\omega}{2}=\frac{1}{2}\sqrt{m^2+n^2-2}$$

$$P=1$$

(9-30)

该投影多用于小比例尺世界地图制作。除有正轴投影外,也有各种斜轴投影。

§9-3 伪圆锥投影

一、伪圆锥投影的一般公式

伪圆锥投影是按一定的条件修改圆锥投影而得。其投影表象为:纬线投影为一组同心圆弧,经线为对称于中央经线(直线)的曲线(图 9-11)。由此可见,纬线的投影仅是纬度 φ 的函数,而经线的投影则是纬度 φ 和经度 λ 的函数。

由此可写出伪圆锥投影的一般公式,即

$$\left.\begin{aligned}
\rho &= f_1(\varphi) \\
\delta &= f_2(\varphi, \lambda) \\
x &= q - \rho\cos\delta \\
y &= \rho\sin\delta
\end{aligned}\right\} \qquad (9\text{-}31)$$

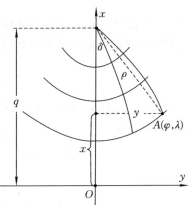

图 9-11 伪圆锥投影示意

式中,q 为圆心纵坐标,因为纬线为同心圆,所以 q 在一个投影中是常数。

伪圆锥投影变形公式是用极坐标表示的,注意到 q 为常数,因此令 $q'=0$,可得

$$\left.\begin{aligned}
m &= -\frac{\mathrm{d}\rho}{\mathrm{d}\varphi} \cdot \frac{\sec\varepsilon}{M} \\
n &= \frac{\rho}{r} \cdot \frac{\partial\delta}{\partial\lambda} \\
P &= -\rho\,\frac{\partial\delta}{\partial\lambda} \cdot \frac{\rho'}{Mr} \\
\tan\varepsilon &= \frac{\rho}{\rho'} \cdot \frac{\partial\delta}{\partial\varphi}
\end{aligned}\right\} \qquad (9\text{-}32)$$

在伪圆锥投影中,除中央经线外,其余经线均为曲线。若经线成为交于纬线共同圆心的直线束,则就成为圆锥投影。另外,若纬线半径无穷大,则纬线变成一组平行直线,这时所得到的是伪圆柱投影。可见,不论圆锥投影或伪圆柱投影都可说是伪圆锥投影的特例。

按变形性质来分析伪圆锥投影,因为伪圆锥投影的经纬线不正交,故不可能有等角投影,而只能有等面积和任意性质投影。在伪圆锥投影的实际应用中,最常见的是彭纳等面积伪圆锥投影。下面介绍这种投影。

二、伪圆锥投影应用

彭纳(Bonne)投影是伪圆锥投影的一种重要的应用。彭纳投影是保持纬线长度不变的等面积伪圆锥投影,即 $n=1$、$P=1$。 按式(9-32)有

$$n = \frac{\rho}{r} \cdot \frac{\partial\delta}{\partial\lambda} = 1$$

积分后,得

$$\delta = \frac{r}{\rho}\lambda + C$$

式中,C 为积分常数。如以中央经线作为 $0°$ 起算,则 $\lambda = 0$ 时,$\delta = 0$,故

$$\delta = \frac{r}{\rho}\lambda \tag{9-33}$$

又按式(9-32),以 $n = 1$ 代入,得

$$-\frac{\rho'}{M} = 1$$

积分后,得

$$\rho = C - s \tag{9-34}$$

式中,C 为积分常数,s 为赤道到纬线 φ 的经线弧长。

彭纳投影的变形公式可由式(9-33)求出,即

$$\frac{\partial \delta}{\partial \varphi} = \left(\frac{-M\sin\varphi \cdot \rho + Mr}{\rho^2} \right)\lambda$$

将 $\rho' = -M$ 代入式(9-32),得经纬线交角与 $90°$ 之差、沿经线长度比、最大角度变形、极值长度比,分别为

$$\left. \begin{array}{l} \tan\varepsilon = \lambda\left(\sin\varphi - \dfrac{r}{\rho} \right) \\[2mm] m = \sec\varepsilon \\[2mm] \tan\dfrac{\omega}{2} = \dfrac{a-b}{2\sqrt{ab}} \text{ 或 } \tan\dfrac{\omega}{2} = \sqrt{\dfrac{m^2 + n^2 - 2mn\cos\varepsilon}{4mn\cos\varepsilon}} \\[3mm] a = \tan\left(45° + \dfrac{\omega}{4} \right) \\[2mm] b = \dfrac{1}{a} \end{array} \right\} \tag{9-35}$$

因为 $P = 1$、$n = 1$,则 $\tan\dfrac{\omega}{2} = \dfrac{1}{2}\tan\varepsilon$

因中央经线与所有纬线正交,故中央经线上 $\theta' = 90°$,即 $\varepsilon = 0$,按式(9-29)得中央经线长度比 $m_0 = 1$。 由此可知,彭纳投影中央经线无长度变形。

为了确定式(9-30)中的常数 C,令指定的某一纬线 φ_0 上没有变形,即与所有经线正交,即 $\varepsilon = 0$,则由式(9-31) 中的 $\tan\varepsilon = \lambda\left(\sin\varphi - \dfrac{r}{\rho} \right)$ 有

$$\sin\varphi_0 - \frac{r_0}{\rho_0} = 0$$

即

$$\rho_0 = N_0\cot\varphi_0$$

由此得

$$C = N_0\cot\varphi_0 + s_0 \tag{9-36}$$

通常取投影区域中部纬度作为 φ_0,其上 $n_0 = 1$ 且 $\varepsilon = 0$。

因为彭纳投影的中央经线 λ_0 及指定的纬线 φ_0 上没有变形,所以它的等变形线在中心点 λ_0、φ_0 附近是"双曲线"。彭纳投影的经纬网如图 9-12 所示。

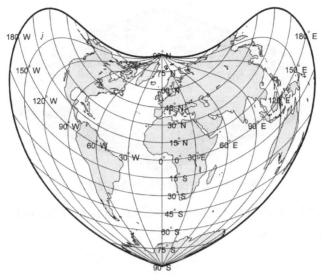

图 9-12 彭纳投影的经纬网

彭纳投影曾以用于法国地形图编制而著名。其后因发现它不是等角投影而不适宜于军事方面使用,故现在很少用于地形图编制,一般用于小比例尺地图编制。例如,我国出版的《世界地图集》中的亚洲政区图、单幅的亚洲地图、英国《泰晤士世界地图集》中大洋洲与西南太平洋图,均用此投影。在其他国家出版的地图和地图集中,也常可看到用该投影编制的欧洲、亚洲、北美洲和南美洲及个别地区的地图。

§9-4 地图投影实践

一、基于 Geocart 的伪圆柱投影

点击【File】→【New】,然后点击【Map】→【New】,默认的投影就是伪圆柱投影——桑松投影,如图 9-13 所示。

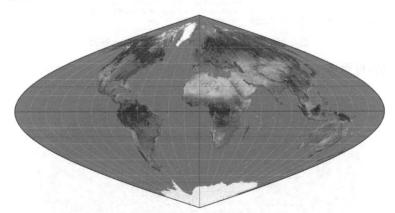

图 9-13 桑松投影表象

研究变形情况,点击【Map】→【Tissot Indicatrices】和【Distortion Visualization...】,可以显示变形椭圆和等变形线(加了渐变色),如图 9-14 所示。

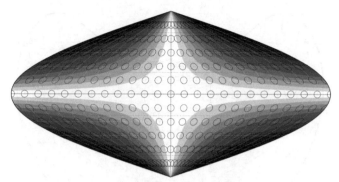

图 9-14　桑松投影变形椭圆和等变形线

点击【Projection】→【Change Projections …】，选择伪圆柱投影（Pseudocylindric）下的 Eckert Ⅴ 投影，如图 9-15 所示。

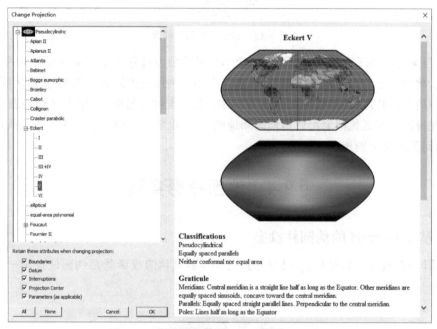

图 9-15　埃克特投影 Change Projection 界面

点击运行后，得到埃克特投影表象，如图 9-16 所示。

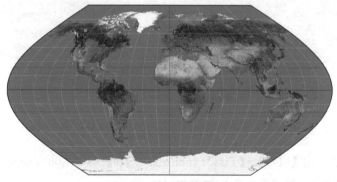

图 9-16　埃克特投影表象

研究变形情况,点击【Map】→【Tissot Indicatrices】和【Distortion Visualization ...】,可以显示变形椭圆和等变形线(加了渐变色),如图 9-17 所示。

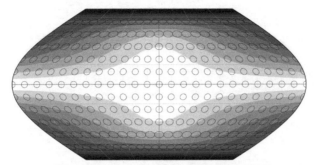

图 9-17 埃克特投影变形椭圆和等变形线

点击【Projection】→【Change Projections ...】,选择伪圆柱投影(Pseudocylindric)下的 Mollweide 投影,如图 9-18 所示。

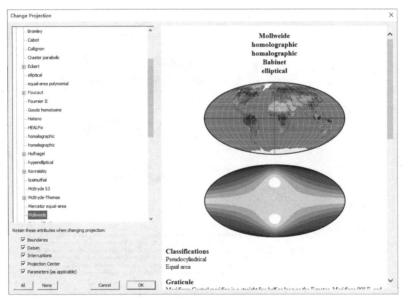

图 9-18 莫尔韦德投影 Change Projection 界面

点击运行后,得到莫尔韦德投影表象,如图 9-19 所示。

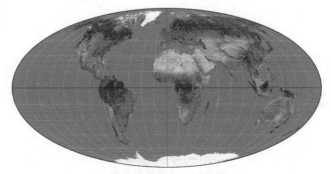

图 9-19 莫尔韦德投影表象

　　研究变形情况，点击【Map】→【Tissot Indicatrices】和【Distortion Visualization ...】，可以显示变形椭圆和等变形线（加了渐变色），如图 9-20 所示。

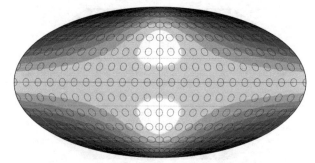

图 9-20　莫尔韦德投影变形椭圆和等变形线

　　点击【Projection】→【Change Projections ...】，选择伪圆柱投影（Pseudocylindric）下的"Goode"投影，如图 9-21 所示。

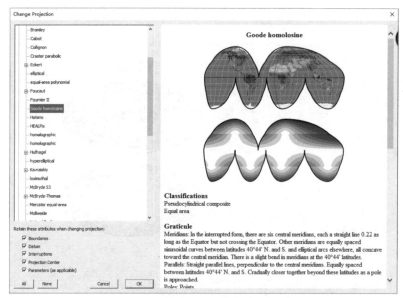

图 9-21　古德投影 Change Projection 界面

　　点击运行后，得到古德投影表象，如图 9-22 所示。

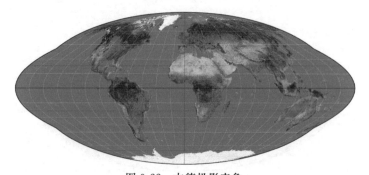

图 9-22　古德投影表象

但是发现这里并没有进行分瓣，为此选择【Projection】下的【Interruptions】，再点击 Goode Continental，投影表象如图 9-23 所示。

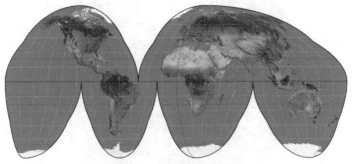

图 9-23　古德投影分瓣后

研究变形情况，点击【Map】→【Tissot Indicatrices】和【Distortion Visualization…】，可以显示变形椭圆和等变形线（加了渐变色），如图 9-24 所示。

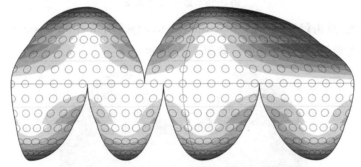

图 9-24　古德投影分瓣后的变形椭圆和等变形线

点击【Projection】→【Change Projections…】，选择圆锥投影（Conic）下的"Bonne"投影，如图 9-25 所示。

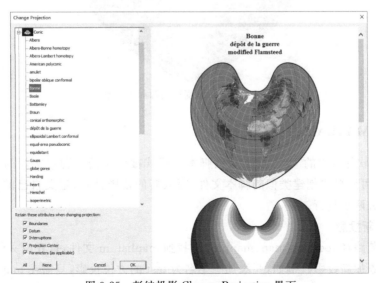

图 9-25　彭纳投影 Change Projection 界面

点击运行后,得到彭纳投影表象,如图 9-26 所示。

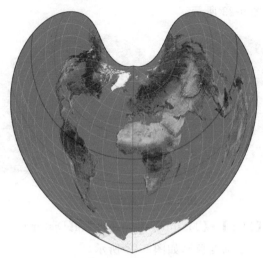

图 9-26 彭纳投影表象

研究变形情况,点击【Map】→【Tissot Indicatrices】和【Distortion Visualization…】,可以显示变形椭圆和等变形线(加了渐变色),如图 9-27 所示。

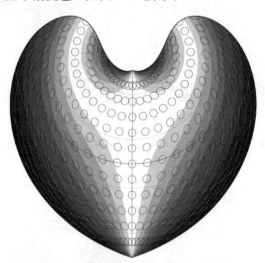

图 9-27 彭纳投影变形椭圆和等变形线

二、基于 MATLAB 的自定义投影

MATLAB 软件自带的 72 种投影是以脚本的形式被调用的。脚本文件的本质就是写入投影公式,因此可以自主创建类似的脚本文件,写入新的投影公式,定义自己的投影类型。创建自定义投影分两步进行。

(一)注册新投影

在系统安装路径 toolbox\map\mapproj 下找到 maplist. m 文件,打开该文件,仿照已有投影的注册格式添加新投影。例如,要添加一个名为 test 的方位投影,只需在 maplist. m 文件最后方添加以下语句,保存文件。

```
i = i + 1;
list(i).IdString        = 'test';
list(i).Classification = 'Azimuthal';
list(i).Name            = 'test';
list(i).ClassCode      = 'Azim';
```

运行该文件会得到以下结果：

```
ans =
1x73 struct array with fields:
    IdString
    Classification
    Name
    ClassCode
```

如果是首次注册投影文件，那么会显示 73 条记录，比 MATLAB 自带多 1 条，这就说明刚才添加的新投影已经成功注册。

(二) 编写投影文件

创建一个新的 m 文件，在其中写入投影公式，格式可以参考系统投影文件路径 toolbox\map\mapproj 下已有的投影文件，编写完成后将文件保存在该路径即可。然后就可以用前文叙述的方法实现对该投影的显示。

以上两步顺序可以调换，完成这两步操作后，新投影就可以使用了，使用方法与 MATLAB 自带投影的使用方法完全相同。

三、基于 MATLAB 的伪方位投影

(一) 三叶玫瑰图

中国地图(南海诸岛不作为插图处理)投影可采用斜轴伪方位投影，投影中心为 phi0＝35 度，lambda0＝105 度。MATLAB 没有提供适合中国地图的伪方位投影，因此要自定义。

在 MATLAB 中，伪方位投影的一般公式程序如下

```
x = rho * cos(theta)
y = rho * sin(theta)
rho = f1(Z)
theta = f2(Z,a)
```

式中，Z 为天顶距，a 为方位角。以选定的投影区域中某点为原点，投影中极角的函数形式为

```
theta = a - C * (Z/Zn)q * sin(K * a)
```

对于中国地图而言，取 rho＝R * z，即近似于方位投影中的等距离投影(但在伪方位投影中不保持等距离)。令 R＝1，可解得面积变形公式程序为：

```
P = Z/sin(Z) * (1 - K * C * (Z/ Zn)q * cos(K * a))
```

这里取 K 值为 3。由投影中心为北纬 35 度、东经 105 度估算得 Zn 约为 26 度。为使边缘角度变形不致太大，取 q＝1。设凹进处 a＝0 度，则突出处 a＝60 度，凹进处 Z 估计为 14 度，令区域轮廓凸出与凹进点面积变形相等，代入面积变形公式，得公式程序为：

```
14/sin(14) * (1 - 3 * c * 14/36 * cos(0)) = 26/sin(26) * (1 - 3 * c * 26/26 * cos(180))
```

解得 C=−0.005 308。为使等变形线向中国区域轮廓形状进一步逼近,计算 theta 时,可将方向角 a 加上 15 度。最后得到适合制作中国全图的方位投影为:

```
x = rho * cos(theta)
y = rho * sin(theta)
rho = z
theta = a + 0.005308/0.453786 * z * sin(3 * (15 + a))
```

在 MATLAB 中将该投影命名为 ProjectionForChina,简称为 PFC。用该投影制作中国地图的代码如下:

```
land = shaperead('D:\My Documents\MATLAB\data\bou2_4p.shp', 'UseGeoCoords', true);
bound = shaperead('D:\My Documents\MATLAB\data\bou2_4l.shp', 'UseGeoCoords', true);
h1 = axesm('PFC','maplatlim',[15 55],'maplonlim',[70 140],'origin',[35 105 0]);
geoshow(land,'facecolor',[1 1 .5]);
geoshow(bound);
```

运行结果如图 9-28 所示(等变形线表示面积变形)。

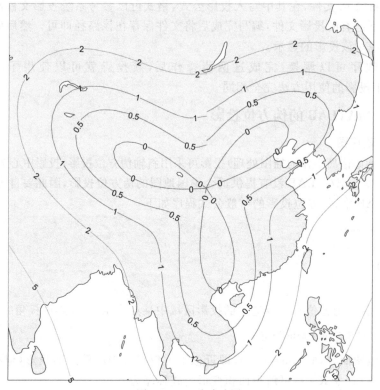

图 9-28　三叶玫瑰图

为方便起见,在系统自带的投影 wiechel 的文件中进行修改,如下:

```
function varargout = wiechel(varargin)
mproj.default = @wiechelDefault;
mproj.forward = @wiechelFwd;
```

```
mproj. inverse = @wiechelInv;
mproj. auxiliaryLatitudeType = 'geodetic';
mproj. classCode = 'Pazi';
varargout = applyAzimuthalProjection(mproj, varargin{:});
function mstruct = wiechelDefault(mstruct)
[mstruct. trimlat, mstruct. trimlon] ...
              = fromDegrees(mstruct. angleunits, [- Inf 65], [- 180 180]);
mstruct. mapparallels = [];
mstruct. nparallels    = 0;
mstruct. fixedorient   = [];
function [x, y] = wiechelFwd(mstruct, rng, az)
a = ellipsoidprops(mstruct);
r = 2 * a * sin(rng/2);
x = r . * sin(az + 0.005308/0.453786 * rng . * sin(3 * (15/180 * pi + az)));
y = r . * cos(az + 0.005308/0.453786 * rng . * sin(3 * (15/180 * pi + az)));
function [rng, az] = wiechelInv(mstruct, x, y)
a = ellipsoidprops(mstruct);
rng = 2 * asin(hypot(x,y)/ (2 * a));
az = atan2(x,y) - rng/2;
```

通过以下代码进行投影：

```
land = shaperead('bou2_4p. shp', 'UseGeoCoords', true);
bound = shaperead('bou2_4l. shp', 'UseGeoCoords', true);
h1 = axesm('wiechel','maplatlim',[15 55],'maplonlim',[70 140],'origin',[35 105 0]);
geoshow(land,'facecolor',[1 1 .5]);
geoshow(bound);
mdistort;
colormap hsv;
```

bou2_4p. shp 和 bou2_4l. shp 分别是中国地图的面数据和线数据，得到该投影的表象和变形，如图 9-28 所示。

（二）扁圆

扁圆投影是由伪方位投影派生而来的。受经纬网限制，伪方位投影只能是任意性质投影。扁圆投影则是保持了等面积特性的类似伪方位投影的新投影，它可以取代兰勃特方位投影，使等变形线较好地与制图区域一致。

在实现过程中，以兰勃特方位投影的投影公式为基础，根据经线长度比，设定新的适合 y 的函数，并对 x 坐标做一定调整，再考虑其他因素，综合确定该投影的公式。因其结构较复杂，暂不给出。该投影的最大特点是：根据经纬线长度比 m/n 的值域，其等变形线会分别呈现矩形、菱形、椭圆三种形态，如图 9-29、图 9-30 和图 9-31 所示。

图 9-29　扁圆投影($m/n = 1.58/2.21$,等变形线是矩形)

图 9-30　扁圆投影($m/n = 1.66/3.15$,等变形线是菱形)

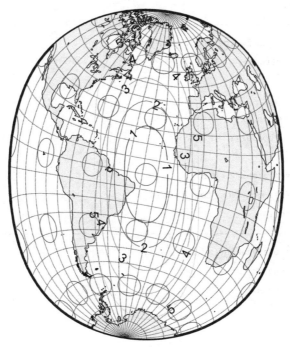

图 9-31　扁圆投影（$m/n = 1.45/3.0$，等变形线是椭圆）

1. 注册新投影

打开 toolbox\map\mapproj 文件夹下的 maplist.m 文件，仿照已有投影的注册格式添加新投影。运行该文件会得到注册成功的投影的个数，将总个数与注册之前的个数进行对比，判断自定义投影是否注册成功。

2. 编写投影文件

创建一个新的 m 文件，在其中写入投影公式，格式仿照 toolbox\map\mapproj 文件夹下已有的投影文件，写好后将文件保存在 toolbox\map\mapproj 文件夹下。

定义扁圆投影的文件 bianyuan.m 的代码如下：

```
function varargout = bianyuan(varargin)
mproj.default = @bianyuanDefault;
mproj.forward = @bianyuanFwd;
mproj.inverse = @bianyuanInv;
mproj.auxiliaryLatitudeType = 'authalic';
mproj.classCode = 'Azim';
varargout = applyAzimuthalProjection(mproj, varargin{:});
function mstruct = bianyuanDefault(mstruct)
[mstruct.trimlat, mstruct.trimlon] ...
        = fromDegrees(mstruct.angleunits,[-90 90],[-180 180]);
mstruct.mapparallels = [];
mstruct.nparallels   = 0;
```

```
mstruct.fixedorient   = [];
%--------------------------------------------------------------------
function [x, y] = bianyuanFwd(mstruct, rng, az)
a = ellipsoidprops(mstruct);
m = 1.66;
n = 3.15;
x1 = 2 * sin(rng/2). * sin(az);
y1 = 2 * sin(rng/2). * cos(az);
M = asin(x1/2);
N = asin(y1/2. * cos(M)./cos(2 * M/m));
x = a * m * sin(2 * M/m). * cos(N)./cos(2 * N/n);
y = a * n * sin(2 * N/n);
%--------------------------------------------------------------------
function [rng, az] = bianyuanInv(mstruct, x, y)
a = ellipsoidprops(mstruct);
rng = atan(hypot(x,y) / a);
az = atan2(x,y);
```

调用该投影,代码如下:

```
landareas = shaperead('landareas.shp','UseGeoCoords',true);
axesm('gnomonic','frame','on','grid','on','MlineLocation',[8],'PlineLocation',[8],'Origin',[0 - 30
10]);
geoshow(landareas);mdistort('maxscale',1:1:5);
tissot
```

四、基于 MATLAB 的伪圆柱投影

(一) 注册新投影

打开 toolbox\map\mapproj 文件夹下的 maplist. m 文件,仿照已有投影的注册格式添加新投影。运行该文件会得到注册成功的投影的个数,将总个数与注册之前的个数进行对比,判断自定义投影是否注册成功。

(二) 编写投影文件

创建一个新的 m 文件,在其中写入投影公式,格式仿照 toolbox\map\mapproj 文件夹下已有的投影文件,写好后将文件保存在 toolbox\map\mapproj 文件夹下。

定义桑松投影的文件 Sanson. m 的代码如下:

```
function varargout = sanson(varargin)
mproj.default = @sansonDefault;
mproj.forward = @sansonFwd;
mproj.inverse = @sansonInv;
mproj.auxiliaryLatitudeType = 'conformal';
mproj.classCode = 'Cyln';
```

```
varargout = applyProjection(mproj, varargin{:});
% -----------------------------------------------------------------------
function mstruct = sansonDefault(mstruct)
[mstruct.trimlat, mstruct.trimlon] ...
        = fromDegrees(mstruct.angleunits, [- 86 86], [- 180 180]);
mstruct.mapparallels = 0;
mstruct.nparallels   = 1;
mstruct.fixedorient  = [];
% -----------------------------------------------------------------------
function [x, y] = sansonFwd(mstruct, lat, lon)
% CHI is conformal latitude in radians, LAMBDA is longitude in radians.
[~, ~, R] = deriveParameters(mstruct);
x = R .* cos(lat). * lon;
y = R .* lat;
% -----------------------------------------------------------------------
function [chi, lambda] = sansonInv(mstruct, x, y)
[a, chi1] = deriveParameters(mstruct);
lambda = x / (a * cos(chi1));
chi = pi/2 - 2 * atan(exp(- y / (a * cos(chi1))));
% -----------------------------------------------------------------------
function [a, chi1,R] = deriveParameters(mstruct)
[a, e] = ellipsoidprops(mstruct);
% Convert standard parallel to conformal latitude in radians.
phi1 = toRadians(mstruct.angleunits, mstruct.mapparallels(1));
% 将 phi1 从椭球转到球面
chi1 = convertlat([a e], phi1, 'geodetic', 'conformal', 'nocheck');
R = a. * cos(phi1);
```

（三）绘制自定义投影

在 MATLAB 命令窗口中使用地图投影显示地图信息。

(1)加载地图数据。在 MATLAB 命令窗口中输入以下命令完成世界地图数据的加载：

```
landareas = shaperead('landareas.shp','UseGeoCoords',true);
```

(2)用 axesm 函数选择投影方式：

```
axesm('sanson','Frame','on','Grid','on');
```

(3)用 geoshow 函数显示地图，tissot 命令显示变形椭圆：

```
geoshow(landareas);
```

运行结果如图 9-32 所示。

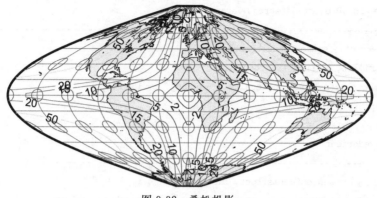

图 9-32　桑松投影

本章习题

1. 伪方位投影为什么不存在等角或等面积的投影?

2. 即使采用 $\rho = RZ$ 的伪方位投影,为什么也并不具有等距离投影的性质?

3. 伪圆柱投影与伪圆锥投影为什么不存在等角的特性?

4. 现有的伪圆锥投影变形变化有哪些特点?

5. 从式(9-18)分析该伪圆柱投影经线形状的变化。

6. 从式(9-19)、式(9-20)两式比较分析两种伪圆柱投影经纬网的变化特点。

7. 请在 MATLAB 环境下实现自定义投影的例子,并制作适合大西洋的伪方位投影。

第十章　多圆锥投影

§10-1　多圆锥投影的一般公式

多圆锥投影的几何原理可视为对地球上每一定纬度间隔的纬线做一个切圆锥。这样一系列圆锥的圆心必位于地球旋转轴线上,然后将一系列圆锥沿某条母线展开,各纬线成为以切线为半径的圆弧,使各圆心位于同一条直线上(作为中央经线),圆心的定位以相邻圆弧间的中央经线距离保持与实地等长为准。这就使得各纬线成为同轴圆圆弧。经线则是以光滑曲线的形式连接各纬线(即圆锥对球面的切线)与一定间隔的经线交点,构成对称曲线,如图10-1所示。因此,多圆锥投影的表象为:纬线表现为同心圆弧,圆心位于中央经线(直线)上,经线为对称于中央经线的曲线。

多圆锥投影是一种广义的地图投影概念,与原来的几何构成大不相同。从几何关系上可写出

$$m_0 = 1$$
$$\rho = N\cot\varphi$$

设多圆锥投影的 x 轴与中央经线相重合,以赤道或投影区域最低纬线与中央经线交点为原点,如图10-2所示。

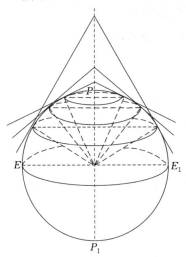

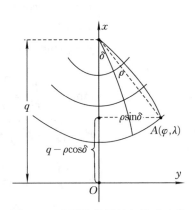

图 10-1　多圆锥投影示意　　　　图 10-2　多圆锥投影几何关系示意

用极坐标表示某一点 A 的位置时,可写为

$$\delta = f_1(\varphi, \lambda)$$
$$\rho = f_2(\varphi)$$

根据图 10-2 可写出

$$x = q - \rho\cos\delta$$
$$y = \rho\sin\delta$$

式中，$q=f(\varphi)$，此处 q 不是常数，而是纬度的函数。

为了计算高斯系数 F、G、H，先求 x 和 y 的偏导数，即

$$\frac{\partial x}{\partial \varphi}=q'-\rho'\cos\delta+\rho\sin\delta\,\frac{\partial \delta}{\partial \varphi}$$

$$\frac{\partial x}{\partial \lambda}=\rho\sin\delta\,\frac{\partial \delta}{\partial \lambda}$$

$$\frac{\partial y}{\partial \varphi}=\rho'\sin\delta+\rho\cos\delta\,\frac{\partial \delta}{\partial \varphi}$$

$$\frac{\partial y}{\partial \lambda}=\rho\cos\delta\,\frac{\partial \delta}{\partial \lambda}$$

式中

$$\rho'=\frac{\mathrm{d}\rho}{\mathrm{d}\varphi}$$

$$q'=\frac{\mathrm{d}q}{\mathrm{d}\varphi}$$

将所求得的偏导数代入以极坐标表示的高斯系数表达式中，得

$$F=\frac{\partial x}{\partial \varphi}\cdot\frac{\partial x}{\partial \lambda}+\frac{\partial y}{\partial \varphi}\cdot\frac{\partial y}{\partial \lambda}=\rho\,\frac{\partial \delta}{\partial \lambda}\Big(q'\sin\delta+\rho\,\frac{\partial \delta}{\partial \varphi}\Big)$$

$$G=\Big(\frac{\partial x}{\partial \lambda}\Big)^2+\Big(\frac{\partial y}{\partial \lambda}\Big)^2=\Big(\rho\,\frac{\partial \delta}{\partial \lambda}\Big)^2$$

$$H=\frac{\partial x}{\partial \varphi}\cdot\frac{\partial y}{\partial \lambda}-\frac{\partial y}{\partial \varphi}\cdot\frac{\partial x}{\partial \lambda}=\rho\,\frac{\partial \delta}{\partial \lambda}(q'\cos\delta-\rho')$$

进一步，根据前文变形公式得出多圆锥投影的一般公式，即

$$\left.\begin{aligned}
&x=q-\rho\cos\delta\\
&q=f(\varphi)\\
&y=\rho\sin\delta\\[2mm]
&\tan\varepsilon=-\frac{F}{H}=\frac{\rho\,\dfrac{\partial \delta}{\partial \varphi}+q'\sin\delta}{\rho'-q'\cos\delta}\\[2mm]
&P=\frac{H}{Mr}=\rho\,\frac{\partial \delta}{\partial \lambda}\cdot\frac{q'\cos\delta-\rho'}{Mr}\\[2mm]
&n=\frac{\sqrt{G}}{r}=\frac{\rho}{r}\,\frac{\partial \delta}{\partial \lambda}\\[2mm]
&m=\frac{P}{n\cos\varepsilon}=\frac{q'\cos\delta-\rho'}{M}\sec\varepsilon\\[2mm]
&\tan\frac{\omega}{2}=\frac{1}{2}\sqrt{\frac{m^2+n^2}{P}-2}
\end{aligned}\right\}\qquad(10\text{-}1)$$

从变形性质来看，多圆锥投影有等角、等面积和任意性质三种投影类型。在实际应用中，一般常用的有等角多圆锥投影和任意多圆锥投影两种。在任意多圆锥投影中，最常见的是普通多圆锥投影。

§10-2　普通多圆锥投影

普通多圆锥投影是哈斯勒（Hassler）于 1820 年创拟的一种任意性质多圆锥投影（MATLAB 中称为美国多圆锥投影）。在此投影中，赤道和中央子午线均为直线，即 $m_0=1$，纬线是与中央子午线正交的同轴圆弧，$\rho=N\cot\varphi$，且中央子午线和每一条纬线投影后，其长度保持不变，即 $n=1$，其余经线为对称于中央子午线的曲线。根据式(10-1)可得该投影公式，即

$$
\left.
\begin{aligned}
&\delta=\lambda\sin\varphi \\
&\rho=N\cot\varphi \\
&x=s+\frac{\lambda^2 N}{2}\sin\varphi\cos\varphi-\frac{\lambda^4 N}{24}\sin^3\varphi\cos\varphi+\cdots \\
&y=\lambda N\cos\varphi-\frac{\lambda^3 N}{6}\sin^2\varphi\cos\varphi+\frac{\lambda^5 N}{120}\sin^4\varphi\cos\varphi-\cdots \\
&\tan\varepsilon=\frac{\delta-\sin\delta}{\cos\delta-\left(1+\dfrac{M}{N}\tan^2\varphi\right)} \\
&P=1+2\frac{N}{M}\cot^2\varphi\sin^2\frac{\delta}{2} \\
&n=1 \\
&m=\left(1+2\frac{N}{M}\cot^2\varphi\sin^2\frac{\delta}{2}\right)\sec\varepsilon \\
&\tan\frac{\omega}{2}=\frac{1}{2}\sqrt{\frac{m^2+1}{P}-2}
\end{aligned}
\right\}
\tag{10-2}
$$

普通多圆锥投影最适宜于表示沿中央经线延伸的制图区域，由中央经线向两侧的距离愈远，变形数值愈大。在离中央经线 $\lambda=\pm15°$ 的边缘经线上最大变形为 3.4%，角度变形为 $1°56'$。图 10-3 是该投影经纬网的全貌。

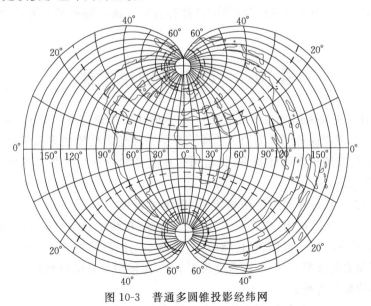

图 10-3　普通多圆锥投影经纬网

　　普通多圆锥投影适宜于制作南北方向延伸区域的地图。美国曾用该投影编制美国沿海地区的地图。由于它具有中央子午线和所有纬线投影后均无长度变形的特点,将整个地球按经线分成若干窄带分别进行投影后能合成球形而不产生裂隙,故常用作地球仪制作的数学基础。该投影还可用作中、小比例尺地图编制的数学基础,我国有关大地测量地图投影方面的教科书和参考书中也有对该投影的介绍。

　　受变形的影响,普通多圆锥投影通常省去了中央经线两侧 75°之外的区域,其经纬网如图 10-4 所示。

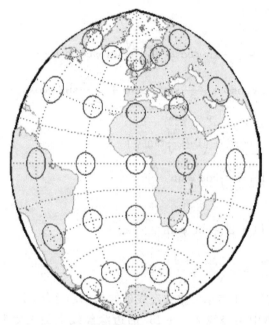

图 10-4　普通多圆锥投影经纬网(150°范围)

　　1934 年出版的《中华民国新地图》曾用过这种投影。该投影也是百万分之一地图投影的基础。

§10-3　改良多圆锥投影

　　1962 年前各国主要采用改良多圆锥投影,它是国际地图专门委员会于 1909 年和 1913 年召开的会议上决定并建议各国采用的。这种投影是一种任意性质的多圆锥投影,它利用普通多圆锥投影的原理实施于多面体投影,再运用一些改良的方法建立数学基础,也常称为国际百万分之一地图投影。

　　改良多圆锥投影在应用时应遵循和满足以下基本条件:

　　(1)在纬度 0°～60°范围内,按纬差 4°、经差 6°分幅;在纬度 60°～76°范围内,按纬差 4°、经差 12°分幅;在纬度 76°～88°范围内,接纬差 4°、经差 24°分幅;纬度 88°～90°为一幅图,并采用极球面投影(等角方位投影)。经纬网密度为 1°×1°,每幅图具有单独投影。

　　(2)各条经线均为直线。

　　(3)各条纬线为同轴圆圆弧,圆心位于中央经线上,半径 $\rho = N\cot\varphi$。

（4）南、北边纬线无长度变形。

（5）离中央经线±2°的经线上无长度变形（纬度 60°以上及 76°以上的图幅中对应的无变形经线为±4°和±8°）。

改良多圆锥投影的坐标公式为

$$x = x_S + \frac{x_N - x_S}{4}(\varphi - \varphi_S) \left.\begin{array}{r} \\ \\ \end{array}\right\}$$
$$y = y_S + \frac{y_N - y_S}{4}(\varphi - \varphi_S)$$

式中

$$x_S = \rho_S(1 - \cos\delta_S)$$
$$y_S = \rho_S \sin\delta_S$$
$$x_N = H + \rho_N(1 - \cos\delta_N)$$
$$y_N = \rho_N \sin\delta_N$$
$$\rho_i = N_i \cot\varphi_i \quad (i = S, N)$$
$$\delta_i = \lambda \sin\varphi_i \quad (i = S, N)$$
$$H = s_m - 0.271\cos^2\frac{\varphi_S + \varphi_N}{2}(mm)$$

其中，φ、φ_N、φ_S 单位为（°）；s_m 为由 φ_S 到 φ_N 的经线弧长在图上的长度，单位为 mm。

改良多圆锥投影是任意性质的投影，有长度、面积、角度变形，变形的分布也比较复杂，但各变形值都很微小。

各图幅中间纬线长度变形为

$$n_0 = 1 - 0.000\,6 \tag{10-3}$$

式中，n_0 为中间纬线的长度比，故

$$v_0 = -0.000\,6 = -0.06\%$$

各图幅中央经线的变形为

$$m_c = 1 - 0.000\,609\cos^2\varphi \tag{10-4}$$

式中，φ 为图幅的平均纬度。可见，在赤道上的图幅中央经线的变形最大，为

$$v_c = m_c - 1 = 1 - 0.000\,61 - 1 = -0.000\,61$$

或

$$v_c = -0.061\%$$

面积变形可近似地表达为

$$v_p \approx 2v \tag{10-5}$$

式中，v 为一点上沿经线或纬线的长度变形。

角度变形随纬度而变化，纬度愈低变形愈大，但在赤道上的图幅角度变形仍不超过 $5'$，在中等纬度的图幅角度变形一般不超过 $3'$。

在改良多圆锥投影中，南、北边纬线无长度变形，其余纬线均为负向变形，缩短最多的在中央经线上。在按经差 6°的分幅中，离中央经线经差±2°的经线无长度变形，其余经线均有长度变形，边缘经线为正向变形，中间经线为负向变形。在百万分之一图幅中，边缘经线最大长度变形为 0.76%，中央经线最大长度变形为 -0.61%。经纬线可以认为是正交的，但在包含赤道的图幅中，角度变形为最大，在中间纬线上达 4.73，在边纬线上达 2.62，由此可见，国际百万

分之一改良多圆锥投影属任意性质投影,各种变形都不大。

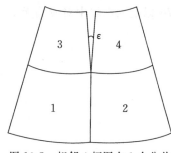

图 10-5　相邻 4 幅图在 1 个公共
图廓点上进行拼接

由于百万分之一地图投影是每幅图单独进行投影的,所以相邻若干图幅拼接时会产生一定的裂隙。图 10-5 是相邻 4 幅图在 1 个公共图廓点上进行拼接,此时裂隙角大小为

$$\varepsilon' = 25.15' \cos\varphi \tag{10-6}$$

式中,φ 为接图的公共图廓点的纬度。

式(10-6)如以裂隙距表示则为

$$\bar{\varepsilon} = 3.25\cos\varphi \, (\text{mm}) \tag{10-7}$$

由式(10-6)和式(10-7)可见,纬度低的图幅接图时裂隙较大,最大时 $\varepsilon' = 25.15' \cos\varphi$ 或 $\bar{\varepsilon} = 3.25$ mm,即在赤道上的图幅。在实际应用时,因为裂隙尚微小,对地图的使用影响不大。

我国 1956 年至 1958 年编制的 1∶100 万地图采用了这种投影。

§10-4　用于世界地图的多圆锥投影

一、一种广义的多圆锥投影

建立广义多圆锥投影的方法与以前介绍的常规建立地图投影的方法不同,它只是以纬线为同轴圆圆弧列入多圆锥投影之列。它的建立采用数值方法,其基本思想是经纬线方程表现为多项式。预先按设计草图取得若干经纬网交点坐标,建立的多项式,其余交点的坐标则从已得的交点坐标用内插法求得,由此建立经纬网。

广义多圆锥投影通常是为小比例尺地区而特殊设计的,如世界地图。

现以设计一种世界图投影为例说明该投影设计步骤。

(一)拟定经纬网草图

根据预定任务,利用现成的世界地图预先编拟几个新的投影网格草图,对这些草图评定后再编制较好的和精确的草图。设计草图主要是要确定其中央经线与赤道的长度,以及边缘经线和极线的形状。这些因素确定后,也就确定了新投影的主要面貌,如投影的总的面积比、沿经线与纬线长度比及其变化。

(二)计算经纬网交点的坐标

在草图的边缘经线每隔 20°量取交点的直角坐标,按最小二乘法平差,可以得到用 5 次多项式表示的经线纵坐标,以及用 6 次多项式表示的横坐标。然后用斯特林(Stirling)公式内插每隔 10°的点坐标。再求中间第二、三条经线交点的坐标。为此取离中央经线 60°和 120°的经线,在等分纬线的多圆锥投影中,直角坐标值是容易用三角方法求得的,如图 10-6 所示,即

$$\left. \begin{array}{l} \tan\dfrac{\delta}{2} = \dfrac{x_1}{y_1} \\[2mm] \rho = y_1 \csc\delta \end{array} \right\} \tag{10-8}$$

式中,x_1、y_1 为经差 180°时某纬线上一点的已知坐标。x_1 自该纬线与中央经线交点起算,求得极坐标 ρ 和 δ,然后按需要等分,再按普通公式直接计算所求点坐标。

当每一条纬线上有了经差 0°、±60°、±120°及±180°的 7 个定点后,就不难内插纬线上其他点的坐标。对于 $\lambda = \pm180°$ 以外的地图边缘部分的交点,可用外推法求得。

以苏联中央测绘科学研究所多圆锥投影1950年方案为例,其具体公式为

$$\left.\begin{array}{l} x_0 = R(a\varphi° + b\varphi°3) \\ x_{180} = R(c\varphi° - d\varphi°3) \\ y_{180} = R(e - f\varphi°2 - g\varphi°4) \end{array}\right\} \qquad (10-9)$$

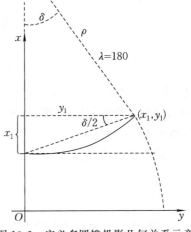

图 10-6 广义多圆锥投影几何关系示意

式中,x_0 为各纬线与中央经线交点的纵坐标,x_{180}、y_{180} 为边缘经线($\lambda = 180°$)与各纬线交点的纵、横坐标,其他系数为

$$a = \text{arc}1°$$
$$b = 0.000\,000\,239\,2$$
$$c = 0.023\,550$$
$$d = 0.000\,000\,293\,7$$
$$e = 150a$$
$$f = 0.000\,190\,80$$
$$g = 0.000\,000\,003\,19$$

广义多圆锥投影的特点如下:

(1)其中央经线和赤道投影后为直线,并将其作为其他经线和纬线的对称轴,纬线的间隔自赤道向两极逐渐增大,但在纬线上的经线间隔是相等的。全球的图形容纳在一个矩形的图廓内,两极在图上不予表示。

(2)就变形性质来说,它是介于等面积投影和等角投影之间的一种投影,但更接近于前者,大部分陆地面积变形不超过60%,在赤道上的面积比最小为17.7%;大部分地区角度变形不超过50°。

图10-7是广义多圆锥投影经纬网。苏联曾用该投影编制一些小比例尺世界地图。

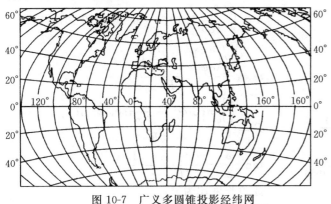

图 10-7 广义多圆锥投影经纬网

二、等差分纬线多圆锥投影

等差分纬线多圆锥投影属于任意性质的多圆锥投影,是我国制图工作者根据我国形状和位置,并指定变形分布,于1963年设计的。该投影已在我国各种比例尺世界政区图及其他类型世界地图编制中得到较广泛的使用,取得了较好的效果。

该投影的基本公式如下。

中央经线上的 x_0 的函数式为

$$x_0 = q = \frac{(0.995\,353\,7\varphi + 0.014\,761\,38\varphi^3)R}{\mu_0} \qquad (10\text{-}10\text{a})$$

设 $\mu_0 = 10\,000\,000$,$R = 6\,371\,116$ m,φ 以 rad 计,代入上式,得

$$\left.\begin{array}{l} x_0 = q = 63.415\,14\varphi + 0.940\,464\,6\varphi^3 \\ y_0 = 0 \end{array}\right\} \qquad (10\text{-}10\text{b})$$

式中，x_0、y_0 以 cm 为单位。

极坐标公式为

$$\left.\begin{array}{l}\delta\varphi_i = \dfrac{\delta\varphi_n}{\lambda_n} b\,(1 - C\lambda_i)\,\lambda_i \\[3mm] \rho = \dfrac{y_n^2 + (x_n - x_0)^2}{2(x_n - x_0)}\end{array}\right\} \tag{10-10c}$$

式中，$b = 1.10$；$C = 0.000\,505\,050\,5$；x_n、y_n 是边缘经线上（$\Delta\lambda = 180°$）根据所设计的经、纬线草图量取的直角坐标值，如图 10-8 所示；$\delta\varphi_i$ 是某一纬线上各经线的极角；λ_n 是边缘经线与中央经线的经差，通常 $\lambda_n = 180°$；λ_i 为各点经线与中央经线的经差。

赤道上的直角坐标值为

$$y_i = \frac{y_n}{\lambda_n} b\,(1 - C\lambda_i)\,\lambda_i$$

$$x_i = 0$$

按式(10-1)可求得各点的直角坐标，即

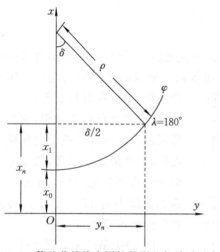

$$\left.\begin{array}{l}x = q - \rho\cos\delta\varphi_i \\ y = \rho\sin\delta\varphi_i\end{array}\right\} \tag{10-11}$$

式中

$$q = \rho + x_0$$

其变形公式为

$$n = \frac{\rho}{r}\frac{\delta\varphi_n}{180°} 1.10(1 - 0.001\,010\,101\lambda_i)$$

$$m = \frac{\sqrt{\left(\dfrac{\partial x}{\partial\varphi}\right)^2 + \left(\dfrac{\partial y}{\partial\varphi}\right)^2}\cdot\mu_0}{R}$$

$$P = \frac{\left(\dfrac{\partial x}{\partial\varphi}n\cos\delta\varphi_i - \dfrac{\partial y}{\partial\varphi}n\sin\delta\varphi_i\right)\mu_0}{R}$$

$$\tan^2\frac{\omega}{2} = \frac{m^2 + n^2}{4P} - \frac{1}{2}$$

图 10-8　等差分纬线多圆锥投影几何关系示意

赤道长度比为

$$n_0 = \frac{y_n}{\lambda_n}\frac{1.10(1 - 0.001\,010\,101\lambda_i)\mu_0}{R} \tag{10-12}$$

中央经线长度比 m_0 为

$$m_0 = 0.995\,353\,7 + 0.044\,284\,14^2\varphi \tag{10-13}$$

等差分纬线多圆锥投影的特点如下：

(1)纬线投影后为对称于赤道的同轴圆圆弧，圆心位于中央经线上；经线对称于中央经线(直线)，且离中央经线愈远，其经线间隔也愈成比例地递减；极点表示为圆弧，其长度为赤道投影长度的 1/2，经纬网的图形有球形感。

(2)我国被配置在地图中接近于中央的位置，而且图形形状比较正确，我国面积相对于同一条纬带上其他国家的面积不因面积变形而有所缩小。

(3)图面图形完整，没有裂隙，也不出现重复，保持太平洋完整，可显示我国与邻近国家的水陆联系。

(4)其性质是接近等面积的任意性质投影，中国地区绝大部分面积变形在 10% 以内，少

数地区约 20％,面积比为 1 的等变形线自东向西横贯我国中部;中央经线和南北纬度约 44°交点处没有角度变形,我国绝大部分地区的最大角度变形在 10°以内,小部分地区不超过 13°。

图 10-9 是等差分纬线多圆锥投影的经纬网。

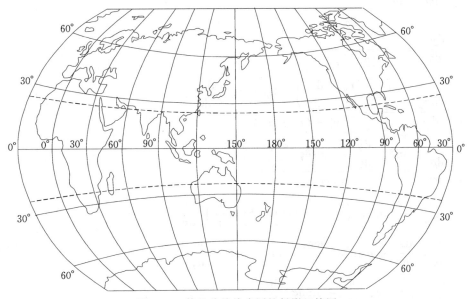

图 10-9　等差分纬线多圆锥投影经纬网

三、正切差分纬线多圆锥投影

正切差分纬线多圆锥投影是继等差分纬线多圆锥投影之后,我国于 1976 年设计的投影之一,它应用于 1∶1400 万世界地图编制。

正切差分纬线多圆锥投影的基本公式为

$$
\left.
\begin{aligned}
x_0 &= (\varphi + 0.066\,832\,225\varphi^4)\,R/\mu_0 \\
y_0 &= \frac{132}{210\rho°} \times 1.1\left(1 - 0.100\,964\,78\tan\frac{\lambda_i}{5}\right)\lambda_i \\
x_n &= x_0 + 9.549\,3\varphi \\
y_n &= \sqrt{112^2 - x_n^2} + 20 \\
\rho &= \frac{y_n^2 + (x_n - x_0)^2}{2(x_n - x_0)} \\
\sin\delta\varphi_n &= \frac{y_n}{\rho} \\
\delta\varphi_i &= \frac{\delta\varphi_n}{\lambda_n} \times 1.1\left(1 - 0.100\,964\,78\tan\frac{\lambda_i}{5}\right)\lambda_i \\
q &= \rho + x_0 \\
x &= q - \rho\cos\delta\varphi_i \\
y &= \rho\sin\delta\varphi_i
\end{aligned}
\right\}
\quad (10\text{-}14a)
$$

其变形公式为

$$\frac{\mathrm{d}x_0}{\mathrm{d}\varphi} = (1 + 0.267\,328\,9\varphi^3)\frac{R}{\mu_0}$$

$$\frac{\mathrm{d}x_n}{\mathrm{d}\varphi} = \frac{\mathrm{d}x_0}{\mathrm{d}\varphi} + 9.549\,3$$

$$\frac{\mathrm{d}y_n}{\mathrm{d}\varphi} = -\frac{x_n \dfrac{\mathrm{d}x_n}{\mathrm{d}\varphi}}{\sqrt{112^2 - x_n^2}}$$

$$\frac{\mathrm{d}\delta\varphi_n}{\mathrm{d}\varphi} = \frac{2\left[y_n\left(\dfrac{\mathrm{d}x_n}{\mathrm{d}\varphi} - \dfrac{\mathrm{d}x_0}{\mathrm{d}\varphi}\right) - (x_n - x_0)\dfrac{\mathrm{d}y_n}{\mathrm{d}\varphi}\right]}{y_n^2 + (x_n - x_0)^2}$$

$$\frac{\mathrm{d}\rho}{\mathrm{d}\varphi} = \frac{\sin\delta\varphi_n\dfrac{\mathrm{d}y}{\mathrm{d}\varphi} - y\cos\delta\varphi_i\dfrac{\partial\delta\varphi_i}{\partial\varphi}}{\sin^2\delta\varphi_i}$$

$$\frac{\partial\delta\varphi_i}{\partial\varphi} = \frac{\lambda_i}{\lambda_n} \times 1.1\left(1 - 0.100\,964\,78\tan\frac{\lambda_i}{5}\right)\frac{\mathrm{d}\delta\varphi_n}{\mathrm{d}\varphi}$$

$$\frac{\partial x}{\partial\varphi} = \frac{\mathrm{d}x_0}{\mathrm{d}\varphi} + \rho\sin\delta\varphi_i\frac{\partial\delta\varphi_i}{\partial\varphi} + (1 - \cos\delta\varphi_i)\frac{\mathrm{d}\rho}{\mathrm{d}\varphi} \quad \text{(10-14b)}$$

$$\frac{\partial y}{\partial\varphi} = \rho\cos\delta\varphi_i\frac{\partial\delta\varphi_i}{\partial\varphi} + \sin\delta\varphi_i\frac{\mathrm{d}\rho}{\mathrm{d}\varphi}$$

$$m = \sqrt{\left(\frac{\partial x}{\partial\varphi}\right)^2 + \left(\frac{\partial y}{\partial\varphi}\right)^2}\frac{\mu_0}{R}$$

$$n = \frac{\rho\mu_0}{R\cos\varphi}\frac{\delta\varphi_n}{\lambda_n} \times 1.1\left[1 - 0.100\,964\,78\left(\frac{\lambda_i}{5}\sec^2\frac{\lambda_i}{5} + \tan\frac{\lambda_i}{5}\right)\right]$$

$$P = n\left(\cos\delta\varphi_i\frac{\partial x}{\partial\varphi} - \sin\delta\varphi_i\frac{\partial y}{\partial\varphi}\right)\frac{\mu_0}{R}$$

$$\tan\frac{\omega}{2} = \frac{1}{2}\sqrt{\frac{m^2 + n^2}{P} - 2}$$

$$m_0 = 1 + \frac{y^2}{y_n^2} \times 9.549\,3 \text{（用于赤道）}$$

$$n_0 = \frac{y_n}{\lambda_n}\frac{\mu_0}{R} \times 1.1\left[1 - 0.100\,964\,78\left(\frac{\lambda_i}{5}\sec^2\frac{\lambda_i}{5} + \tan\frac{\lambda_i}{5}\right)\right] \text{（用于赤道）}$$

式中，φ 以 rad 为单位，R 为地球球体半径，μ_0 为比例尺分母（本例中 1∶1 400 万），x_n、y_n 是边缘经线上根据所设计的经纬线草图量取的直角坐标值，x_0 为中央经线上的纵坐标（以 cm 为单位），$\delta\varphi_i$ 是某一纬线上各经线的极角，λ_n 是边缘经线与中央经线的经差，λ_i 为同一条纬线上各经线与中央经线的经差。

正切差分纬线多圆锥投影的特点如下：

（1）纬线投影后为对称于赤道的同轴圆圆弧，圆心位于中央经线上；经线是对称于中央经线（直线）的曲线，且远离中央经线的经线间隔成比例递减，极点表现为圆弧。经纬网的图形有球形感。

（2）将我国配置于图幅中部，经纬网便会出现重复部分，赤道上经线的经差为 420°，中央经线则为东经 120°，完整的南北美洲大陆则位于图幅东部。

（3）保持太平洋和大西洋完整。

（4）其变形性质为任意性质投影，世界主要大陆的轮廓形状没有显著的目视变形，中国的形状比较正确。我国绝大部分地区的面积变形在 10%～20%，部分地区达±60%；中央经线和南北纬度为 44°交点处没有角度变形，我国大陆部分最大角度变形在 6°以内。

（5）1:1 400 万的本投影图廓尺寸为 180 cm×264 cm。

图 10-10 是正切差分纬线多圆锥投影经纬网。

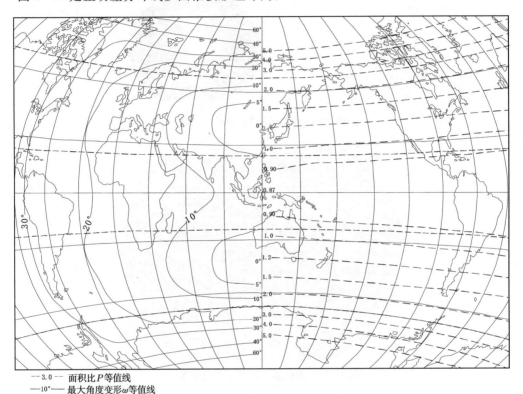

－－3.0－－　面积比 P 等值线
—10°—　最大角度变形 ω 等值线

图 10-10　正切差分纬线多圆锥投影经纬网

§10-5　地图投影实践

一、基于 Geocart 的多圆锥投影

点击【File】→【New】，然后点击【Map】→【New】，再点击【Projection】—【Change Projections…】，选择圆锥投影中的多圆锥投影（polyconic），如图 10-11 所示。

运行得到投影中心在赤道上的等距离投影表象，显示结果如图 10-12 所示。

研究变形情况，点击【Map】→【Tissot Indicatrices】和【Distortion Visualization…】，可以显示变形椭圆和等变形线（加了渐变色），如图 10-13 所示。

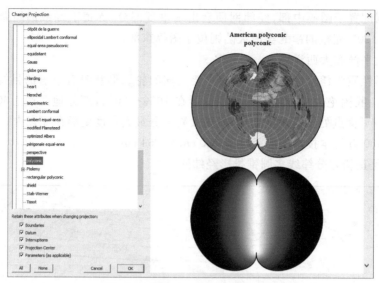

图 10-11　Change Projection 界面

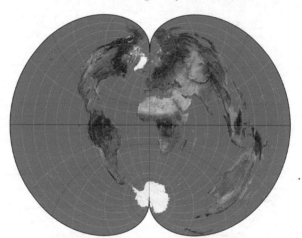

图 10-12　多圆锥投影等距离投影表象

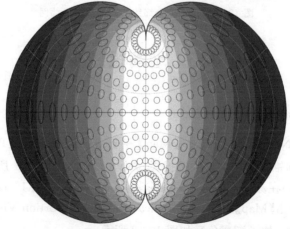

图 10-13　多圆锥投影变形椭圆和等变形线

二、基于 MATLAB 的多圆锥投影

(一) 基于 MATLAB 美国多圆锥投影

针对美国多圆锥投影,在 MATLAB 中建立 m 文件,然后键入如下代码:

```
landareas = shaperead('landareas.shp','UseGeoCoords',true);
axesm ('polyconstd', 'Frame', 'on', 'Grid', 'on');
geoshow(landareas,'FaceColor',[1 1 .5],'EdgeColor',[.6 .6 .6]);
tissot;
```

运行结果如图 10-14 所示。

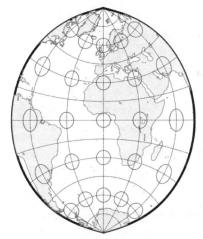

图 10-14　美国多圆锥投影([-75°,75°])

系统中,默认只是显示±75°范围,所以为了全部显示,可以修改系统文件 Polyconic. m 中 的 fromDegrees (mstruct. angleunits, [-90 90], [-75 75]) 为 fromDegrees (mstruct .angleunits, [-90 90], [-180 180])。运行上面代码,结果如图 10-15 所示。

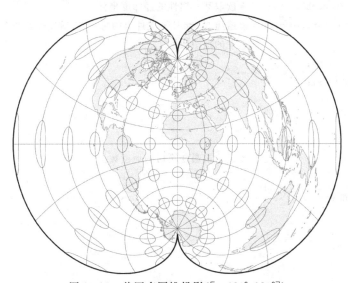

图 10-15　美国多圆锥投影([-180°,180°])

（二）基于 MATLAB 的等差分纬线多圆锥投影

等差分纬线多圆锥投影比较复杂，在建立地图投影的正解和反解公式时，都不是很容易，所以在此介绍一种直接绘制的方法。利用等差分纬线多圆锥投影公式，转换经纬线、世界地图的坐标，然后进行图形绘制。另外，还可以绘制变形椭圆和等变形线。

建立等差分纬线多圆锥投影函数 Econic，代码如下：

```matlab
function [ xi,yi ] = Econic( lat,long )
x0 = 4.792 * lat + 1.9499e - 5 * lat^3;
xn = 7.2563 * lat - 0.0004183 * lat^3 + 2.819e - 8 * lat^5;
yn = 715.3275 - 0.0617 * lat^2 + 4e - 6 * lat^4 - 2.44e - 10 * lat^6;
b = 1.1;
c = (b - 1)/(b * 180);
p = (yn^2 + (xn - x0)^2)/(2 * (xn - x0));
qn = asin(yn/p);
q = (qn/180) * b * (1 - c * abs(long)) * long;
xi = x0 + p * (1 - cos(q));
yi = p * sin(q);
end
```

mapPro_Econic. m 文件的代码如下：

```matlab
clear;
clc;
S = shaperead('D:\R2016a\bin\wold map\World_region.shp');
Slength = length(S);
for i = 1:Slength
xlength = length(S(i,1).X);
for count = 1:xlength
longi = S(i,1).X(count);
lati = S(i,1).Y(count);                % 读取某一属性的经纬度坐标
[xi,yi] = Econic(lati,longi);          % 遍历 Shapefile 文件上的每一点，通过逐点变换，最终生成该投影
                                       %   下的地图数据
S(i,1).X(count) = yi;
S(i,1).Y(count) = xi;
end
end
figure;
mapshow(S);                            % 显示投影变换后的地图数据
axis off;
% 经纬线数据准备
lat1 = - 90;
lat2 = 90;
lon1 = - 180;
lon2 = 180;
```

```
step1 = 10;
step2 = 20;
im1 = (lat2 - lat1)/step1 + 1;
in1 = (lon2 - lon1)/step2 + 1;
ZJW = zeros(im1,in1,2);
for i = 1:im1
    for j = 1:in1
        if lat1 + (i - 1) * step1  == 0
        [ZJW(i,j,1),ZJW(i,j,2)] = Econic(lat1 + (i - 1) * step1 - 1,lon1 + (j - 1) * step2);
        else
        [ZJW(i,j,1),ZJW(i,j,2)] = Econic(lat1 + (i - 1) * step1,lon1 + (j - 1) * step2);
        end
    end
end
% 经纬线显示
for i = 1:im1
    mapshow(ZJW(i,:,2),ZJW(i,:,1));
end
for j = 1:in1
    mapshow(ZJW(:,j,2),ZJW(:,j,1));
end
% 经纬线标记数据准备
lat7 = - 60;
lat8 = 60;
lon7 = - 120;
lon8 = 120;
step7 = 30;
step8 = 60;
im4 = (lat8 - lat7)/step7 + 1;
in4 = (lon8 - lon7)/step8 + 1;
ZW = zeros(im4,2);
ZJ = zeros(in4,2);
% 显示标签
for i = 1:im4
    if lat7 + (i - 1) * step7 == 0
    [ZW(i,1),ZW(i,2)] = Econic(lat7 + (i - 1) * step7 + 1, - 180);
    else
    [ZW(i,1),ZW(i,2)] = Econic(lat7 + (i - 1) * step7, - 180);
    end
    str = sprintf('% d',lat7 + (i - 1) * step7);
    text(ZW(i,2) - 10,ZW(i,1),str,'color','c','fontsize',12);
```

```
    end
for j = 1:in4
    [ZJ(j,1),ZJ(j,2)] = Econic(1,lon7 + (j-1) * step8);
    str = sprintf('% d',lon7 + (j-1) * step8);
    text(ZJ(j,2),ZJ(j,1) - 5,str,'color','c','fontsize',12);
end
% 变形椭圆数据准备
radius = 5;
n = 15;
lat3 = - 60;
lat4 = 60;
lon3 = - 120;
lon4 = 120;
step3 = 30;
step4 = 60;
im2 = (lat4 - lat3)/step3 + 1;
in2 = (lon4 - lon3)/step4 + 1;
ZEllip = zeros(im2,in2,n + 1,2);
    for i = 1:im2
      for j = 1:in2
        for k = 0:n
            arf = k/n * 2 * pi;
            if lat3 + (i-1) * step3 + radius * sin(arf) == 0
                [ZEllip(i,j,k + 1,1),ZEllip(i,j,k + 1,2)] = …
                Econic(lat3 + (i-1) * step3 + radius * sin(arf) - 1,lon3 + (j-1) * step4 +
                radius * cos(arf));
            else
                [ZEllip(i,j,k + 1,1),ZEllip(i,j,k + 1,2)] = …
                Econic(lat3 + (i-1) * step3 + radius * sin(arf),lon3 + (j-1) * step4 +
                radius * cos(arf));
            end
        end
      end
    end
end
% 变形椭圆显示
for i = 1:im2
    for j = 1:in2
    mapshow(reshape(ZEllip(i,j,:,2),n + 1,1),reshape(ZEllip(i,j,:,1),n + 1,1),'color','r');
    end
end
```

运行上面代码,结果如图 10-16 所示。

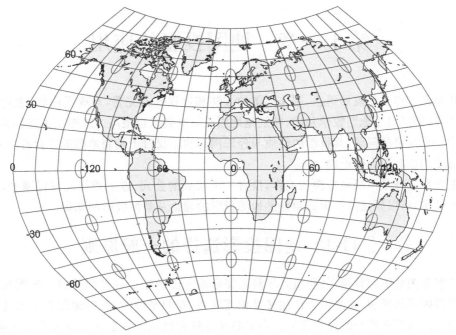

图 10-16　等差分纬线多圆锥投影([−180°,180°])

本章习题

1. 多圆锥投影的经纬线形状与圆锥投影有什么不同？

2. 简述等差分纬线多圆锥投影的特点。

3. 简述正切等差分纬线多圆锥投影的特点。

4. 比较等差分纬线多圆锥投影和正切差分纬线多圆锥投影在图面配置及变形方面的特征。

5. 采用改良多圆锥投影为百万分之一地图投影的条件有哪几个？

6. 在对 1∶100 万地图相邻若干图幅进行拼接时为什么会产生裂隙？最大的裂隙距是多少？在什么位置？

7. 基于 MATLAB 实现正切差分纬线多圆锥投影的表象显示。

第十一章 地图投影的应用

现代地图制作工艺发展迅速,制作地图的方法和过程日益完善,对成图内容、表达方法质量要求很高,同时对于地图数学基础,特别是地图投影的要求也很高。地图投影选择是地图制作过程中一个重要的问题,其投影的性质与经纬网形状不仅对于编制地图的过程有影响,还对以后地图使用也有很大的影响。

地图投影选择是一项创造性的工作,没有一个现成的公式、方案或规范可以遵循,而投影种类日益繁多,所以要选择投影必须熟悉地图投影的理论及掌握投影的知识。

§11-1 地图投影选择的一般原则

经纬网作为地图的骨架,其质量好坏将直接影响地图的精度和使用价值。地图投影的选择受到很多因素的影响,这些因素往往又是相互联系、互相制约的,所以地图投影的选择和设计是一项十分重要和复杂的科学任务。为了能较好地完成地图投影的选择和设计任务,可以从以下几方面来考虑选择地图投影。

一、地图的用途、比例尺及使用方法

各种地图具有各种不同的用途,不同的用途对地图投影有不同的要求。

航海图、航空图、地形图常要求等角性质,一般多采用等角性质的投影。例如,航空图和航海图多采用墨卡托投影,这是因为在该投影中等角航线表现为直线;地形图多采用高斯-克吕格投影、通用横轴墨卡托投影,可以较高精度地表示地物要素。教学用地图(挂图)常要求各种变形都不太大,则宜采用任意性质投影。例如,供小学用的世界地图很少用于图上量算,而只着重显示地球球形概念和地理概念,所以不宜采用分瓣的投影而应是将地球表现为完整的投影,同时也要避免同一地区的重复出现;在中学生和一般读者中,地图有时用于长度与面积的概略量算,故要求变形不大;大学生和对地图有较高要求的人用的地图,则须提高地图数学基础的精度,即尽量减小地图投影的变形,以便能在图上进行各种量测和比较。

投影变形大小的要求取决于地图用途和内容,也取决于使用方法,表 11-1 从使用上提出对投影变形限度的指标,对选择投影有一定参考意义。

表 11-1 地图投影变形限度的指标

地图用途	测定长度、面积和角度的方法	在下列变形极限以内时,还适宜于进行图上作业
科学和技术出版中的地图	高精度量测	长度与面积变形在 ±0.5%,角度变形在 0.5°
参考与科技出版物中、技术指南与参考书中的地图	在大多数情况下目估测定,也可能进行近似量测	长度与面积变形在 ±(2~3)%,角度变形在 1°~2°
挂图、中小学地图集和教科书中的某些地图	仅用目估测定	长度与面积变形在 ±(6~8)%,角度变形在 5°~6°

地图使用方式对地图投影的选择,是指墙上挂图与桌面用图在选择投影时应该有区别。墙上挂图一般不允许"斜向"定位(即图中的中央经线与矩形图廓的纵边方向不平行),以免增加读图的不方便。但桌面用图为了迁就地区轮廓而减小幅面且使投影变形较小,有时允许这样做,当读图时可将图扭转一个方向来看。由于两者做法要求不同,影响图幅所包括的面积及其形状,所以选择的投影也不相同。

二、地图内容

地图投影选择首先要注意所编地图的内容和目的。明确了这个要求之后,即可考虑按投影的变形性质,选择要采用的投影。例如,经济图多采用等面积投影,因为这种地图多用于表示经济要素按面积的分布情况,希望图上对这些要素的轮廓面积能有正确的对比。当然,采用等面积投影角度变形较显著,长度变形也可能比较大,但这对于这种地图来说,不是主要的。其他如行政区划图、人口密度图、地质图、地貌图、水文图等也常采用等面积投影来编制。

三、制图区域面积的大小和比例尺

制图区域面积的大小对投影选择的影响主要表现在制图区域面积增大使投影选择更复杂,需要考虑的投影因素很多,且须更多地联系其他方面的要求,方能做出决定。

区域面积大小大体上可规定为:凡在常用的投影中区域的长度变形约为±0.5%、面积不超过 500 万～600 万平方千米的,称为"不大的"区域;投影中局部地方长度变形达±(2～3)%、区域面积不超过 3 500 万～4 000 万平方千米的,称为"中等的"区域;如果在投影中区域的长度变形大于±3%,则属于"大的"区域。

比例尺与制图区域大小直接相关,对地图投影的选择也有一定的影响。在纸张大小一定时,比例尺小则制图区域大,比例尺大则制图区域小。例如,我国省(区)中面积最大的新疆维吾尔自治区,若采用圆锥投影,不论选用什么性质的(等角、等面积或等距离)圆锥投影,其长度变形均小于±0.5%,因此属于"不大的"区域。又如,欧洲地图可以采用彭纳投影,亦可采用斜轴方位投影,甚至圆锥投影也可以。编制世界地图,可以选择的地图投影就更多了。

四、制图区域的形状和地理位置

制图区域的形状和地理位置对地图投影选择的影响主要体现在按投影的经纬线形状分类应当采用哪一类投影,如采用圆锥投影、方位投影、圆柱投影,还是其他投影。研究的方法要使等变形线基本上符合制图区域的概略轮廓,以便减少图上的变形。俄国的切比雪夫曾提出一个原则,即"能使地图上制图区域边界保持同一长度比的投影,就是该区域最适宜的投影"。因此,方位投影最适宜于表示具有圆形轮廓的地区,如两极地区宜采用正方位投影、亚洲宜采用斜轴方位投影;正轴圆锥投影和圆柱投影最适宜于表示沿纬线伸展的地区,特别是正轴圆锥投影适宜于表示中纬度地区,正轴圆柱投影最适宜于表示低纬度和赤道地区;对于沿经线伸展的地区,宜采用横轴圆柱投影;对于几个大洋,为了使等变形线与轮廓一致,常采用伪圆柱投影、分瓣投影;世界地图中希望某种投影的等变形线与它的形状相一致是比较困难的,但也可以概略地找出一些投影符合这个要求,如采用伪圆柱投影或改良的多圆锥投影。

五、出版的方式

出版的方式对选择地图投影的影响主要是指单张出版还是以图集(图组)形式出版。如果是单张出版,那么地图投影选择有较大的"自由"。如果是在地图集中或一组图中的一幅,那么应考虑它与其他图的从属关系,即应取得协调或者同一系统的地图投影。例如,同地区的一组自然地图,应该用同一投影,地图集中的各分幅图可用同一系统或同类性质的几个系统。假如地图的内容不同,也就没有必要考虑这些问题了。

总之,根据以上原则,基本可以确定一个较好的地图投影,但是这不是唯一标准,有时针对具体制图任务的特殊要求,需要进行特殊处理、全面考量,才能设计和选择一个合适的地图投影类型。

§11-2　地图投影的应用

一、世界地图常用投影

我国编制世界地图采用的投影,按大类分,主要有多圆锥投影、正轴圆柱投影和伪圆柱投影。多圆锥投影目前使用的投影方案有等差分纬线多圆锥投影(1963 年方案)和正切差分纬线多圆锥投影(1976 年方案)。正轴圆柱投影通常采用等角或等距正割圆柱投影。按变形性质分,伪圆柱投影有等面积和任意性质两种,世界地图编制常用等面积伪圆柱投影,如桑松投影、埃克特投影、莫尔韦德投影等,如表 11-2 所示。

表 11-2　世界地图常用投影特点及适用性

投影名称	投影特点	适用情况
墨卡托投影,即正轴等角切圆柱投影	该投影的经线和纬线是两组相互垂直的平行直线,经线间隔相等,纬线间隔由赤道向两极逐渐扩大;赤道为没有变形的线,随着纬度增高,长度、面积变形逐渐增大;图上无角度变形,但面积变形较大	该投影的等角航线(斜航线)表现为直线,其在航海地图中得到了广泛的应用;也可用来编制赤道附近国家及一些区域的地图
桑松投影,过去译为桑逊投影、桑生投影等	一种经线为正弦曲线的正轴等面积伪圆柱投影;其纬线为间隔相等的平行直线,经线为对称于中央经线的正弦曲线;赤道和中央经线是两条没有变形的线,离开这两条线越远,长度、角度变形越大	该投影中心部分变形较小,除用于编制世界地图外,更适合编制赤道附近南北延伸地区的地图,如非洲、南美洲地图等
莫尔韦德投影,过去译为摩尔威德投影等	一种经线为椭圆曲线的正轴等面积伪圆柱投影;其中央经线为直线,离开中央经线经差±90°的经线为一个圆,圆的面积等于地球面积的一半,其余的经线为椭圆曲线;赤道长度是中央经线的2倍;纬线是间隔不等的平行直线,其间隔从赤道向两极逐渐减小;同一纬度上的经线间隔相等	该投影常用来编制世界或大洋图,以及东、西半球地图
古德投影	一种对伪圆柱投影进行分瓣的投影方法,即在整个制图区域的主要部分,分别设置一条中央经线,然后分别进行投影,全图被分成几瓣,各瓣通过赤道连接在一起,地图上仍无面积变形,核心区域的长度、角度变形与相应的伪圆柱投影相比明显减小,但投影的图形却有明显的裂缝	该投影尽可能地减小投影变形,而不惜破坏图面的连续,当编制大陆地图时,保持大陆部分完整但在分瓣时将海洋分裂;当编制各大洋地图时,海洋部分保持完整但将大陆分裂

续表

投影名称	投影特点	适用情况
等差分纬线多圆锥投影	该投影的中央经线长度比等于 1;其他纬线为凸向并对称于赤道的同轴圆弧,其圆心位于中央经线的延长线上,中央经线上的纬线间隔从赤道向高纬度地区略有放大;其他经线为凹向并对称于中央经线的曲线,其经线间隔随着中央经线距离的增加而按等差级数递减;属于面积变形不大的任意投影,我国绝大部分地区的面积变形在 10% 以内,中央经线和 ±44°纬线的交点处没有角度变形,全国大部分地区的最大角度变形在 10°	该投影是我国编制各种世界政区图和其他类型世界地图的最主要的投影之一;通过对大陆的合理配置,该投影能完整地表现太平洋及其沿岸国家,突出显示我国与邻近国家的水陆关系
正切差分纬线多圆锥投影	一种不等分纬线的多圆锥投影;其经线间隔从中央经线向东西两侧按与中央经线经差的正切函数递减;属于角度变形不大的任意性质投影,角度无变形点位于中央经线和纬度 ±44°的交点处;面积等变形线大致与纬线方向一致,纬度 ±30°以内面积变形为 10%～20%,在 ±60°处增至 200%;世界大陆轮廓形状表现较好,我国的形状比较正确,大陆部分最大角度变形均在 6°以内,大部分地区的面积变形在 10%～20%	我国常采用该投影编制世界地图

二、半球地图常用投影

半球地图采用的投影以方位投影为主,如表 11-3 所示。

表 11-3　半球地图常用投影特点及适用性

投影名称	投影特点	适用情况
横轴等面积方位投影,又名兰勃特方位投影	该投影图上面积无变形,角度变形明显;投影时的切点为无变形点,角度等变形线以切点为圆心,呈同心圆分布;离开无变形点越远,长度、角度变形越大,到半球的边缘,角度变形可达 38°37′	该投影常用于编制东、西半球地图,东半球的投影中心为 70°E 与赤道的交点,西半球的投影中心为 110°W 与赤道的交点
横轴等角方位投影,又名球面投影、平射投影、赤道投影	一种视点在球面、切点在赤道的完全透视的方位投影;没有角度变形,但面积变形明显;赤道上的投影切点为无变形点,面积等变形线以切点为圆心,呈同心圆分布;离开无变形点越远,长度、角度变形越大,到半球的边缘,面积变形可达 400%	同上
正轴等距离方位投影,又名波斯特尔投影	该投影经线方向上没有长度变形,因此纬线间距与实地相等;切点在极点,为无变形点;有角度变形和面积变形,等变形线均以极点为中心,呈同心圆分布,离极点越远,变形越大	在世界地图集中,该投影多用于编制南、北半球地图,以及北极、南极区域地图

三、分洲、分国地图常用投影

分洲、分国地图采用的投影以方位投影、圆锥投影和伪圆锥投影为主,如表 11-4 所示。

表 11-4　分洲、分国地图常用投影特点及适用性

投影名称	投影特点	适用情况
斜轴等面积方位投影	该投影的投影面与椭球面相切于极地与赤道之间的任意一点,没有面积变形,中央经线上的投影中心无变形,长度和角度变形随着远离投影中心而逐渐增加,等变形线为同心圆	该投影主要用于编制亚洲、欧洲和北美洲等大区域地图;中国政区图可采用此投影,投影中心通常位于(30°N,105°E)
斜轴等角方位投影	该投影经纬线形状与斜轴等面积方位投影完全相同,但投影条件按等角设计,中央经线上的纬线间距从中心向南、向北逐渐增加	同上
正轴等角圆锥投影,又称兰勃特正形投影	该投影经线长度比等于纬线长度比;两条标准纬线之外的纬线长度比大于1,为达到等角,经线长度比必须相应同等增大;两条标准纬线之内,纬线长度比小于1,经线长度比也必须相应同等缩小,从而达到等角的目的	该投影应用很广,我国新编1:100 万地图采用的就是该投影;除此以外,还广泛用于我国编制出版的全国 1:400 万、1:600 万挂图,以及全国普通地图和专题地图
正轴等面积圆锥投影,又称阿尔贝斯投影	该投影经线长度比与纬线长度比互为倒数;两条标准纬线之外的纬线长度比大于1,为保持等面积,经线长度比相应同等缩短;两条标准纬线之内,纬线长度比小于1,为保持等面积,经线长度比相应同等增加	我国常用该投影编制全国性自然地图中的各种分布图、类型图、区划图及全国性社会经济地图中的行政区划图、人口密度图、土地利用图等
彭纳投影	一种等面积伪圆锥投影,中央经线为直线,长度比等于1,其余经线为凸向并对称于中央经线的曲线;纬线为同心圆弧,长度比等于1;同一条纬线上的经线间隔相等,中央经线上的纬线间隔相等,中央经线与所有的纬线正交,赤道与所有的经线正交	该投影常用于中纬度地区小比例尺地图,如我国出版的《世界地图集》中的亚洲行政区划图、英国《泰晤士世界地图集》中的澳大利亚与西南太平洋地图

四、地形图常用投影

各国地形图所采用的投影很不统一,如表 11-5 所示。

表 11-5　地形图常用投影特点及适用性

投影名称	投影特点	适用情况
高斯-克吕格投影	一种横轴等角切椭圆柱投影;假设一个椭圆柱面与地球椭球面横切于某一条经线上,按照等角条件将中央经线东、西各3°或1.5°经线范围内的经纬线投影到椭圆柱面上,然后将椭圆柱展开成平面即成	在我国 8 种国家基本比例尺地形图中,除 1:100 万地形图采用等角圆锥投影外,其余都采用该投影
横轴墨卡托投影	该投影与高斯-克吕格投影都属于横轴等角椭圆柱投影的系列,所不同的是该投影是横轴等角割圆柱投影,在投影带内,有两条长度比等于1的标准线(平行于中央经线的直线),而中央经线的长度比为 0.999 6	该投影常用于欧美国家的地形图绘制

续表

投影名称	投影特点	适用情况
等角圆锥投影	按 1∶100 万地图的纬度划分原则进行分带投影；从 0°开始，每隔纬差 4°为 1 个投影带，同一投影带内再按经差 6°进行分幅，各图幅的大小完全相同，故只需计算经差 6°、纬差 4°的 1 幅图的投影坐标即可；每幅图的直角坐标，是以图幅的中央经线为 X 轴，以中央经线与图幅南纬线交点为原点，以过原点的切线为 Y 轴，组成直角坐标系；每个投影带设置 2 条标准纬线，其位置为 $$\varphi_1 = \varphi_S + 30'$$ $$\varphi_2 = \varphi_N - 30'$$ 该投影没有角度变形，两条标准纬线上没有任何变形；由于采用了分带投影，每带纬差较小，因此我国范围内的变形几乎相等，最大长度变形不超过 0.03%（南北图廓和中间纬线），最大面积变形不大于 0.06%	我国 1∶100 万地形图最早使用的是国际投影（改良多圆锥投影），1978 年以后采用了国际统一规定的等角圆锥投影

五、我国编制地图常用投影

我国编制的各类地图习惯上常使用的地图投影分述如下。

(一)我国分省(区)地图常用投影

我国分省(区)的地图常采用两种投影：正轴等角割圆锥投影，必要时也可采用等面积和等距离圆锥投影；宽带高斯-克吕格投影，经差可达 9°。我国的南海海域单独成图时，可使用正轴圆柱投影。

关于投影的具体选择，各省(区)在编制单幅地图或分省(区)地图集时，可以根据制图区域情况，单独选择和计算一种投影，这样各个省(区)可获得一组完整的地图投影数据(如割圆锥投影在制图区域中具有两条标准纬线)，变形也比分带投影的变形值小一些。我国目前各省(区)按制图区域单幅地图选择圆锥投影时，所采用的两条标准纬线如表 11-6 所示。

表 11-6　我国分省(区)地图常用投影　　　　(单位：°　′)

省(区)名称	区域范围				标准纬线	
	φ_S	φ_N	λ_W	λ_E	φ_1	φ_2
河北省	36 00	42 40	113 30	120 00	37 30	41 00
内蒙古自治区	37 30	53 30	97 00	127 00	40 00	51 00
山西省	34 33	40 45	110 00	114 40	36 00	40 00
辽宁省	38 40	43 30	118 00	126 00	40 00	42 00
吉林省	40 50	46 15	121 55	131 30	42 00	46 00
黑龙江省	43 00	54 00	120 00	136 00	46 00	51 00
江苏省	30 40	35 20	116 00	122 30	31 30	34 00
浙江省	27 00	31 30	118 00	123 30	28 00	30 30
安徽省	29 20	34 40	114 40	119 50	30 30	33 30
江西省	24 30	30 30	113 30	118 30	26 00	29 00

省（区）	区域范围				标准纬线	
名称	φ_S	φ_N	λ_W	λ_E	φ_1	φ_2
福建省	23 20	28 40	115 40	120 50	24 00	27 30
山东省	34 10	38 40	114 20	123 40	35 00	37 00
广东省	20 10	25 30	108 40	117 30	21 30	24 30
广西壮族自治区	20 50	26 30	104 30	112 00	22 30	25 30
湖北省	29 00	33 20	108 30	116 20	30 30	32 30
湖南省	24 30	30 10	108 40	114 20	26 00	29 00
河南省	31 23	36 21	110 20	116 20	32 30	35 30
四川省	26 00	34 00	97 20	108 30	27 30	33 00
云南省	21 30	29 20	97 20	106 30	22 00	28 30
贵州省	24 30	29 30	103 30	109 30	25 20	28 30
西藏自治区	26 30	36 30	78 00	99 00	27 30	35 00
陕西省	31 40	39 40	105 40	111 00	33 00	38 00
甘肃省	32 30	42 50	92 10	108 50	34 00	41 00
青海省	31 30	39 30	89 30	103 10	33 30	38 00
新疆维吾尔自治区	34 00	49 10	70 00	96 00	36 30	48 00
宁夏回族自治区	35 10	39 30	104 10	107 40	36 00	39 00
海南省 （不含南海诸岛）	18 00	20 10	108 30	111 10	18 20	19 50
台湾省	21 50	25 30	119 30	122 30	22 30	25 00

注：(1)北京市、上海市、天津市、重庆市、香港特别行政区、澳门特别行政区由于面积较小，任意选择两条标准纬线，其最大长度变形都不会超过 0.1%。

(2)各省区范围均为概略值。

上述投影的长度变形最大的可达 0.5%（新疆维吾尔自治区），一般都在 0.2% 以内。

（二）我国地图常用投影

（1）我国分幅地（形）图的投影主要有：多面体投影（北洋军阀时期），等角割圆锥投影（兰勃特投影）（中华人民共和国成立以前），高斯-克吕格投影（中华人民共和国成立以后）。

（2）中国地图的投影主要有：斜轴等面积方位投影，其投影中心点位置参数为 $\varphi_0 = 27°30'$、$\lambda_0 = 105°00'E$，或 $\varphi_0 = 30°00'$、$\lambda_0 = 105°00'E$，或 $\varphi_0 = 35°00'$、$\lambda_0 = 105°00'E$；斜轴等角方位投影，其投影中心点位置参数与斜轴等面积方位投影的一样；彭纳投影，其投影中心点位置参数与斜轴等面积方位投影的一样；伪方位投影，其投影中心点位置参数与斜轴等面积方位投影的一样。

（3）中国地图（南海诸岛作为插图）的投影主要为：正轴等面积割圆锥投影，目前采用的两条标准纬线参数为 $\varphi_1 = 25°00'$、$\varphi_2 = 47°00'$；正轴等角割圆锥投影，其标准纬线参数与正轴等面积割圆锥投影的一样。

§11-3 地图投影的特殊应用

近年来，随着空间技术的发展，为了解决卫星图像投影问题，促使地图投影学又开辟了一个新的研究领域——空间投影。某些专用地图要求在一个投影平面上，投影比例尺发生显著的变化,于是又出现了变比例尺地图投影和多焦点地图投影等。本节介绍近年来提出的空间斜轴墨卡托投影、"放大镜"式的方位投影和变比例尺地图投影。

一、空间斜轴墨卡托投影

在本节内容以前各章节研究的地图投影都是建立在静态条件下,即地球、透视中心和投影承影面之间彼此固定。非透视投影也是把地球看作不动球(或椭球),这种投影称为静态投影。空间投影的情况则不然,卫星和地球是相对运动的,时间成为投影参数,这时就不是静态投影而是动态投影了。因此,空间摄影必然产生全新的投影概念,这种投影概念是在惯性空间中定义的。由于卫星在空间运动,其位置(X, Y, Z)随时间t而改变,所以位置是时间的函数,从而构成四维投影(X, Y, Z, t)。如果用简单的数学公式表达在摄影过程中像片坐标(x, y)、地理坐标(φ, λ)和卫星摄影时的投影坐标(X, Y, Z)之间的相互关系,那么一般投影公式写为

$$\left.\begin{aligned} x &= f_1(\varphi, \lambda) = f_1(X, Y, Z) \\ y &= f_2(\varphi, \lambda) = f_2(X, Y, Z) \end{aligned}\right\} \tag{11-1}$$

则空间投影的一般公式写为

$$\left.\begin{aligned} x &= f_1(\varphi, \lambda, t) = f_1(X, Y, Z, t) \\ y &= f_2(\varphi, \lambda, t) = f_2(X, Y, Z, t) \end{aligned}\right\} \tag{11-2}$$

因此不应把一般的静态投影简单地搬到卫星的动态投影中,为了精确的制图需要,必须设计和选择能反映随时间t变化的新地图投影。

在设计空间投影时,还必须顾及地球的外形是椭球而不是球。针对陆地卫星进行设计时,必须包括四种相对运动,即扫描摆动(指传输型卫星)、卫星沿轨道运行、地球转动及轨道进动。

空间斜轴墨卡托投影是把等角圆柱投影定义在空间范围内,使它与极轴相交。这种投影适合于地球和轨道摄影相互运动的特殊情况,虽然是专为解决陆地卫星多光谱扫描仪(multispectral scanner, MSS)图像的空间投影转换而设计的,但若适当改变特定参数,也适用于其他卫星摄影的投影变换。

1974年美国地质调查局(USGS)科尔沃科雷塞斯(Colvocoresses)针对陆地卫星多光谱扫描仪图像提出了空间斜轴墨卡托(SOM)投影,当时未做数学推导,直到1977年由琼金斯(Junkins)和斯奈德(Snyder)才分别推算出空间斜轴墨卡托投影的公式,这些公式比较复杂。

自1975年2月起,美国国家航空航天局陆地卫星精制图像产品采用了空间斜轴墨卡托投影变换,即把精处理的多光谱扫描仪和返束光导摄像管(return-beam vidicon, RBV)图像扫描和晒印在空间斜轴墨卡托投影平面上。空间斜轴墨卡托投影基本上具有连续等角性质,严格上说不是等角投影。该投影的特点是提供沿着地面轨道真比例尺的卫星图像进行连续制图,其地面轨迹和扫描线分别为曲线和斜线(而在一般斜轴圆柱投影上分别为直线和平行线)。

下面介绍空间斜轴墨卡托投影公式。图11-1是该投影的几何意义,即由一个陆地卫星圆形轨道确定的圆柱为投影面,它与地球的圆形表面相切,顾及扫描摆动、卫星沿轨道运行、地球转动及轨道进动等。图像可以记录在简单的圆柱表面上,并把它扩展为一个连续平面。事实上,这就是一种地图投影。

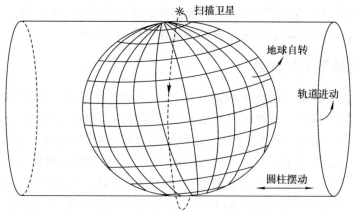

图 11-1　空间斜轴墨卡托投影示意

(一) 球空间斜轴墨卡托投影

球墨卡托投影（正轴等角圆柱）投影的一般公式为

$$\left. \begin{aligned} x &= R \ln \tan\left(\frac{\pi}{4} + \frac{\varphi}{2}\right) \\ y &= R\lambda \end{aligned} \right\} \tag{11-3}$$

式中，φ、λ 分别为地理纬度和经度，R 为球半径。

由于球空间斜轴墨卡托投影的公式推导较复杂，在此仅写出其结果，即

$$\frac{x}{R} = (1+H)\int_0^{\lambda'} \frac{S}{\sqrt{1+S^2}}\,\mathrm{d}\lambda' + \frac{1}{\sqrt{1+S^2}}\ln\tan\left(\frac{\pi}{4} + \frac{\varphi'}{2}\right) \tag{11-4}$$

$$\frac{y}{R} = \int_0^{\lambda'} \frac{H-S^2}{\sqrt{1+S^2}}\,\mathrm{d}\lambda' - \frac{S}{\sqrt{1+S^2}}\ln\tan\left(\frac{\pi}{4} + \frac{\varphi'}{2}\right) \tag{11-5}$$

式中

$$S = \left(\frac{P_2}{P_1}\right)\sin i\cos\lambda'$$

$$H = 1 - \left(\frac{P_2}{P_1}\right)\cos i$$

$$\tan\lambda' = \cos i\tan\lambda_t + \sin i\frac{\tan\varphi}{\cos\lambda_t}$$

$$\sin\varphi' = \cos i\sin\varphi - \sin i\cos\varphi\sin\lambda_t$$

$$\lambda_t = \lambda + \left(\frac{P_2}{P_1}\right)\lambda'$$

其中，φ、λ 为地理纬度、经度；φ'、λ' 为换算为球空间斜轴墨卡托投影的纬度和经度；i 为地球赤道与换算空间斜轴墨卡托投影赤道之间的倾角（如美国的陆地卫星 Ⅱ 号的倾角为 99.092°）；λ_t 为"卫星视在"经度；P_2 为卫星旋转 1 周所需的时间（陆地卫星该数值为 103.267 分钟）；P_1 为相对于轨道升高点 O 的进动，地球转动所持续的时间（对于陆地卫星，卫星轨道实际上存在与太阳完全同步，该数值为 1 440 分钟）；H 为轨道高度。

长度变形对于卫星轨道 1°带两侧可控制在 6% 以内，对于球空间斜轴墨卡托投影可认为它仍不是真正的等角投影。

图 11-2 表示球空间斜轴墨卡托投影的图形,虚线为卫星轨迹一圈半和扫描线图形在球空间斜轴墨卡托投影上的表象。空间卫星轨道与扫描线是相互垂直的,但由于存在地球自转,在地图投影中不能绘制成垂直于扫描线。地球上卫星位于赤道时,其轨迹方向与扫描线交角约为 86°,在近极点时,则为 90°。

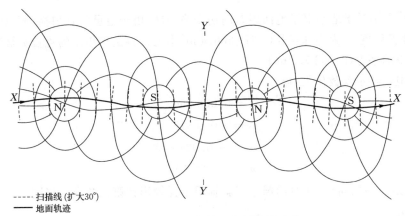

----- 扫描线（扩大30°）
—— 地面轨迹

图 11-2　球空间斜轴墨卡托投影示意

（二）椭球空间斜轴墨卡托投影

在对非常大的区域进行制图时,地图投影主要误差远远超过椭球的影响,而用作地形图或条带状区域连续制图时,为了保证地图具有足够的精度,必须采用椭球。

由于椭球空间斜轴墨卡托投影公式推导比较复杂,已有专著进行论述,这里仅列出其结果,即

$$\frac{x}{a} = \int_0^{\lambda''} \frac{S(H+J)}{\sqrt{J^2+S^2}} \mathrm{d}\lambda'' + \frac{J}{F\sqrt{J^2+S^2}} \ln \tan\left(\frac{\pi}{4}+\frac{\varphi''}{2}\right) \tag{11-6}$$

$$\frac{y}{a} = \int_0^{\lambda''} \frac{HJ-S^2}{\sqrt{J^2+S^2}} \mathrm{d}\lambda'' - \frac{S}{F\sqrt{J^2+S^2}} \ln \tan\left(\frac{\pi}{4}+\frac{\varphi''}{2}\right) \tag{11-7}$$

式中

$$S = \left(\frac{P_2}{P_1}\right) \sin i \cos\lambda'' \sqrt{\frac{1+T\sin^2\lambda''}{(1+W\sin^2\lambda'')(1+Q\sin^2\lambda'')}}$$

$$H = \sqrt{\frac{1+Q\sin^2\lambda''}{1+W\sin^2\lambda''}} \left[\frac{1+W\sin^2\lambda''}{(1+Q\sin^2\lambda'')^2} - \left(\frac{P_2}{P_1}\right)\cos i\right]$$

$$F = \sqrt{\frac{1+Q\sin^2\lambda''}{1+T\sin^2\lambda''}} \left[1 + \frac{U(1+Q\sin^2\lambda'')^2}{(1+W\sin^2\lambda'')(1+T\sin^2\lambda'')}\right]$$

$$J = (1-e^2)^3$$

$$W = \left[(1-e^2\cos^2 i)^2/(1-e^2)^2\right] - 1$$

$$Q = e^2\sin^2 i(2-e^2)/(1-e^2)^2$$

$$U = e^2\cos^2 i/(1-e^2)$$

由 φ' 和 λ' 求 φ'' 和 λ'',即

$$\varphi'' = \varphi' + j_1\sin\lambda' + j_3\sin 3\lambda'$$

$$\lambda'' = \lambda' + m_2\sin 2\lambda' + m_4\sin 4\lambda'$$

由于上式不实用,经傅里叶级数换算后,常数可确定为

$$j_n = \frac{1}{\pi} \int_0^{2\pi} \varphi'' \sinh\lambda' \mathrm{d}\lambda'$$

$$m_n = \frac{1}{\pi} \int_0^{2\pi} (\lambda'' - \lambda') \sinh\lambda' \mathrm{d}\lambda'$$

式中,λ'' 和 φ'' 为相对于地心卫星地面跟踪的伪变换经度(由于卫星垂直扫描,所以它与 λ' 稍有不同)和伪变换纬度,a 为椭球半径(6 378 206.4 m,本处资料是当年用的克拉克椭球参数),e^2 为椭球偏心率的平方(0.006 768 66)。

将陆地卫星特定参数代入,得

$$j_1 = 0.008\ 556$$

$$j_3 = 0.000\ 818$$

$$m_2 = -0.023\ 840$$

$$m_4 = 0.000\ 105$$

图 11-3 是经纬网间隔 10°时椭球空间斜轴墨卡托投影在第二象限的格网。

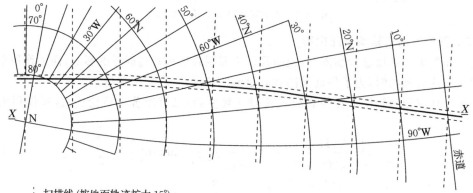

图 11-3   椭球空间斜轴墨卡托投影示意

空间斜轴墨卡托投影可用于计算地面点跟踪的卫星经纬度,然后把各点在该投影所编的地图上展绘出来(或利用倾角),经连线后表现为一条直线。其优点在于非常容易确定地面轨迹,并能直接在地图上显示卫星轨迹和摄影地区。

国外还提出空间斜轴等角圆锥(SOCC)投影,它是提供卫星侧视雷达扫描时采用的一种投影。

二、"放大镜"式的方位投影

大多数地图设计都考虑包含内图廓线以内的全部地区的变形应尽可能地小,而且分布均匀。然而,有的地图要求突出重点区域,其周围的地区作陪衬。这在常规地图投影中不能解决,因此采用在一般区域图上表示出某部分(如一个省、一个州等)的插图。如果采用"放大镜"式的投影,则能把该部分和一般区域合二为一,既有整体表达的印象,又能突出重点。

方位投影由于它固有的特性,最便于实现放大镜式的处理,不但能满足上述要求,而且有的方案具有美学上的效果。

(一) 基本原理

正常的方位投影向径 ρ 的变化基本上按一定函数形式渐变(除等距离投影外),如果使 ρ 的变化速率弹性更大,即在一定范围以外使 ρ 较快地缩小增长速率,则在同等图幅范围内,意味着中心指定部分被放大和突出。

针对要突出表示的区域及整个地图图面范围作为内圆和外圆两个界限,向径 ρ 的变换,以"放大镜"式等距离方位投影为例,可有如图 11-4 所示的同距离 Z 的函数关系。可见在内圆以内,这是一个常规的投影,自内圆起,ρ 以一定规律减小其增长速率,直到外圆为止。于是内圆以内的图形相对地突出显示了。

(二)"放大镜"式等距离方位投影

设 Z_1 为内圆极距,Z_2 为外圆极距,g_e 是内外圆间比例尺缩小系数,如为 0.85。分别计算内、外圆的向径 ρ。

如 $Z \leqslant Z_1$,则

$$\rho = RZ \qquad (11\text{-}8a)$$

如 $Z > Z_1$,则

$$\rho = R[Z_1 + (Z - Z_1)g_e]$$
$$= R[Z_1(1 - g_e) + Zg_e]$$

$$(11\text{-}8b)$$

式中,R 为地球半径。

图 11-4 "放大镜"式的方位投影基本原理示意

在该方案中,向径 ρ 从内圆边界开始突变,所以成图上宜显示内圆界线,如图 11-5 所示,中心位于 $(40°N, 90°W)$,内圆半径为 $30°$,外圆半径为 $120°$。

图 11-5 突出北美的等距离方位投影

（三）"放大镜"式等面积方位投影

"放大镜"式等面积方位投影与"放大镜"式等距离方位投影相似，内圆是常规等面积方位投影，内外圆之间的面积比不等于1，而是缩小了一个系数，设为 g_A。 仿照式（11-8）可写出

如 $Z \leqslant Z_1$，则

$$\rho = 2R \sin \frac{Z}{2} \tag{11-9a}$$

如 $Z > Z_1$，则

$$\rho = 2R \sin Z_1 + 2R \left(\sin \frac{Z}{2} - \sin \frac{Z_1}{2} \right) g_A^{1/2} \tag{11-9b}$$

式中，取 $g_A^{1/2}$ 是因为面积是 ρ^2 的函数。

三、变比例尺地图投影

对于常规地图来说，地图投影要求变形尽可能地小且分布均匀。对于某些地图，如城市游览图，上述要求就未必是最合适的。人们要充分利用同样的图面空间，把城市的重点部分突出地进行放大表示，而把城郊部分做适当的压缩，因此各部分具有不同的比例尺，超出了常规投影的范畴。这种处理叫作变比例尺投影处理。目前已有几种实用的方法。

（一）变比例尺地图投影系统的原理

将原始资料地图视为平面，图面上有适当宽度的方格网 (X, Y)，变比例尺地图的直角坐标系为 (x, y)。将 X、Y 网按 A 投影逆向表示到适当选定的正球面上，获得球面极坐标 (α, Z)（或 φ, λ）。然后由球面以不同于 A 的投影（在此称之为非 A 投影）表示到平面上，就得到不同于原始资料的图形。变比例尺地图投影的一般模式如图 11-6 所示。

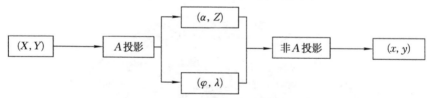

图 11-6　变比例尺地图投影的一般模式

图 11-6 中第一步称为逆投影，第二步是正投影，即常规投影。由一般地图投影可知，A 投影与非 A 投影显然是一个庞大的组合，因此变比例尺地图投影系统中可以有极多的方案。如果考察各种组合的可能性和实际应用价值，则可以建立变比例尺地图投影系统，如表 11-7 所示。

表 11-7　变比例尺地图投影系统

非A投影	A 投影			变比例尺投影后特征示意
	等距方位	等距圆柱		
		对称赤道	偏向半球	
正射投影	1. 中心放大，边缘缩小			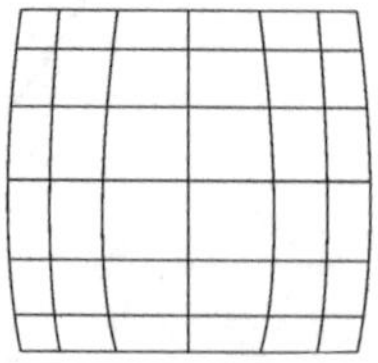

续表

非A投影	A 投影			变比例尺投影后特征示意
	等距方位	等距圆柱		
		对称赤道	偏向半球	
球心方位	2. 中心缩小,边缘放大			
等面积圆锥			3. 南北向,中纬放大,边缘缩小;东西向,高纬缩小,低纬放大	
等角圆锥			4. 南北向,中纬缩小,边缘放大;东西向,高纬缩小,低纬放大	
等面积圆柱	5. 赤道区放大,边缘区域缩小,东西向不变			
			6. 低纬区放大,高纬区缩小,东西向不变	
等角圆柱	7. 赤道区缩小,边缘区放大,东西向不变			
			8. 低纬区缩小,高纬区放大,东西向不变	

　　表11-7所注明的放大、缩小是指原来同样大小的方格互变比例尺处理后相对大小的关系,不一定是绝对量的大小。表中的空白处(有"—"者除外)也可以存在某种变比例尺图形,但实用意义不大,故未加注明。表中所谓高纬、低纬是相对于辅助球而言的,并不是实际地理纬

度。这里选取等距离方位投影与等距离圆柱投影作为逆投影,是由这两种投影的特点所决定的。前者在反求(α, Z)时极为方便,后者在运用上有很大的灵活性。因为原资料图的方格网可以视为正轴等距离圆柱投影中的任何一部分,相当于一个球面梯形的平面表象,而这个球面梯形可以位于任何位置。其中,两个有实用意义的位置:一个是跨赤道的对称位置,另一个是偏向半球的中纬度地区。

表 11-7 所列的八种方案,在变比例尺图形变化上比较丰富,可适应不同城市特征轮廓的需要。

(二) 关于辅助球大小的选择

逆、正投影中辅助球的大小影响变比例尺地图投影图形变化的程度。显然,球越大,变化越小;反之则越大。考虑非 A 投影中正射投影的需要,最小球半径 R 应为

$$R > S / \pi$$

式中,S 为资料平面图矩形框的对角线长度。因为当 S 接近球大圆半周弧长时,在正射投影中图幅边缘变化过于急剧是不适宜的,所以宜略大于 S/π。例如,当 S 相当于 $120°$ 圆心角对应的弧长时,边缘缩短程度达 0.5,即比例尺缩小达 0.5。这是一个比较适宜的缩小率。故可令

$$R \approx 3S / (2\pi)$$

事实上,当逆、正投影后结果比例尺变化不够显著时,可以同样地再进行一次至几次变换,就可以扩大比例尺变化的程度。

§11-4　地图投影实践

一、基于 Geocart 的变比例尺投影

点击【File】→【New】,然后点击【Map】→【New】,再点击【Projection】→【Change Projections...】,选择方位投影中的 fisheye 投影,如图 11-7 所示。

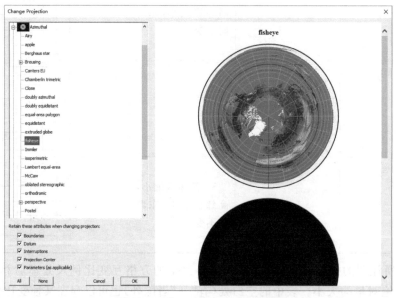

图 11-7　Change Projection 界面

得到投影中心在赤道上的鱼眼投影表象,显示结果如图 11-8 所示。

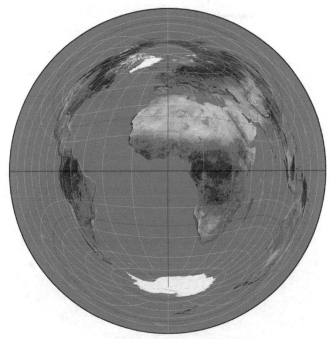

图 11-8　鱼眼投影表象

鱼眼投影变形如图 11-9 所示。

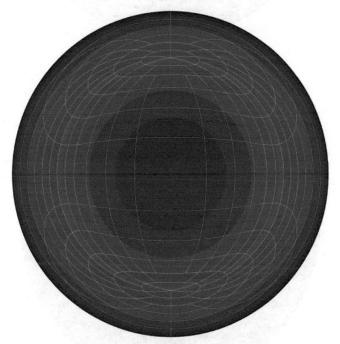

图 11-9　鱼眼投影变形

调整图 11-10 里面的参数为 50、100,显示的投影图像如图 11-11 所示,变形如图 11-12 所示。

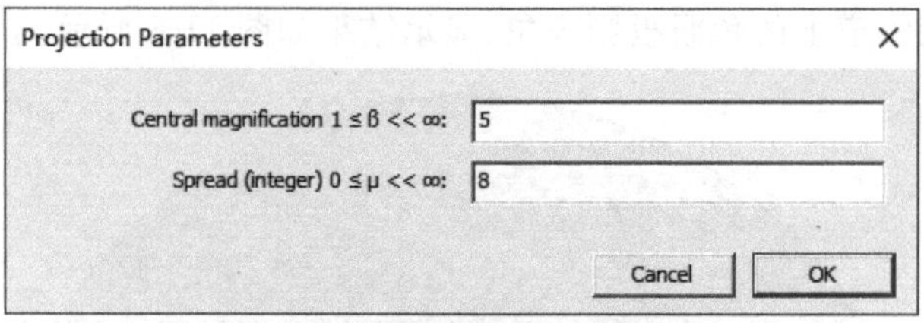

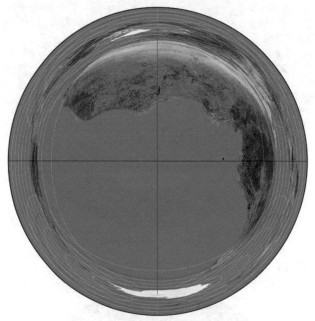

图 11-10   鱼眼投影变形参数

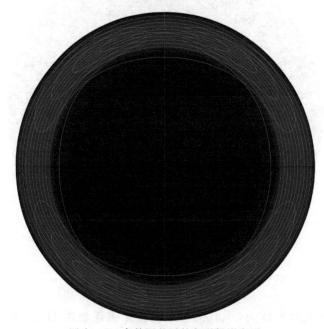

图 11-11   参数调整后的鱼眼投影表象

图 11-12   参数调整后的鱼眼投影变形

二、基于 MATLAB 的变比例尺投影

使用 MATLAB 自带的美国波士顿内某区域的交通图为数据,制作中心放大和中心缩小两种变比例尺地图,其流程如图 11-13 所示。

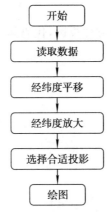

图 11-13　MATLAB 制作变比例尺地图流程

首先对数据进行处理。MATLAB 中波士顿交通图数据是 (x, y) 平面直角坐标,而不是经纬度,因此先要将平面直角坐标下的数据转换成地理坐标数据。数据读取及转换部分的代码如下:

```
roads = shaperead('boston_roads.shp');
proj = geotiffinfo('boston.tif');
x = [roads.X] * unitsratio('survey feet','meter');
y = [roads.Y] * unitsratio('survey feet','meter');
[roadsLat, roadsLon] = projinv(proj, x, y);
```

为了进行比较,先看看该数据在固定单一比例尺下是什么样的。

```
axesm('mercator')
geoshow(roadsLat, roadsLon, 'Color', 'g')
```

运行后结果如图 11-14 所示。

图 11-14　比例尺一致的普通地图

　　用 inputm(n)命令获得该数据的范围大致为北纬 42.342 8°到北纬 42.372 2°、西经 71.039 4°到西经 71.111 0°,计算得中心位置为北纬 42.357 5°、西经 71.075 2°。现取放大后图幅经差为 225°,则缩放系数为 270/(71.111−71.039 4)＝3 770.9。经、纬度转换公式在程序中表示为：

```
Lon = 3 770.9 * (roadsLon - ( -71.075 2))
Lat = 3 770.9 * (roadsLat - 42.357 5)
```

　　中心放大选用 vperspec 垂直透视方位投影,代码如下：

```
axesm('vperspec')
geoshow(Lat,Lon,'color','g')
```

　　运行后结果如图 11-15 所示。

图 11-15　中心放大的变比例尺地图

中心缩小选用 gnomonic 球心投影,代码如下：

```
axesm('gnomonic')
geoshow('Lat,Lon,'color','g')
```

　　运行后结果如图 11-16 所示。

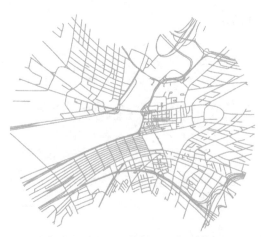

图 11-16　中心缩小的变比例尺地图

也可以使用别的投影进行变比例尺投影,如使用彭纳投影可以得到图 11-17。

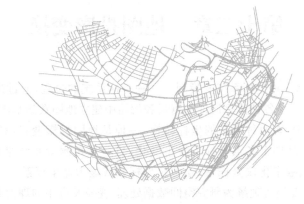

图 11-17 心形的变比例尺地图

本章习题

1. 选择地图投影一般应考虑哪些原则?

2. 简述我国目前世界地图、半球地图、亚洲地图、中国地图常用地图投影的情况。

3. 简述我国不同时期大比例尺地形图采用的地图投影。

4. 什么叫静态投影? 什么叫动态投影?

5. 空间斜轴墨卡托投影用于什么情况?

6. 思考如何计算矩形图廓"放大镜"式方位投影内矩形的范围线和其内外的经纬网交点坐标?

7. 变比例尺地图投影中 A 投影与非 A 投影的结合可以产生不同的变比例尺效果,请考虑为一个特殊形状的城市,设计一个变比例尺投影方案。

8. 结合自己所在的城市数据,在 MATLAB 环境中实现变比例尺地图投影。

第十二章 地图投影变换

地图坐标转换是从一种坐标系统变换到另一种坐标系统的过程,通过建立两个坐标系统之间一一对应关系来实现,是各种比例尺地图测量和编绘中建立地图数学基础必不可少的步骤。

在地理信息系统中,有两种意义的坐标转换,一种是地图投影变换,即从一种地图投影转换到另一种地图投影,地图上各点坐标均发生变化;另一种是测量系统坐标转换,即从大地坐标系转到地图坐标系、数字化仪坐标系、绘图仪坐标系或显示器坐标系。

广义上,地图投影变换可理解为研究空间数据处理、变换及应用的理论和方法,它可表述为

$$\{x'_i, y'_i\} \Leftrightarrow \{\varphi_i, \lambda_i\} \Leftrightarrow \{x_i, y_i\} \Leftrightarrow \{X_i, Y_i\} \tag{12-1}$$

狭义上,地图投影变换可理解为建立两平面场之间点的一一对应的函数关系式。设一平面场点位坐标为 (x, y),另一平面场点位坐标为 (X, Y),则地图投影变换方程式为

$$\left. \begin{array}{l} X = F_1(x, y) \\ Y = F_2(x, y) \end{array} \right\} \tag{12-2}$$

实现由一种地图投影点的坐标变换为另一种地图投影点的坐标,目前通常有解析变换法、数值变换法、解析—数值变换法三种。

§12-1 解析变换法

解析变换法是找出两个投影间坐标变换的解析计算公式。按采用的计算方法,又可分为反解变换法、正解变换法和综合变换法三种。

一、反解变换法

反解变换法(或称间接变换法)是通过中间过渡的方法,反解出原地图投影点的地理坐标 (φ, λ),代入新投影中求得其坐标,即

$$\{x, y\} \rightarrow \{\varphi, \lambda\} \rightarrow \{X, Y\} \tag{12-3}$$

对于投影方程为极坐标形式的投影,如圆锥投影、伪圆锥投影、多圆锥投影、方位投影和伪方位投影等,需将原投影点的平面直角坐标 (x, y) 转换为平面极坐标 (ρ, δ),求出其地理坐标 (φ, λ),再代入新的投影方程式中,即

$$\{x, y\} \rightarrow (\rho, \delta) \rightarrow (\varphi, \lambda) \rightarrow (X, Y) \tag{12-4}$$

对于斜轴投影来说,还需将极坐标 (ρ, δ) 转换为球面极坐标 (α, Z),再转换为球面地理坐标 (φ', λ'),然后过渡到椭球面地理坐标 (φ, λ),最后再代入新投影方程式中,即

$$\{x, y\} \rightarrow \{\rho, \delta\} \rightarrow \{\alpha, Z\} \rightarrow \{\varphi', \lambda'\} \rightarrow \{\varphi, \lambda\} \rightarrow \{X, Y\} \tag{12-5}$$

二、正解变换法

正解变换法(或称直接变换法)不要求反解出原地图投影点的地理坐标 (φ, λ),而是直接引出两种投影点的直角坐标关系式。例如,由复变函数理论知道,两等角投影间的坐标变换关

系式为

$$X + iY = f(x + iy) \tag{12-6}$$

即

$$\{x, y\} \rightarrow \{X, Y\}$$

三、综合变换法

综合变换法是将反解变换法与正解变换法结合在一起的一种变换方法。通常是根据原投影点的坐标 x 反解出纬度 φ，然后根据 φ、y 求得新投影点的坐标 (X, Y)，即

$$\{x \rightarrow \varphi, y\} \rightarrow \{X, Y\} \tag{12-7}$$

四、常用的解析变换公式

（一）由墨卡托投影变换成等角圆锥投影

墨卡托投影方程为

$$\left. \begin{array}{l} x = r_k \ln U \\ y = r_k \lambda \end{array} \right\} \tag{12-8}$$

可得

$$\left. \begin{array}{l} \ln U = \dfrac{x}{r_k} \text{ 或 } U = \mathrm{e}^{\frac{x}{r_k}} \\ \\ \lambda = \dfrac{y}{r_k} \end{array} \right\} \tag{12-9}$$

式中，r_k 是墨卡托投影中标准纬线 φ_k 的半径。

将式(12-9)代入新编图的等角圆锥投影公式，得

$$\left. \begin{array}{l} X = \rho_\mathrm{S} - \rho\cos\delta = \rho_\mathrm{S} - \dfrac{K}{U^a}\cos\left(\alpha\,\dfrac{y}{r_k}\right) \\ \\ \quad\ = \rho_\mathrm{S} - \dfrac{K}{\mathrm{e}^{\frac{ax}{r_k}}}\cos\left(\alpha\,\dfrac{y}{r_k}\right) \\ \\ Y = \rho\sin\delta = \dfrac{K}{U^a}\sin\left(\alpha\,\dfrac{y}{r_k}\right) \\ \\ \quad\ = \dfrac{K}{\mathrm{e}^{\frac{ax}{r_k}}}\sin\left(\alpha\,\dfrac{y}{r_k}\right) \end{array} \right\} \tag{12-10}$$

注意，式中角度是以弧度计的。

（二）由墨卡托投影变换成等角方位投影

将式(12-9)代入等角方位投影公式，得

$$\left. \begin{array}{l} X = \rho\cos\delta = \dfrac{K}{U}\cos\lambda \\ \\ \quad\ = \dfrac{K}{\mathrm{e}^{\frac{x}{r_k}}}\cos\left(\dfrac{y}{r_k}\right) \\ \\ Y = \rho\sin\delta = \dfrac{K}{U}\sin\lambda \\ \\ \quad\ = \dfrac{K}{\mathrm{e}^{\frac{x}{r_k}}}\sin\left(\dfrac{y}{r_k}\right) \end{array} \right\} \tag{12-11}$$

（三）由等角圆锥投影变换成墨卡托投影

等角圆锥投影的坐标公式为

$$x = \rho_\mathrm{S} - \rho\cos\delta \atop y = \rho\sin\delta \Bigg\} \tag{12-12}$$

式中

$$\rho = f(\varphi)$$
$$\delta = \alpha\lambda$$

而

$$\delta = \mathrm{arccot}\,\frac{y}{\rho_\mathrm{S} - x} \atop \rho = \sqrt{(\rho_\mathrm{S} - x)^2 + y^2} \Bigg\} \tag{12-13}$$

在等角圆锥投影中

$$\rho = \frac{K}{U^\alpha}$$
$$\delta = \alpha\lambda$$

于是有

$$\ln U = \frac{1}{\alpha}(\ln K - \ln\rho) \atop \lambda = \frac{\delta}{\alpha} \Bigg\} \tag{12-14}$$

将式(12-13)、式(12-14)代入式(12-8)，得

$$x = \frac{r_0}{\alpha}(\ln K - \ln\rho) \atop y = \frac{r_0}{\alpha}\mathrm{arccot}\,[y/(\rho_\mathrm{S} - x)] \Bigg\} \tag{12-15}$$

（四）由等距离圆柱投影变换成等距离圆锥投影

等距离圆柱投影方程为

$$x = s \atop y = r_k\lambda \Bigg\} \tag{12-16}$$

可得

$$\lambda = \frac{y}{r_k}$$

代入等距离圆锥投影公式中，即

$$\rho = C - s$$
$$\delta = \alpha \cdot \lambda$$
$$X = \rho_\mathrm{S} - \rho\cos\delta$$
$$Y = \rho\sin\delta$$

可得

$$
\left.
\begin{aligned}
X &= \rho_S - (C - s)\cos(\alpha \cdot \lambda) = \rho_S - (C - x)\cos\left(\alpha \frac{y}{r_k}\right) \\
Y &= \rho\sin\delta = (C - s)\sin(\alpha\lambda) = (C - x)\sin\left(\alpha \frac{y}{r_k}\right)
\end{aligned}
\right\}
\tag{12-17}
$$

解析变换法是一种发展较早的变换方法,一些著名的投影,如高斯-克吕格投影、兰勃特投影及球面投影等,在设计正解公式时,同样也会推导出反算的公式。因此,从理论上讲,这些投影可以通过解析变换法进行投影变换。但是,实践中并不容易获得资料图的具体投影方程,而且地图资料图纸存在着变形,有些资料图投影虽已知,但投影常数难以判别,这样使解析变换法在实用上受到了一定的限制。当用解析变换法实施变换有困难时,可采用数值变换法或数值解析变换法。

§12-2　数值变换法

在资料图投影方程式未知时(包括投影常数难以判别时),或不易求得资料图和新编图两投影间解析关系式时,可以采用多项式来建立它们间的联系,即利用两投影间的若干离散点(纬线、经线的交点等),用数值逼近的理论和方法建立两投影间的关系。它是地图投影变换在理论上和实践中一种较通用的方法。

在进行数值变换时,由于任何地图投影函数(三角函数、初等函数和反三角函数)都可以用收敛的幂级数来表达,故用数值方法建立的逼近多项式对上述级数的逼近过程也是收敛的。由数值方法构成的逼近多项式组成的近似变换与原来变换一样,是一个拓扑变换。

数值变换一般的数学模型为

$$
F = \sum_{i,j=0}^{n} a_{ij} x^i y^j
\tag{12-18}
$$

式中,F 为(X,Y) 或(φ,λ),n 为 $1,2,3,\cdots,K$ 等正整数,a_{ij} 为待定系数。

地图投影数值变换法虽然取得了一定进展,但在逼近函数构成、多项式逼近的稳定性和精度等一系列问题上仍需进行进一步研究和探讨。

下面研究双一次、双二次、双三次、双四次、双五次变换的数值方法——单片最小二乘拟合曲面。

若 A 与 A' 有 C_0 对对应点为已知,则双一次、双二次、双三次、双四次及双五次变换拟合曲面的数学模型由式(12-18)得

$$
F_K = \sum_{i,j=0}^{n} a_{ij} x_K^i y_K^j
\tag{12-19}
$$

式中,$K = 1,2,3,\cdots,C_0$;a_{ij} 为方程组解得的系数。

当 $C_0 \geqslant (n+1)^2$ 且包含有 $n+1$ 条经线(或纵坐标线)与 $n+1$ 条纬线(或横坐标线)的交点时,式(12-19) 有且只有唯一的最小二乘解,即一组 a_{ij} 系数,结果为

$$
\boldsymbol{B} = \begin{bmatrix}
1 & y_1 & y_1^2 & \cdots & y_1^n & x_1 & y_1 x_1 & \cdots & y_1^n x_1 & \cdots & x_1^n & y_1 x_1^n & \cdots & y_1^n x_1^n \\
1 & y_2 & y_2^2 & \cdots & y_2^n & x_2 & y_2 x_2 & \cdots & y_2^n x_2 & \cdots & x_2^n & y_2 x_2^n & \cdots & y_2^n x_2^n \\
\vdots & \vdots & \vdots & & \vdots & \vdots & \vdots & & \vdots & & \vdots & \vdots & & \vdots \\
1 & y_{C_0} & y_{C_0}^2 & \cdots & y_{C_0}^n & x_{C_0} & y_{C_0} x_{C_0} & \cdots & y_{C_0}^n x_{C_0} & \cdots & x_{C_0}^n & y_{C_0} x_{C_0}^n & \cdots & y_{C_0}^n x_{C_0}^n
\end{bmatrix}
$$

B 是一个 $C_0 \times (n+1)^2$ 阶矩阵,并设

$$Z = \begin{bmatrix} a_{00} & a_{01} & \cdots & a_{0n} & a_{10} & a_{11} & \cdots & a_{1n} & \cdots & a_{n0} & a_{n1} & \cdots & a_{nn} \end{bmatrix}^T$$

是 $(n+1)^2 \times 1$ 阶矩阵,令

$$L = \begin{bmatrix} F_1 & F_2 & \cdots & F_{C_0} \end{bmatrix}^T$$

为一个 $C_0 \times 1$ 阶矩阵,则式(12-19)成为

$$L = BZ \tag{12-20}$$

当 $C_0 \geqslant (n+1)^2$ 时,最小二乘解为

$$Z = (B^T B)^{-1} B^T L \tag{12-21}$$

令

$$b = \begin{bmatrix} 1 & y & y^2 & \cdots & y^n & x & xy & \cdots & xy^n & x^n & x^n y & \cdots & x^n y^n \end{bmatrix}$$

拟合曲面的公式(12-19)为

$$F = bZ \tag{12-22}$$

式(12-22)为所求拟合曲面的矩阵形式。按式(12-19),规定 F 为 (X,Y),求得其相应变换系数 a_{ij} 后,代入各资料图须变换的图像点的 (x,y),可得新编图上其图像点的 (X,Y)。

在变换中,变换精度通常采用点位误差描述,即

$$R^2 = R_x^2 + R_y^2 \tag{12-23}$$

式中, R_x、R_y 分别为纵、横坐标的位置误差。

由于 X、Y 为独立函数,其误差最大值一般不会出现在一个点位上,因而式(12-23)可作为最弱点的点位极限误差。

本方法在选择变换次数相同的情况下,若精度要求高,则覆盖区域应小。区域边界上的点既要满足本区 C_0 个点的变换要求,又须满足邻区 C_0' 个点的变换要求。

变换次数 n 一般不宜过高,无限提高精度是没有必要的,只需满足某种极限误差范围以保证制图精度就可以了。因为测量起始数据会带来一定的测量误差,而计算机计算是采用近似值进行的,故式(12-21)的系数矩阵一般是病态的。可以看出 n 越大,计算值越不稳定。

例如,二元三次幂多项式为

$$\left.\begin{aligned} X &= a_{00} + a_{10}x + a_{01}y + a_{20}x^2 + a_{11}xy + a_{02}y^2 + a_{30}x^3 + a_{21}x^2y + a_{12}xy^2 + a_{03}y^3 \\ Y &= b_{00} + b_{10}x + b_{01}y + b_{20}x^2 + b_{11}xy + b_{02}y^2 + b_{30}x^3 + b_{21}x^2y + b_{12}xy^2 + b_{03}y^3 \end{aligned}\right\} \tag{12-24}$$

式(12-24)为含有 a_{ij}、b_{ij} 各 10 个未知量的线性方程组。

按照主元消去法直接求解多项式的计算步骤如下:

(1)根据资料图和新编图选定 10 个共同点的平面直角坐标 (x_i, y_i) 和 (X_i, Y_i),分别组成线性方程组。

(2)按现行方程组求解系数 a_{ij} 和 b_{ij}。

(3)按式(12-24)计算各变换点的坐标 (X_i, Y_i)。

(4)按式(12-23)估计误差。

为了提高变换速度,减少计算机内存消耗,降低式(12-19)中 n 的次数及保证变换效果,对于变换区域较大、已知点较少(如经纬网较稀疏)的,则可做下面三步骤处理,来达到较理想的

精度和效果。

(1)加密。当区域较大、资料图 A 及新编图 A' 已知点稀疏时,利用加密点来弥补稀疏的已知点,并作为下一步变换的控制点用。

(2)构网。当资料图上经纬线为一组非直线形状时,宜进行构网,以保证较大区域变换后的图像具有单一性,并可加快各图像点的转换速度,作为拟合光滑曲面的基础。

(3)内插。当加密、构网(经纬线网格为相交平行直线时可省略)完成后,这时有足够的网点作为已知点供变换用。对各图像点一般只需选用双一次进行逼近就够了。因此,大量图像点的变换就能通过最简单的计算来实现。

§12-3　解析—数值变换法

当新编图投影已知、而资料图投影方程式(或常数等)未知时,不宜采用解析变换法。这时利用数字化仪(或直角坐标展点仪)量取资料图上各经纬线交点的直角坐标值,代入式(12-19),这时 F 为 (φ,λ)。按照数值变换法求得资料图投影点的地理坐标 (φ,λ),即反解数值变换,然后代入已知的新编图投影方程式中进行计算,便可实现两投影间的变换。

§12-4　不同空间直角坐标系的转换

对于既有旋转、缩放,又有平移的两个空间直角坐标系的坐标换算,存在三个平移参数和三个旋转参数及一个尺度变化参数。相应的七参数坐标变换公式为

$$
\begin{bmatrix} X_2 \\ Y_2 \\ Z_2 \end{bmatrix} = (1+m)\begin{bmatrix} 1 & \varepsilon_Z & -\varepsilon_Y \\ -\varepsilon_Z & 1 & \varepsilon_X \\ \varepsilon_Y & -\varepsilon_X & 1 \end{bmatrix}\begin{bmatrix} X_1 \\ Y_1 \\ Z_1 \end{bmatrix} + \begin{bmatrix} \Delta X_0 \\ \Delta Y_0 \\ \Delta Z_0 \end{bmatrix} \tag{12-25}
$$

式中,ΔX_0、ΔY_0、ΔZ_0 为三个平移参数;ε_X、ε_Y、ε_Z 为三个旋转参数,m 为尺度变化参数;(X_1, Y_1, Z_1) 和 (X_2, Y_2, Z_2) 分别为转换前后的空间直角坐标。为了求得这七个转换参数,至少需要三个公共点,当多于三个公共点时,再按照最小二乘法求得七个参数的最或然值。

由于公共点的坐标存在误差,求得的转换参数将受其影响,公共点坐标误差对转换参数的影响与点的几何分布及点数的多少有关,故为了求得较好的转换参数,应选择一定数量的同名点。

如果上述变换中旋转为零,就是四参数变换法。若同时尺度缩放为1,就是三参数变换法。

§12-5　不同大地坐标系的转换

不同空间直角坐标系换算公式一般涉及七个参数,即三个平移参数、三个旋转参数和一个尺度变化参数。对于不同大地坐标系的变换,还应在七参数模型基础上增加由两个大地坐标系所采用的地球椭球元素不同而产生的两个转换参数,即地球椭球长半轴 a 和扁率 f 的变化值 $\mathrm{d}a$ 和 $\mathrm{d}f$。

不同的大地坐标的转换公式为

$$
\begin{bmatrix} \mathrm{d}\lambda \\ \mathrm{d}\varphi \\ \mathrm{d}H \end{bmatrix} = \begin{bmatrix} -\dfrac{\sin\lambda}{(N+H)\cos\varphi} & \dfrac{\cos\lambda}{(N+H)\cos\varphi} & 0 \\[2mm] -\dfrac{\sin\varphi\cos\lambda}{M+H} & \dfrac{\sin\varphi\sin\lambda}{M+H} & \dfrac{\cos\varphi}{M+H} \\[2mm] \cos\varphi\cos\lambda & \cos\varphi\sin\lambda & \sin\varphi \end{bmatrix} \begin{bmatrix} \Delta X \\ \Delta Y \\ \Delta Z \end{bmatrix} +
$$

$$
\begin{bmatrix} \dfrac{N(1-e^2)+H}{N+H}\tan\varphi\cos\lambda & \dfrac{N(1-e^2)+H}{(N+H)}\tan\varphi\sin\lambda & -1 \\[2mm] -\dfrac{N(1-e^2\sin^2\varphi)+H}{M+H}\sin\lambda & \dfrac{N(1-e^2\sin^2\varphi)+H}{M+H}\cos\lambda & 0 \\[2mm] -Ne^2\sin\varphi\cos\varphi\sin\lambda & Ne^2\sin\varphi\cos\varphi\cos\lambda & 0 \end{bmatrix} \begin{bmatrix} \varepsilon_X \\ \varepsilon_Y \\ \varepsilon_Z \end{bmatrix} +
$$

$$
\begin{bmatrix} 0 \\ -\dfrac{N}{M+H}e^2\sin\varphi\cos\varphi \\ N(1-e^2\sin^2\varphi) \end{bmatrix} m + \begin{bmatrix} 0 & 0 \\ \dfrac{Ne^2\sin\varphi\cos\varphi}{(M+H)a} & \dfrac{M(2-e^2\sin^2\varphi)}{(M+H)(1-f)}\sin\varphi\cos\varphi \\ -\dfrac{N}{a}(1-e^2\sin^2\varphi) & \dfrac{M}{1-f}(1-e^2\sin^2\varphi)\sin^2\varphi \end{bmatrix} \begin{bmatrix} \mathrm{d}a \\ \mathrm{d}f \end{bmatrix}
$$

$$ \tag{12-26} $$

$$
\begin{bmatrix} \lambda_T \\ \varphi_T \\ H_T \end{bmatrix} = \begin{bmatrix} \lambda_S \\ \varphi_S \\ H_S \end{bmatrix} + \begin{bmatrix} \mathrm{d}\lambda \\ \mathrm{d}\varphi \\ \mathrm{d}H \end{bmatrix} \tag{12-27}
$$

式中,M 为子午圈曲率半径,N 为卯酉圈曲率半径,$(\lambda_S,\varphi_S,H_S)$ 和 $(\lambda_T,\varphi_T,H_T)$ 分别为转换前后的大地坐标。

§12-6 坐标变换实践

一、基于 ArcGIS 下的坐标变换

(一) ArcGIS 中定义坐标系

ArcGIS 中所有地理数据集均需要坐标系信息,该坐标系用于显示、测量和转换地理数据。如果某一数据集的坐标系未知或不正确,可以使用定义坐标系统的工具来指定正确的坐标系。不过,使用此工具前,必须已获知该数据集的正确坐标系。

该工具为包含未定义或未知坐标系的要素类或数据集定义坐标系,位于【ArcToolbox】→【数据管理工具】→【投影转换】→【定义投影】。如图 12-1 所示。

"输入数据集或要素类"是要定义投影的数据集或要素类;"坐标系"是为数据集定义的坐标系。

图 12-1 定义投影

（二）基于 ArcGIS 的投影转换

在数据的操作中，经常需要将不同坐标系的数据转换到统一坐标系下，方便对数据进行处理与分析。软件中坐标系转换常用以下两种方式。

（1）直接采用已定义参数实现投影转换。ArcGIS 软件中已经定义了坐标转换参数时，可直接调用坐标系转换工具，直接选择转换参数即可。工具位于【ArcToolbox】→【数据管理工具箱】→【投影变换】→【要素】→【投影】（栅格数据投影转换工具为【栅格】→【投影栅格】），在工具界面中输入的参数有：①输入数据集或要素类，包括要投影的要素类、要素图层或要素数据集；②输出数据集或要素类，包括已在输出坐标系参数中指定坐标系的新要素数据集或要素类；③输出坐标系，包括已知要素类将转换到的新坐标系。

投影变换结果如图 12-2 所示。

图 12-2　投影变换

地理（坐标）变换是指在两个地理坐标系或基准面之间实现变换的方法。当输入和输出坐标系的基准面相同时，地理（坐标）变换为可选参数。如果输入和输出基准面不同，则必须指定地理（坐标）变换。

例如，将 1954 北京坐标系转换为 WGS-84 坐标系，就需要填写【地理（坐标）变换】，选择合适的方法。以 GCS_Beijing_1954 转为 GCS_WGS_1984 为例，根据转换区域，可以选用不同的参数：①Beijing_1954_To_WGS_1984_1 鄂尔多斯盆地；②Beijing_1954_To_WGS_1984_2 黄海海域；③Beijing_1954_To_WGS_1984_3 南海海域—珠江口；④Beijing_1954_To_WGS_1984_4 塔里木盆地；⑤Beijing_1954_To_WGS_1984_5 15935 北部湾；⑥Beijing_1954_To_WGS_1984_6 15936 鄂尔多斯盆地。

其中,Beijing_1954_To_WGS_1984_1、Beijing_1954_To_WGS_1984_4、Beijing_1954_To_WGS_1984_6 为三参数转换方法,Beijing_1954_To_WGS_1984_2、Beijing_1954_To_WGS_1984_3、Beijing_1954_To_WGS_1984_5 为七参数转换方式。使用时,可以使用同名点方法验证的精度。

(2)自定义三参数或七参数转换。如果知道转换的数据区域,可以使用 ArcGIS 中已经定义好的转换方法,直接进行转换输出。否则,需要自定义七参数或三参数实现投影转换。一般而言,比较严密的是用七参数法,即三个平移因子(X 平移,Y 平移,Z 平移)、三个旋转因子(X 旋转,Y 旋转,Z 旋转)和一个比例因子(也叫尺度变化 K)。

如图 12-3 所示,在 ArcToolbox 中选择【创建自定义地理(坐标)变换】工具,在弹出的窗口中,输入一个地理坐标变换的名字。在定义地理坐标变换方法下面,在"方法"中选择合适的转换方法,如"Coordinate_Frame",然后输入七参数,即平移参数(单位为米)、旋转角度(单位为角秒)和比例因子(采用百万分率)。这些参数可以通过国内的测绘部门获取,另外也可以通过计算已知点来获得。在工作区内找三个以上的已知点,利用已知点的 1954 北京坐标和所测的 WGS-84 坐标,通过一定的数学模型,求解七参数。若多选几个已知点,通过平差的方法可以获得较好的精度。

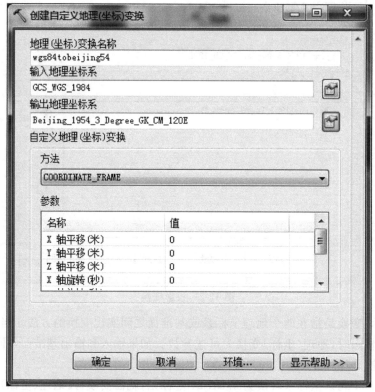

图 12-3　创建新的地图投影

在"自定义地理(坐标)变换"中,有很多方法,如图 12-4 所示。其中,七参数变换方法一般采用"Coordinate_Frame"方法。

Position Vector 也是七参数转换模型,与"Coordinate_Frame"的区别在于:坐标框架旋转变换,美国和澳大利亚定义逆时针旋转为正;位置矢量变换,欧洲定义逆时针旋转为负。

图 12-4　"自定义地理(坐标)变换"方法

打开工具箱下的【投影转换】→【要素】→【投影】,在弹出的窗口中输入要转换的数据及【输出坐标系】,然后输入第一步自定义的地理坐标系,开始投影变换,如图 12-5 所示。

图 12-5　投影变换

点击"确定",完成坐标转换。

二、基于 Geocart 的坐标变换

点击【File】→【New】,然后点击【Map】→【New】,再点击【Projection】→【Change Projections…】,选择方位投影中的等距离方位投影(zenithal equidistant),如图 12-6 所示。

[]

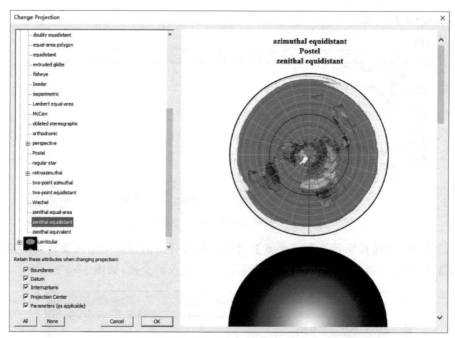

图 12-6　Change Projection 界面

除了可以变换地图投影外，在 Geocart 中也可以进行坐标的变换。点击【Projection】→【Datum...】，填写偏移量、旋转角和尺度七个参数，即可进行坐标的变换，如图 12-7 所示。

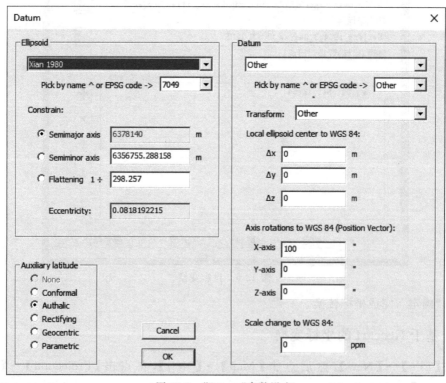

图 12-7　"Datum"参数设定

三、基于 MATLAB 的坐标变换练习

（一）椭球面上的常用坐标系及其相互关系

（1）大地坐标系。大地坐标系是大地测量的基本坐标系，点的位置用经纬度（φ,λ）表示，如果点不在椭球面上，还要附加另一参数——大地高 H。

（2）空间直角坐标系。以椭球中心 O 为原点，起始子午面与赤道面交线为 X 轴，在赤道面上与 X 轴正交的方向为 Y 轴，椭球体的旋转轴为 Z 轴，构成右手坐标系 O-XYZ。在该坐标系中，P 点位置用（X,Y,Z）表示。

（3）大地坐标系和空间直角坐标系间的关系。由大地坐标系转空间直角坐标系的公式为

$$X = N\cos\varphi\cos\lambda$$
$$Y = N\cos\varphi\sin\lambda$$
$$Z = N(1-e^2)\sin\varphi$$

由空间直角坐标系转大地坐标系的公式为

$$\lambda = \arctan\frac{Y}{X}$$

大地纬度 φ 需要用迭代法进行计算。令 φ 的初值为 $\varphi_0 = \arctan\left(\dfrac{Z}{X^2+Y^2}\right)$，然后开始进行迭代计算，即

$$N = \frac{a}{W}$$

$$W = \sqrt{1-e^2\sin^2\varphi_i}$$

$$\varphi_{i+1} = \frac{Z+Ne^2\sin\varphi}{\sqrt{X^2+Y^2}}$$

直到最后两次 φ 值之差小于允许误差为止。取 $\Delta\varphi$ 为 $\dfrac{\pi}{2\times10^{10}}$ 时，可使精度控制在秒后6 位小数左右。

当已知大地纬度 φ 时，可计算大地高 $H = \dfrac{\sqrt{X^2+Y^2}}{\cos\varphi} - N$。

（二）高斯投影及高斯投影坐标正反算公式（大地坐标与高斯投影坐标的转换）

（1）高斯投影坐标正算公式。高斯投影坐标正算公式为式（8-17）。

（2）高斯投影坐标反算公式。对 y 去掉带号并减去 500 000，然后进行坐标转换计算，即

$$\varphi = \varphi_f - \frac{t_f}{2M_fN_f}y^2 + \frac{t_f}{24M_fN_f^3}(5+3t_f^3+\eta_f^2-9\eta_f^2t_f^2)y^4 - \frac{t_f}{720M_fN_f^5}(61+90t_f^2+45t_f^4)y^6$$

$$\lambda = \frac{1}{N_f\cos\varphi_f}y - \frac{1}{6N_f^3\cos\varphi_f}(1+2t_f^2+\eta_f^2)y^3 + \frac{1}{120N_f^5\cos\varphi_f}(5+28t_f^2+24t_f^4+6\eta_f^2+8\eta_f^2t_f^2)y^5$$

式中，φ_f 为纵坐标在椭球面上的投影的垂足纬度，M_f、N_f、t_f 分别为与 φ_f 对应的 M、N、t，该公式转换精度为 0.000 1″。

（三）空间直角坐标与高斯投影坐标的转换

地理坐标系与投影坐标系的转换研究都是基于大地坐标进行的，空间直角坐标与高斯投

影坐标没有直接转换的相关研究,也没有太大必要。在实际应用中,空间直角坐标与高斯投影坐标相互转换需要先转换成大地坐标,然后才能完成转换。

(四)不同椭球空间直角坐标系的换算

虽然有不同大地坐标系间的换算方法,但利用空间直角坐标进行参数变换最简便。在此只介绍不同空间直角坐标系的换算,主要包括不同参心空间直角坐标系的换算,同时也包括参心空间直角坐标系与地心空间直角坐标系的换算。

进行两个空间直角坐标系间的变换,除对坐标原点实施三个平移参数外,当坐标轴间互不平行时还存在三个旋转角度参数,以及一个表示两个坐标系尺度不一样的尺度变化参数。这七个参数共有三个转换公式,它们是布尔莎公式、莫洛坚斯基公式及范士公式。因各有不同的前提条件,故七参数数值是不同的,但坐标变换的结果是一样的,因此这些公式是等价的。这里对布尔莎公式进行推导。

布尔莎七参数公式最终写为

$$
\begin{bmatrix} X \\ Y \\ Z \end{bmatrix}_T = \begin{bmatrix} \Delta X_0 \\ \Delta Y_0 \\ \Delta Z_0 \end{bmatrix} + \begin{bmatrix} X_i \\ Y_i \\ Z_i \end{bmatrix} dK + \begin{bmatrix} 0 & -Z_i & Y_i \\ Z_i & 0 & -X_i \\ -Y_i & X_i & 0 \end{bmatrix} \begin{bmatrix} \varepsilon_x \\ \varepsilon_y \\ \varepsilon_z \end{bmatrix} + \begin{bmatrix} X_i \\ Y_i \\ Z_i \end{bmatrix}
$$

上式即为适用于任意两个空间直角坐标系统相互变换的布尔莎七参数公式。

坐标转换的精度除取决于坐标变换的数学模型和为求解转换参数而用到的公共点坐标精度外,还与公共点的几何图形结构有关。

对布尔莎七参数公式进行转换可得

$$
\begin{bmatrix} X_{T_i} - X_i \\ Y_{T_i} - Y_i \\ Z_{T_i} - Z_i \end{bmatrix} = \begin{bmatrix} 1 & 0 & 0 & X_i & 0 & -Z_i & Y_i \\ 0 & 1 & 0 & Y_i & Z_i & 0 & -X_i \\ 0 & 0 & 1 & Z_i & -Y_i & X_i & 0 \end{bmatrix} \begin{bmatrix} \Delta X_0 \\ \Delta Y_0 \\ \Delta Z_0 \\ dK \\ \varepsilon_x \\ \varepsilon_y \\ \varepsilon_z \end{bmatrix}
$$

式中, $i = 1, 2, 3, \cdots, N$ 。若设

$$
\boldsymbol{L}_i = \begin{bmatrix} X_{T_i} - X_i \\ Y_{T_i} - Y_i \\ Z_{T_i} - Z_i \end{bmatrix}, \quad \boldsymbol{B}_i = \begin{bmatrix} 1 & 0 & 0 & X_i & 0 & -Z_i & Y_i \\ 0 & 1 & 0 & Y_i & Z_i & 0 & -X_i \\ 0 & 0 & 1 & Z_i & -Y_i & X_i & 0 \end{bmatrix}, \quad \boldsymbol{Y} = \begin{bmatrix} \Delta X_0 \\ \Delta Y_0 \\ \Delta Z_0 \\ dK \\ \varepsilon_x \\ \varepsilon_y \\ \varepsilon_z \end{bmatrix}
$$

则上式可写为

$$
\boldsymbol{L}_i = \boldsymbol{B}_i \boldsymbol{Y}
$$

利用测量平差的方法求解非线性方程,公式较复杂,且不便于编程实现。在此,传入至少三组对应坐标点的坐标,利用高斯牛顿迭代法求解非线性方程。令

$$L = \begin{bmatrix} L_1 \\ L_2 \\ L_3 \\ \vdots \end{bmatrix}, \quad B = \begin{bmatrix} B_1 \\ B_2 \\ B_3 \\ \vdots \end{bmatrix}$$

将非线性模型 $L = B\hat{Y} + \Delta$ 在 Y_0 处线性化,得误差方程为

$$V = B\,\mathrm{d}Y - (L - BY_0)$$

$$0 = B^{\mathrm{T}}B\,\mathrm{d}Y - B^{\mathrm{T}}(L - BY_0)$$

$$\mathrm{d}Y = (B^{\mathrm{T}}B)^{-1}B^{\mathrm{T}}(L - BY)$$

对于参数 Y 得最小二乘估计量为

$$\hat{Y} = Y_0 + \mathrm{d}Y$$

求非线性模型 $L = B\hat{Y} + \Delta$ 的最小二乘估计量,就是求参数 Y 的估计值 $\hat{Y}$,使

$$V^{\mathrm{T}}V = (B\hat{Y} - L)^{\mathrm{T}}(B\hat{Y} - L) = \min$$

即使

$$R = (B\hat{Y})^{\mathrm{T}}(B\hat{Y}) - 2(B\hat{Y})^{\mathrm{T}}L = \min$$

迭代过程为:首先令 $Y = 0$,然后有 $Y_{i+1} = Y_i + (B^{\mathrm{T}}B)^{-1}B^{\mathrm{T}}(L - BY_i)$,根据公式计算 R_i 和 R_{i+1},当 $R_{i+1} = R_i$ 时,迭代结束。此时 Y 即为最优解。 利用得到的七参数即可进行七参数变换。

(五) MATLAB 中的程序设计

(1)角度转换为弧度 Dms2Rad. m。代码如下:

```
function Rad = Dms2Rad(Dms)
% 角度转换为弧度。角度格式为"度.分秒"
    if (Dms > = 0)
        Sign = 1;
    else
        Sign = - 1;
    end
    Dms = abs(Dms);
    Degree = floor(Dms);
    Miniute = floor(rem((Dms * 100.0), 100));
    Second = rem((Dms * 10000), 100);
    Rad = Sign * (Degree + Miniute / 60.0 + Second / 3600.0) * pi / 180.0;
```

(2)弧度转换为角度 Rad2Dms. m。代码如下:

```
function Dms = Rad2Dms(Rad)
% 弧度转换为角度。角度格式为"度.分秒"
    if (Rad > = 0)
        Sign = 1;
    else
        Sign = - 1;
    end
    Rad = abs(Rad * 180.0 / pi);
```

```
    Degree = floor(Rad);
    Miniute = floor(rem((Rad * 60.0),60));
    Second = rem((Rad * 3600.0),60 );
    Dms = Sign * (Degree + Miniute / 100.0 + Second / 10000.0);
```

(3)设置椭球参数 setEll. m。代码如下：

```
function [a,f,e2,e12,A1,A2,A3,A4] = setEll(ellisoid)
% 设置椭球参数
    switch ellisoid
        case 54
            a = 6378245;
            f = 298.3;
            e2 = (2 * f - 1) / (f * f);
            e12 = (2 * f - 1) / ((f - 1) * (f - 1));
            A1 = 6367558.49687;
            A2 = -16036.4803;
            A3 = 16.8281;
            A4 = -0.02198;
        case 80
            a = 6378140;
            f = 298.257;
            e2 = (2 * f - 1) / (f * f);
            e12 = (2 * f - 1) / ((f - 1) * (f - 1));
            A1 = 6367452.13279;
            A2 = -16038.52823;
            A3 = 16.83265;
            A4 = -0.02198;
        case 84
            a = 6378137;
            f = 298.2572235634;
            e2 = (2 * f - 1) / (f * f);% 第一偏心率平方
            e12 = (2 * f - 1) / ((f - 1) * (f - 1));% 第二偏心率平方
            A1 = 6367449.14582;
            A2 = -16038.50866;
            A3 = 16.83261;
            A4 = -0.02198;
        case 2000
            a = 6378137;
            f = 298.257222101;
            e2 = (2 * f - 1) / (f * f);
            e12 = (2 * f - 1) / ((f - 1) * (f - 1));
            A1 = 6367449.14577;
```

```
        A2 = - 16038.50874;
        A3 = 16.83261;
        A4 = - 0.02198;
    end
```

(4)高斯平面坐标转大地坐标 xy2BL.m。代码如下:

```
function BL = xy2BL(ellisoid,L0,x,y)
    %高斯平面坐标转大地坐标
    %输入参数为参考椭球(54,80,84,2000),中央经线,高斯平面坐标x、y
    % sinB, cosB, t, t2, N, ng2, V, yN, cosB2,B0;
    [a,f,e2,e12,A1,A2,A3,A4] = setEll(ellisoid);%椭球参数
    L0 = Dms2Rad(L0);
    y = y - 500000;
    %参数针对 1975 国际椭球
    % B0 = x / 6367449.145;
    % cosB2 = cos(B0) * cos(B0);
    % B0 = B0 + (50228976 + (293697 + (2383 + 22 * cosB2) * cosB2) * cosB2) * (10^ - 10) * sin
(B0) * cos(B0);
    %针对 84 椭球,由弧长到纬度
    B0 = x / A1;
    while(1)
        Bi = B0;
        fB0 = A2 * sin(2 * B0) + A3 * sin(4 * B0) + A4 * sin(6 * B0);
        B0 = (x - fB0) / A1;
        if(abs(B0 - Bi) < 10^ - 10)
            break
        end
    end
    sinB = sin(B0);
    cosB = cos(B0);
    t = tan(B0);
    t2 = t * t;
    N = a / sqrt(1 - e2 * sinB * sinB);
    ng2 = cosB * cosB * e2 / (1 - e2);
    V = sqrt(1 + ng2);
    yN = y / N;
    B = B0 - (yN * yN - (5 + 3 * t2 + ng2 - 9 * ng2 * t2) * (yN^4) /12.0 + (61 + 90 * t2 + 45
* t2 * t2) * (yN ^6) / 360.0) * V * V * t / 2;
    L = L0 + (yN - (1 + 2 * t2 + ng2) * (yN^3) / 6.0 + (5 + 28 * t2 + 24 * t2 * t2 + 6 * ng2 +
8 * ng2 * t2) * (yN^5) / 120.0) / cosB;
    B = Rad2Dms(B);
    L = Rad2Dms(L);
    BL = [B,L];
```

（5）高斯平面坐标转空间直角坐标 xy2XYZ.m。代码如下：

```
function XYZ = xy2XYZ(ellisoid,L0,x,y,H)
    % 高斯平面坐标转空间直角坐标
    % 输入参数为参考椭球(54,80,84,2000),中央经线,高斯平面坐标 x、y,大地高 H
    BL = xy2BL(ellisoid,L0,x,y);
    B = BL(1);L = BL(2);
    XYZ = BLH2XYZ(ellisoid,B,L,H);
```

（6）空间直角坐标转大地坐标 XYZ2BLH.m。代码如下：

```
function BLH = XYZ2BLH(ellisoid,X,Y,Z)
    % 空间直角坐标转大地坐标
    % 输入参数为参考椭球(54,80,84,2000),空间直角坐标 X、Y、Z
    % N, Bi;
    [a,f,e2,e12,A1,A2,A3,A4] = setEll(ellisoid);% 椭球参数
    L = atan(Y / X);
    if (Y >= 0)
        if (L < 0)
            L = L + pi;
        end
    else
        if (L > 0)
            L = L - pi;
        end
    end
    % B 的迭代计算
    B = atan(Z / (X * X + Y * Y));
    while 1
        sinB = sin(B);
        Bi = B;
        N = a / sqrt(1 - e2 * sinB * sinB);
        B = atan((Z + N * e2 * sinB) / sqrt(X * X + Y * Y));
        if(abs(B - Bi) < 1 / (2 * 10^10) * pi)
            break;% 跳出循环
        end
    end
    N = a / sqrt(1 - e2 * sin(B) * sin(B));
    H = sqrt(X * X + Y * Y) / cos(B) - N;
    B = Rad2Dms(B);
    L = Rad2Dms(L);
    BLH = [B,L,H];
```

（7）空间直角坐标转高斯平面坐标 XYZ2xy.m。代码如下：

```
function xy = XYZ2xy(ellisoid,L0,X,Y,Z)
    %空间直角坐标转高斯平面坐标
    %输入参数为参考椭球(54,80,84,2000),中央经线,空间直角坐标 X、Y、Z
    BLH = XYZ2BLH(ellisoid,X,Y,Z);
    B = BLH(1);L = BLH(2);H = BLH(3);
    xy = BL2xy(ellisoid,L0,B,L);
```

(8)大地坐标转高斯平面坐标 BL2xy. m。代码如下：

```
function xy = BL2xy(ellisoid,L0,B,L)
    %大地坐标转高斯平面坐标
    %输入参数为参考椭球(54,80,84,2000),中央经线,纬度、经度
    % double M, N, t, t2, m, m2, ng2;
    % double sinB, cosB;
    %L0 中央子午线
    B = Dms2Rad(B);
    L = Dms2Rad(L);
    L0 = Dms2Rad(L0);
    [a,f,e2,e12,A1,A2,A3,A4] = setEll(ellisoid);%椭球参数
    M = A1 * B + A2 * sin(2 * B) + A3 * sin(4 * B) + A4 * sin(6 * B);%子午线弧长计算公式
    sinB = sin(B);
    cosB = cos(B);
    t = tan(B);
    t2 = t * t;
    N = a / sqrt(1 - e2 * sinB * sinB);
    m = cosB * (L - L0);
    m2 = m * m;
    ng2 = cosB * cosB * e2 / (1 - e2);
    x = M + N * t * (0.5 * m2 + ((5 - t2 + 9 * ng2 + 4 * ng2 * ng2) * m2 / 24.0 + (61 - 58 * t2 +
t2 * t2) * m2 * m2 / 720.0) * m2);
    y = N * m * (1 + m2 * ((1 - t2 + ng2) / 6.0 + m2 * (5 - 18 * t2 + t2 * t2 + 14 * ng2 - 58 *
ng2 * t2) / 720.0));
    y = y + 500000;
    xy = [x,y];
```

(9)大地坐标转空间直角坐标 BLH2XYZ. m。代码如下：

```
function XYZ = BLH2XYZ(ellisoid,B,L,H)
    %大地坐标转空间直角坐标
    %输入参数为参考椭球(54,80,84,2000),纬度、经度、大地高
    %N, cosB, cosL, sinL, sinB;
    [a,f,e2,e12,A1,A2,A3,A4] = setEll(ellisoid);%椭球参数
    B = Dms2Rad(B);
    L = Dms2Rad(L);
    sinB = sin(B);
```

```
    cosB = cos(B);
    sinL = sin(L);
    cosL = cos(L);
    N = a / sqrt(1 - e2 * sinB * sinB);
    X = (N + H) * cosB * cosL;
    Y = (N + H) * cosB * sinL;
    Z = (N * (1 - e2) + H) * sinB;
XYZ = [X,Y,Z];
```

(10)七参数计算 cal7Parameter. m。代码如下：

```
function
px = cal7Parameter(X01,Y01,Z01,X02,Y02,Z02,X03,Y03,Z03,X1,Y1,Z1,X2,Y2,Z2,X3,Y3,Z3)
% 七参数计算
% 输入参数为三组对应的空间直角坐标,输出参数为七参数向量
% px 为七参数向量,[dx;dy;dz;k;wx;wy;wz]
% dx = px(1);dy = px(2);dz = px(3);k = px(4);wx = px(5);wy = px(6);wz = px(7);
% dx,dy,dz 为位移
% wx,wy,wz 为偏转角度
% k 比例因子,单位为百万分之一
% X01,Y01,Z01,X02,Y02,Z02,X03,Y03,Z03 为三组原坐标系下的空间直角坐标
% X1,Y1,Z1,X2,Y2,Z2,X3,Y3,Z3 为三组新坐标系下的空间直角坐标
dx = 0;dy = 0;dz = 0;k = 0;wx = 0;wy = 0;wz = 0;
L = [X1 - X01;Y1 - Y01;Z1 - Z01;X2 - X02;Y2 - Y02;Z2 - Z02;X3 - X03;Y3 - Y03;Z3 - Z03];
px = [dx;dy;dz;k;wx;wy;wz];
B = [ 1,0,0,X01,0, - Z01,Y01;
    0,1,0,Y01,Z01,0, - X01;
    0,0,1,Z01, - Y01,X01,0;
    1,0,0,X02,0, - Z02,Y02;
    0,1,0,Y02,Z02,0, - X02;
    0,0,1,Z02, - Y02,X02,0;
    1,0,0,X03,0, - Z03,Y03;
    0,1,0,Y03,Z03,0, - X03;
    0,0,1,Z03, - Y03,X03,0];
r1 = 0;r2 = 1;
while(r1~ = r2)
    p7 = px;
    px = p7 + (inv( B'* B )) * B'* (L - B * p7); % 高斯牛顿法迭代。需要雅可比方程,对矩阵求导
    R1 = (B * p7)'* (B * p7) - 2 * (B * p7)'* L;
    R2 = (B * px)'* (B * px) - 2 * (B * px)'* L;
    r1 = abs( R1 );
    r2 = abs( R2 );
end
```

(11)七参数变换 coordtranse7. m。代码如下：

```
function C1 = coordtranse7(par,X0,Y0,Z0)
% 七参数变换
% 输入参数为七参数向量、需变换坐标的 X、Y、Z;输出参数为变换后的坐标 X、Y、Z
% C1 为变换后坐标[X;Y;Z]
% X = C1(1);Y = C1(2);Z = C1(3);
% parameter 为七参数
% X0,Y0,Z0 为原坐标系坐标
    dx = par(1);dy = par(2);dz = par(3);
    k = par(4);
    wx = par(5);wy = par(6);wz = par(7);
    R1 = [1,0,0;
        0,1,wx;
        0, - wx,1];
    R2 = [1,0, - wy;
        0,1,0;
        wy,0,1];
    R3 = [1,wz,0;
        - wz,1,0;
        0,0,1];
    C0 = [X0;Y0;Z0];
    d = [dx;dy;dz];
    C1 = d + (1 + k) * R1 * R2 * R3 * C0;
```

本章习题

1. 什么是投影变换？
2. 什么是解析法变换？适用于什么情况？
3. 什么是数值法变换？适用于什么情况？
4. 什么是解析—数值法变换？适用于什么情况？
5. 什么是七参数法变换？适用于什么情况？
6. 在 MATLAB 环境中实现七参数变换，并对转换精度进行评定。

参考文献

陈姝,2012.地图投影转换类的设计与研究[J].测绘与空间地理信息,35(4):165-167.

陈焱明,王结臣,李丽,2009.基于面向对象的地图投影转换模块设计[J].热带地理,29(1):69-73.

管志杰,赵政,2000.地图投影变换及其在 GIS 中的应用[J].计算机工程与应用,36(6):50-52.

郭岚,杨永崇,2009.地图投影的分区转换法[J].测绘通报,(9):62-65.

郝梁,穆晗,2015.新形势下 GIS 地图投影变换在数字制图中的应用分析[J].数字技术与应用(1):98.

何宗宜,宋鹰,李连营,2016.地图学[M].武汉:武汉大学出版社.

胡鹏,1982a.地图投影变换的半数值法[J].测绘学报,11(3):191-202.

胡鹏,1982b.关于地图投影变换中若干问题的探讨[J].武汉测绘学院学报(1):101-109.

胡毓钜,龚剑文,1992.地图投影[M].2 版.北京:测绘出版社.

胡毓钜,龚剑文,2006.地图投影图集[M].3 版.北京:测绘出版社.

胡毓钜,龚剑文,黄伟,1981.地图投影[M].北京:测绘出版社.

华棠,丁佳波,边少锋,等,2018.地图海图投影学[M].西安:西安地图出版社.

黄国寿,1983.地图投影[M].北京:测绘出版社.

孔祥元,郭际明,刘宗泉,2005.大地测量学基础[M].武汉:武汉大学出版社.

李国藻,杨启和,胡定荃,1993.地图投影[M].北京:解放军出版社.

李连营,司若辰,许小兰,等,2012.基于地图投影思想的地图变比例尺可视化[J].地理空间信息,10(5):161-163.

李汝昌,王祖英,1992.地图投影[M].武汉:中国地质大学出版社.

李松林,边少锋,李厚朴,等,2018.基于计算机代数系统的常用航线在不同投影下的可视化[J].测绘科学技术,6(3):196-202.

吕晓华,李少梅,2016.地图投影原理与方法[M].北京:测绘出版社.

吕晓华,刘宏林,2002.地图投影数值变换方法综合评述[J].测绘学院学报,19(2):150-153.

马耀峰,胡文亮,张安定,等,2004.地图学原理[M].北京:科学出版社.

任留成,2003.空间投影理论及其在遥感技术中的应用[M].北京:科学出版社.

孙达,蒲英霞,2005.地图投影[M].南京:南京大学出版社.

孙鹏远,1998.常用地图投影变换和大地测量成果转换与计算机算法的实现[J].中国海上油气(地质),12(2):139-144.

王家耀,2011.地图制图学与地理信息工程学科进展与成就[M].北京:测绘出版社.

王家耀,孙群,王光霞,2006.地图学原理与方法[M].北京:科学出版社.

王家耀,孙群,王光霞,等,2014.地图学原理与方法 [M].2 版.北京:科学出版社.

吴忠性,1980.地图投影[M].北京:测绘出版社.

吴忠性,胡毓钜,1983.地图投影论文集[M].北京:测绘出版社.

杨启和,1990.地图投影变换原理与方法[M].北京:解放军出版社.

杨启和,SNYDER J,TOBLER W,1999.地图投影变换——原理及应用[J].测绘工程(4):83.

尹贡白,王家耀,田德森,等,1999.地图概论[M].北京:测绘出版社.

张正禄,2005.工程测量学[M].武汉:武汉大学出版社.

祝国瑞,郭礼珍,尹贡白,等,2000.地图设计与编绘[M].武汉:武汉测绘科技大学出版社.

诸云强,宫辉力,许惠平,2001.GIS 中的地图投影变换[J].首都师范大学学报(自然科学版),22(3):88-94.

SNYDER J P,1987. Map Projections:a Working Manual[R]. Washington:U. S. Geological Survey Professional Paper 1395.

SNYDER J P,VOXLAND P M,1989. An Album of Map Projections[R]. Washington:U. S. Geological Survey Professional Paper 1453.

附　录　地图投影常用的数学公式

一、平面三角

$$\sin^2\alpha + \cos^2\alpha = 1$$

$$\tan\alpha = \frac{\sin\alpha}{\cos\alpha}$$

$$\cot\alpha = \frac{\cos\alpha}{\sin\alpha}$$

$$\sec^2\alpha = 1 + \tan^2\alpha$$

$$\csc^2\alpha = 1 + \cot^2\alpha$$

$$\sin\alpha = \frac{1}{\csc\alpha} = \sqrt{1 - \cos^2\alpha} = \frac{1}{\sqrt{1 + \cot^2\alpha}} = \frac{\tan\alpha}{\sqrt{1 + \tan^2\alpha}} = \frac{\sqrt{\sec^2\alpha - 1}}{\sec\alpha}$$

$$\cos\alpha = \frac{1}{\sec\alpha} = \sqrt{1 - \sin^2\alpha} = \frac{1}{\sqrt{1 + \tan^2\alpha}} = \frac{\cot\alpha}{\sqrt{1 + \cot^2\alpha}} = \frac{\sqrt{\csc^2\alpha - 1}}{\csc\alpha}$$

$$\tan\alpha = \frac{1}{\cot\alpha} = \sqrt{\sec^2\alpha - 1} = \frac{1}{\sqrt{\csc^2\alpha - 1}} = \frac{\sin\alpha}{\sqrt{1 - \sin^2\alpha}} = \frac{\sqrt{1 - \cos^2\alpha}}{\cos\alpha}$$

$$\cot\alpha = \frac{1}{\tan\alpha} = \sqrt{\csc^2\alpha - 1} = \frac{1}{\sqrt{\sec^2\alpha - 1}} = \frac{\cos\alpha}{\sqrt{1 - \cos^2\alpha}} = \frac{\sqrt{1 - \sin^2\alpha}}{\sin\alpha}$$

$$\sec\alpha = \frac{1}{\cos\alpha} = \sqrt{1 + \tan^2\alpha} = \frac{1}{\sqrt{1 - \sin^2\alpha}} = \frac{\csc\alpha}{\sqrt{\csc^2\alpha - 1}} = \frac{\sqrt{\cot^2\alpha + 1}}{\cot\alpha}$$

$$\csc\alpha = \frac{1}{\sin\alpha} = \sqrt{1 + \cot^2\alpha} = \frac{1}{\sqrt{1 - \cos^2\alpha}} = \frac{\sec\alpha}{\sqrt{\sec^2\alpha - 1}} = \frac{\sqrt{\tan^2\alpha + 1}}{\tan\alpha}$$

$$\sin 2\alpha = 2\sin\alpha\cos\alpha = \frac{2\tan\alpha}{1 + \tan^2\alpha} = \frac{2\cot\alpha}{1 + \cot^2\alpha} = \frac{2}{\tan\alpha + \cot\alpha}$$

$$\cos 2\alpha = \cos^2\alpha - \sin^2\alpha = 1 - 2\sin^2\alpha = 2\cos^2\alpha - 1 = \frac{1 - \tan^2\alpha}{1 + \tan^2\alpha} = \frac{\cot^2\alpha - 1}{\cot^2\alpha + 1}$$

$$\tan 2\alpha = \frac{2\tan\alpha}{1 - \tan^2\alpha} = \frac{2\cot\alpha}{\cot^2\alpha - 1} = \frac{2}{\cot\alpha - \tan\alpha}$$

$$\cot 2\alpha = \frac{1 - \tan^2\alpha}{2\tan\alpha} = \frac{\cot^2\alpha - 1}{2\cot\alpha} = \frac{1}{2}(\cot\alpha - \tan\alpha)$$

$$\sin\frac{\alpha}{2} = \sqrt{\frac{1 - \cos\alpha}{2}} = \frac{1}{2}(\sqrt{1 + \sin\alpha} - \sqrt{1 - \sin\alpha})$$

$$\cos\frac{\alpha}{2} = \sqrt{\frac{1 + \cos\alpha}{2}} = \frac{1}{2}(\sqrt{1 + \sin\alpha} + \sqrt{1 - \sin\alpha})$$

$$\tan\frac{\alpha}{2} = \sqrt{\frac{1-\cos\alpha}{1+\cos\alpha}} = \frac{\sin\alpha}{1+\cos\alpha} = \frac{1-\cos\alpha}{\sin\alpha}$$

$$\cot\frac{\alpha}{2} = \sqrt{\frac{1+\cos\alpha}{1-\cos\alpha}} = \frac{\sin\alpha}{1-\cos\alpha} = \frac{1+\cos\alpha}{\sin\alpha}$$

$$\sin(a \pm b) = \sin a \cos b \pm \cos a \sin b$$

$$\cos(a \pm b) = \cos a \cos b \mp \sin a \sin b$$

$$\tan(a \pm b) = \frac{\tan a \pm \tan b}{1 \mp \tan a \tan b}$$

$$\cot(a \pm b) = \frac{\cot a \cot b \mp 1}{\cot b \pm \cot a}$$

$$\sin a + \sin b = 2\sin\frac{a+b}{2}\cos\frac{a-b}{2}$$

$$\sin a - \sin b = 2\cos\frac{a+b}{2}\sin\frac{a-b}{2}$$

$$\cos a + \cos b = 2\cos\frac{a+b}{2}\cos\frac{a-b}{2}$$

$$\cos a - \cos b = -2\sin\frac{a+b}{2}\sin\frac{a-b}{2}$$

$$\tan a \pm \tan b = \frac{\sin(a+b)}{\cos a \cos b}$$

$$\cot a \pm \cot b = \pm\frac{\sin(a+b)}{\sin a \sin b}$$

$$\tan a \pm \cot b = \pm\frac{\cos(a \mp b)}{\cos a \cos b}$$

$$\cot a \pm \tan b = \frac{\cos(a \mp b)}{\sin a \cos b}$$

$$\sin^2\alpha = \frac{1}{2} - \frac{1}{2}\cos2\alpha$$

$$\cos^2\alpha = \frac{1}{2} + \frac{1}{2}\cos2\alpha$$

$$\sin^3\alpha = \frac{3}{4}\sin\alpha - \frac{1}{4}\sin3\alpha$$

$$\cos^3\alpha = \frac{3}{4}\cos\alpha + \frac{1}{4}\cos3\alpha$$

$$\sin^4\alpha = \frac{3}{8} - \frac{1}{2}\cos2\alpha + \frac{1}{8}\cos4\alpha$$

$$\cos^4\alpha = \frac{3}{8} + \frac{1}{2}\cos2\alpha + \frac{1}{8}\cos4\alpha$$

$$\sin^5\alpha = \frac{5}{8}\sin\alpha - \frac{5}{16}\sin3\alpha + \frac{1}{16}\sin5\alpha$$

$$\cos^5\alpha = \frac{5}{8}\cos\alpha + \frac{5}{16}\cos3\alpha + \frac{1}{16}\cos5\alpha$$

三角形正、余弦定理：

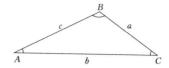

$$\frac{a}{\sin A} = \frac{b}{\sin B} = \frac{c}{\sin C}$$

$$a^2 = b^2 + c^2 - 2bc\cos A$$

$$b^2 = a^2 + c^2 - 2ac\cos B$$

$$c^2 = b^2 + a^2 - 2ba\cos C$$

二、球面三角

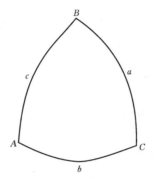

$$\frac{\sin a}{\sin A} = \frac{\sin b}{\sin B} = \frac{\sin c}{\sin C}$$

$$\cos a = \cos b\cos c + \sin b\sin c\cos A$$

$$\cos b = \cos a\cos c + \sin a\sin c\cos B$$

$$\cos c = \cos a\cos b + \sin a\sin b\cos C$$

$$\sin a\cos B = \cos b\sin b - \sin b\cos c\cos A$$

$$\sin a\cos C = \cos c\sin b - \sin c\cos b\cos A$$

$$\sin b\cos C = \cos c\sin a - \sin c\cos a\cos B$$

$$\sin b\cos A = \cos a\sin c - \sin a\cos c\cos B$$

$$\sin c\cos A = \cos a\sin b - \sin a\cos b\cos C$$

$$\sin c\cos B = \cos b\sin a - \sin b\cos a\cos C$$

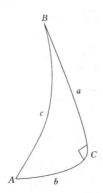

$$\cos c = \cos a \cos b$$

$$\cos A = \cos a \sin B$$

$$\cos B = \cos b \sin A$$

$$\cos c = \cot A \cot B$$

$$\cos A = \tan b \cot c$$

$$\cos B = \tan a \cot c$$

$$\sin b = \sin B \sin c$$

$$\sin a = \sin A \sin c$$

$$\sin b = \tan a \cot A$$

$$\sin a = \tan b \cot B$$

三、函数展开式

$$\sin x = x - \frac{x^3}{3!} + \frac{x^5}{5!} - \frac{x^7}{7!} + \cdots$$

$$\cos x = 1 - \frac{x^2}{2!} + \frac{x^4}{4!} - \frac{x^6}{6!} + \cdots$$

$$\tan x = x + \frac{x^3}{3} + \frac{2x^5}{15} - \frac{17x^7}{315} + \cdots$$

$$\cot x = \frac{1}{x}\left(1 - \frac{x^2}{3} - \frac{x^4}{45} - \cdots\right)$$

$$\sec x = 1 + \frac{x^2}{2} + \frac{5x^4}{24} + \frac{61x^6}{720} + \cdots$$

$$\csc x = \frac{1}{x}\left(1 + \frac{x^2}{6} + \frac{7x^4}{360} + \frac{31x^6}{15\,120} + \cdots\right)$$

$$y = \arcsin x = x + \frac{x^3}{6} + \frac{3x^5}{40} + \frac{5x^7}{112} + \cdots (x = \sin y)$$

$$y = \arctan x = x - \frac{x^3}{2} + \frac{x^5}{5} - \cdots (x = \tan y)$$

$$\frac{1}{1-x} = 1 + x + x^2 + x^3 + x^4 + x^5 + \cdots$$

$$\frac{1}{1+x} = 1 - x + x^2 - x^3 + x^4 - x^5 + \cdots$$

$$\frac{1}{\sqrt{1+x}} = 1 - \frac{x}{2} + \frac{3x^2}{8} - \frac{5x^3}{16} + \frac{35x^4}{128} - \cdots$$

$$\frac{1}{\sqrt{1-x}} = 1 + \frac{x}{2} + \frac{3x^2}{8} + \frac{5x^3}{16} + \frac{35x^4}{128} + \cdots$$

$$\ln(1+x) = x - \frac{x^2}{2} + \frac{x^3}{3} - \frac{x^4}{4} + \frac{x^5}{5} - \cdots$$

$$\ln(1-x) = -x - \frac{x^2}{2} - \frac{x^3}{3} - \frac{x^4}{4} - \frac{x^5}{5} - \cdots$$

$$(1+x)^n = 1 + nx + \frac{n(n-1)}{2!}x^2 + \frac{n(n-1)(n-2)}{3!}x^3 + \cdots$$

$$e^x = 1 + \frac{x}{1!} + \frac{x^2}{2!} + \frac{x^3}{3!} + \frac{x^4}{4!} + \cdots$$

$$f(x_0 + h) = f(x_0) + \frac{h}{1} f'(x_0) + \frac{h^2}{2!} f''(x_0) + \frac{h^3}{3!} f'''(x_0) + \cdots$$

四、微分和积分

$$\mathrm{d}(a \pm x) = \pm \mathrm{d}x$$

$$\mathrm{d}(ax) = a\,\mathrm{d}x$$

$$\mathrm{d}\left(\frac{a}{x}\right) = -\frac{a}{x^2}\mathrm{d}x$$

$$\mathrm{d}(x^a) = ax^{a-1}\mathrm{d}x$$

$$\mathrm{d}(\sin x) = \cos x\,\mathrm{d}x$$

$$\mathrm{d}(\cos x) = -\sin x\,\mathrm{d}x$$

$$\mathrm{d}(\tan x) = \frac{1}{\cos^2 x}\mathrm{d}x$$

$$\mathrm{d}(\cot x) = -\frac{1}{\sin^2 x}\mathrm{d}x$$

$$\mathrm{d}(\sec x) = \frac{\sin x}{\cos^2 x}\mathrm{d}x$$

$$\mathrm{d}(\csc x) = -\frac{\cos x}{\sin^2 x}\mathrm{d}x$$

$$\mathrm{d}(\arcsin x) = \frac{\mathrm{d}x}{\sqrt{1-x^2}}$$

$$\mathrm{d}(\arccos x) = -\frac{\mathrm{d}x}{\sqrt{1-x^2}}$$

$$\mathrm{d}(\arctan x) = \frac{\mathrm{d}x}{1+x^2}$$

$$\mathrm{d}(\mathrm{arccot}\,x) = -\frac{\mathrm{d}x}{1+x^2}$$

$$\mathrm{d}(\mathrm{arcsec}\,x) = \frac{\mathrm{d}x}{x\sqrt{x^2-1}}$$

$$\mathrm{d}(\mathrm{arccsc}\,x) = -\frac{\mathrm{d}x}{x\sqrt{x^2-1}}$$

$$\mathrm{d}(\ln x) = \frac{1}{x}\mathrm{d}x$$

$$\mathrm{d}(\lg x) = \frac{\lg e}{x}\mathrm{d}x$$

$$\mathrm{d}(\sqrt{x}) = \frac{1}{2\sqrt{x}}\mathrm{d}x$$

$$\mathrm{d}\left(\frac{1}{x^n}\right) = -\frac{n\,\mathrm{d}x}{x^{n+1}}$$

$$d(e^x) = e^x dx$$

$$d(u \pm v \pm w \pm \cdots) = du \pm dv \pm dw \pm \cdots$$

$$d(uv) = u dv + v du$$

$$d\left(\frac{u}{v}\right) = \frac{v du - u dv}{v^2}$$

$$d(u^v) = u^v \ln u dv + v u^{v-1} du$$

$$s = F(u, v, w, \cdots)$$

$$ds = \frac{\partial s}{\partial u} du + \frac{\partial s}{\partial v} dv + \frac{\partial s}{\partial w} dw + \cdots$$

$$du = \frac{\partial u}{\partial x} dx + \frac{\partial u}{\partial y} dy + \frac{\partial u}{\partial z} dz + \cdots$$

$$dv = \frac{\partial v}{\partial x} dx + \frac{\partial v}{\partial y} dy + \frac{\partial v}{\partial z} dz + \cdots$$

$$dw = \frac{\partial w}{\partial x} dx + \frac{\partial w}{\partial y} dy + \frac{\partial w}{\partial z} dz + \cdots$$

$$\cdots\cdots$$

$$\int a\, du = a \int du = au + c$$

$$\int (u + v) dx = \int u dx + \int v dx$$

$$\int u\, dv = uv - \int v\, du$$

$$\int x^m dx = \frac{x^{m+1}}{m+1} + c$$

$$\int \frac{dx}{x} = \ln x + c$$

$$\int A^x \ln A\, dx = A^x + c$$

$$\int A^x dx = \frac{A^x}{\ln A} + c$$

$$\int \frac{dx}{\sqrt{1-x^2}} = \arcsin x + c$$

$$\int \frac{dx}{x\sqrt{x^2-1}} = \operatorname{arcsec} x + c$$

$$\int \cos x\, dx = \sin x + c$$

$$\int \sin x\, dx = -\cos x + c$$

$$\int \tan x\, dx = -\ln\cos x + c$$

$$\int \cot x\, dx = \ln\sin x + c$$

$$\int \sec x \, \mathrm{d}x = \ln(\sec x + \tan x) + c$$

$$\int \csc x \, \mathrm{d}x = \ln(\csc x - \cot x) + c$$

$$\int \frac{\mathrm{d}x}{\cos^2 x} = \tan x + c$$

$$\int \frac{\mathrm{d}x}{\sin^2 x} = -\cot x + c$$

$$\int \cos(nx) \, \mathrm{d}x = \frac{1}{n} \sin nx + c$$

$$\int \frac{\mathrm{d}x}{\cos x} = \ln \tan\left(45° + \frac{x}{2}\right) + c$$

$$\int e^{ax} \, \mathrm{d}x = \frac{e^{ax}}{a} + c$$

$$\int \frac{\mathrm{d}x}{\sqrt{x^2 \pm a^2}} = \ln\left(x + \sqrt{x^2 \pm a^2}\right) + c$$

$$\int \frac{\mathrm{d}x}{x^2 - a^2} = \frac{1}{2a} \ln \frac{x - a}{x + a} + c$$

$$\int \frac{\mathrm{d}x}{1 + x^2} = \arctan x + c$$

五、双曲函数

$$\sinh(x) = \frac{e^x - e^{-x}}{2}$$

$$\cosh(x) = \frac{e^x + e^{-x}}{2}$$

$$\tanh(x) = \frac{e^x - e^{-x}}{e^x + e^{-x}}$$

$$\coth(x) = \frac{e^x + e^{-x}}{e^x - e^{-x}}$$

$$\mathrm{sech}(x) = \frac{2}{e^x + e^{-x}}$$

$$\mathrm{csch}(x) = \frac{2}{e^x - e^{-x}}$$

$$\mathrm{arcsinh}(x) = \ln\left(x + \sqrt{x^2 + 1}\right)$$

$$\mathrm{arcch}(x) = \ln\left(x - \sqrt{x^2 + 1}\right)$$

$$\mathrm{arcth}(x) = \frac{\ln[(1 + x)/(1 - x)]}{2}$$

$$\mathrm{arccth}(x) = \frac{\ln[(x + 1)/(x - 1)]}{2}$$